普通高等教育"十二五"创新型规划教材

基础制造技术实训

主　编　耿德旭　张持重
副主编　石云宝　叶进平
主　审　张志义

北京理工大学出版社
BEIJING INSTITUTE OF TECHNOLOGY PRESS

内 容 简 介

本书为基础制造技术实训教材，全书共 13 章。内容包括工程材料、热处理、切削加工和典型零件加工工艺等基础知识，铸造、锻造、焊接、压力加工、车工、铣工、刨工、磨工、钳工、机械拆装等常规制造技术。

本书可作为高等院校机械类、近机类和相关专业的机械制造技术实习、工程训练和金工实习教材，也可供相关工程技术人员参考。

版权专有　侵权必究

图书在版编目（CIP）数据

基础制造技术实训/耿德旭，张持重主编. —北京：北京理工大学出版社，2012.4（2020.12 重印）

ISBN 978 - 7 - 5640 - 5738 - 1

Ⅰ. ①基… Ⅱ. ①耿… ②张… Ⅲ. ①机械制造工艺 - 高等学校 - 教材 Ⅳ. ①TH16

中国版本图书馆 CIP 数据核字（2012）第 054437 号

出版发行／北京理工大学出版社
社　　址／北京市海淀区中关村南大街 5 号
邮　　编／100081
电　　话／（010）68914775（办公室）　68944990（批销中心）　68911084（读者服务部）
网　　址／http：// www. bitpress. com. cn
经　　销／全国各地新华书店
印　　刷／北京虎彩文化传播有限公司
开　　本／710 毫米 ×1000 毫米　1/16
印　　张／19.5
字　　数／324 千字
版　　次／2012 年 4 月第 1 版　　2020 年 12 月第 10 次印刷
定　　价／39.00 元

责任编辑／胡　静
王玲玲
责任校对／陈玉梅
责任印制／王美丽

图书出现印装质量问题，本社负责调换

前　言

　　"基础制造技术实习"是一门进行常规制造技术综合训练的实践性课程，是高校工科类学生工程训练不可缺少的重要环节。该课程不仅使学生学习到制造工艺知识，锻炼工程技能和实践能力，还可培养学生的工程意识、工程素质和创新能力，其作用是其他理论和实践课程无法替代的。

　　本书是根据国家教育部"课指组"2008年制定的"机械制造技术实习教学基本要求"，结合近年来我校制造技术实习教学改革实际，在第二版基础上编写的，适合高等工科院校机类、非机类专业相关实习课程使用。

　　根据我校工程技术实训教学改革需要，将制造技术分为"基础制造技术实习"和"先进制造技术实习"两门课程。因此，本书的编写主要侧重常规制造技术内容，所涉及的先进制造技术方法、工艺和设备将在其他教材介绍。

　　为保证课程的实践性和工程素质培养教学目标，本书编写中十分注重工程技术问题的系统性、典型性和全局性。对各种加工方法涉及的加工设备、工艺装备和加工过程，以及重要参数、操作要领和安全操作规程的介绍均与生产实际密切结合。

　　教材编写时力求做到概念清晰、重点突出、简明扼要、形象生动，注意采用新标准、新工艺、新方法和新设备。在以工程实践内容为主的同时，书中还适当介绍了非金属、有色和黑色金属材料，金属切削加工和量具等基础知识。

　　本书由北华大学组织编写，前言、第2、第7章由耿德旭编写，第3、第8、第10、第13章由张持重编写，第5、第11章由石云宝编写，第4章由叶进平编写，第6、第9章由张云峰编写，第1、第12章由韩现龙编写。全书由耿德旭、张持重担任主编，石云宝、叶进平担任副主编，张志义担任主审。在编写过程中，得到了庞绍平、乔焰辉、张金玲等老师的帮助和支持，在此深表谢意。

　　由于编者水平有限，书中难免有欠妥和错误之处，恳请读者批评指正。

编　者

目　录

第 1 章

概　　论

工程技术实践是通过具有系统性、典型性的一系列工程实践项目完成的。这些工程训练的实践活动包括：计算机辅助的产品或系统设计，零部件、产品的生产工艺和工艺路线分析与制定，使用各类机床设备对零件或产品进行加工、测量、装配和调试，采用各种技术手段的材料成型、制件表面处理，以及一个产品的开发或一个工程项目的策划与完成等。重点培养工程技术员的工程知识、工程技能和工程素质。

1.1　产品的制造过程

机械制造是各种机械（如机床、工具、仪器、仪表等）制造过程的总称。它是一个利用制造资源，如材料、能源、设备、工具、资金、技术、信息和人力等，通过制造系统转变为可供人们使用的产品生产过程。

1.1.1　机械制造业在国民经济中的作用

机械行业是一个范围非常广泛的行业，它包括金属制品业、通用设备制造业、专用设备制造业、交通运输设备制造业、电气机械及器材制造业、仪器仪表及文化和办公用机械制造业等，它是国民经济的重要组成部分，是传统产业与现代产业相结合的产业。其上游产业有采矿业、钢铁行业、能源行业等，下游产业有运输业、建筑业以及电力、燃气及水的生产和供应，纺织、食品等制品业。机械行业是我国工业的主要组成部分，是国家工业化、现代化水平和综合国力的重要标志，它对我国经济发展有非常大的影响。

新中国成立以来，国民经济的每一次发展都与机械工业分不开。20 世纪 50 年代，我国自行制造了汽车、拖拉机、飞机；60 年代制造了原子能设备、1.2 万吨水压机和精密机床；70 年代发展了我国的大型成套设备，如年产 30 万吨合成氨设备、年处理 250 万吨炼油设备、5 万吨远洋油轮，以及后来发展的核发电系统、航天事业中的机械装备和制造技术、葛洲坝大型水轮发电机和 20 世纪三峡水利工程中的大型工程机械等。

1.1.2 机械制造发展历程

我国早在 4 000 年前就开始使用铜合金，商时代冶炼技术已达到很高水平，形成了灿烂的青铜文化。春秋战国时期，我国已开始使用铸铁做农具，比欧洲国家早 1 800 多年。约 3 000 年前我国已采用铸造、锻造等技术生产工具和各种兵器。如图 1-1 所示，为秦代时期的铜马车。近代中国制造业也得到了突飞猛进的发展，特别是改革开放以来，我国机械制造业增加值占世界机械制造业增加值总额的比重不断加大。1980—2005 年由 0.7% 上升到 9.1%，大约年均上升 12.8%。目前，我国的机械制造业总体规模已经超过德国而位居世界第三，并已成为许多重要制成品的主要世界机械制造中心。

图 1-1　中国秦代铜马车

国外机械制造只是到了近代才比中国领先。1775 年，英国人威尔克逊为制造瓦特发明的蒸汽机，制造了气缸镗床。它的出现，标志着人类用机器代替手工的机械化时代的开始。1870 年，在美国出现了第一台螺纹加工自动机床。1924 年，第一条自动生产线在英国莫里斯汽车公司诞生。1952 年美国麻省理工学院研制出数控铣床。1958 年第一台加工中心在美国卡尼和特雷克公司面世。

20 世纪 80 年代以来，随着于信息技术、计算机技术、精密检测与转换技术和机电一体化技术的快速发展，以数字化设备与制造技术、物流技术、现代管理技术、柔性制造系统以及计算机继承制造系统等为代表的先进制造技术得到快速发展。如图 1-2 所示，反映了当代机械制造业的杰出成就。

1.1.3 机械制造过程

1. 机械制造的宏观过程

机械制造的宏观过程如图 1-3 所示，首先经市场调研后，确定方案，设计图纸，再根据图纸制定工艺文件和进行工装的准备，然后是产品制造，市场营销，最后是维护维修和回收处理。其中，各个阶段的信息反馈，可不断推动产品功能的完善、升级和换代，促进制造技术不断进步。

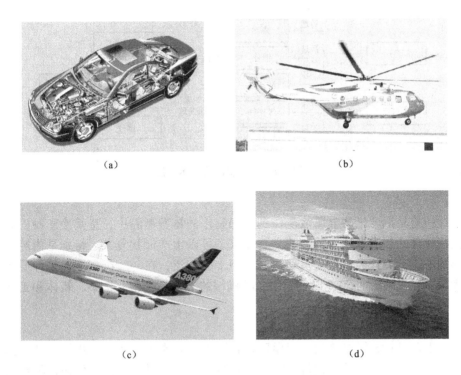

图1-2 机械制造业的杰出成就

（a）汽车；（b）国产 AC313 型直升机；（c）飞机；（d）轮船

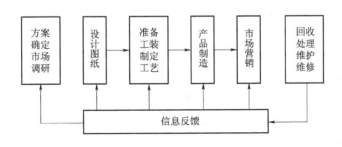

图1-3 机械制造的宏观过程

2. 机械制造的具体过程

机械制造的具体过程如图1-4所示。把矿石等资源经冶炼、化工等变成加工需要的各种原材料，包括生铁、钢锭、各种金属型材及非金属材料等。将原材料用铸造、锻造、冲压、焊接等方法制成零件的毛坯（或半成品、成品），再经过切削加工、特种加工制成零件，最后将零件、部件和电子元器件装配成合格的机电产品。

现将机械制造过程中的主要工艺方法简介如下：

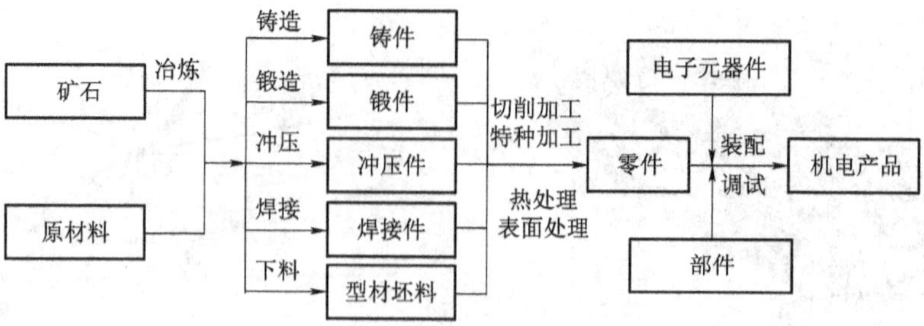

图 1-4 机械制造的具体过程

（1）铸造

铸造是把熔化的金属液浇注到预先制作的铸型型腔中，待其冷却凝固后获得铸件的加工方法。铸造的主要优点是可以生产形状复杂、特别是内腔复杂的毛坯，而且成本低廉。铸造的应用十分广泛，在一般机械中，铸件质量大都占整机质量的50%以上，如各种机械的机体、机座、机架、箱体和工作台等，大都采用铸件。

（2）锻造

锻造是将金属加热到一定温度，利用冲击力或压力使其产生塑性变形而获得锻件的加工方法。锻件的组织比铸件致密，力学性能高，但锻件形状所能达到的复杂程度远不如铸件，锻造零件的材料利用率也较低。各种机械中的传动零件和承受重载及复杂载荷的零件，如主轴、传动轴、齿轮、凸轮、叶轮和叶片等，其毛坯大多采用锻件。

（3）冲压

冲压是利用压力机和专用模具，使金属材料产生塑性变形或分离，从而获得零件或制品的加工方法。冲压通常在常温下进行。冲压件具有质量轻、刚度好和尺寸精度高等优点，各种机械和仪器、仪表中的薄板成形件及生活用品中的金属制品，绝大多数都是冲压件。

（4）焊接

焊接是利用加热或加压（或两者并用），使两部分分离的金属件通过原子间的结合，形成永久性连接的加工方法。焊接具有连接质量好、节省金属和生产率高等优点。焊接主要用于制造金属结构件，如锅炉、容器、机架、桥梁和船舶等，也可制造零件毛坯，如某些机座和箱体等。

（5）下料

下料是将各种型材利用气割、机锯或剪切等而获得零件坯料的一种方法。

（6）非金属成形

在各种机械零件和构件中，除采用金属材料外，还采用非金属材料，如木材、玻璃、橡胶、陶瓷、皮革和工程塑料等。非金属材料的成型方法因材料种类不同而有异，例如，橡胶制品是通过塑炼、混炼、成形和硫化等过程制成；陶瓷制品是利用天然或人工合成的粉状化合物，经过成形和高温烧结制成的；工程塑料制品是将颗粒状的塑料原材料，在注塑机上加热熔融后注入专用的模具型腔内冷却后制成的。

（7）切削加工

切削加工是利用切削工具（主要是刀具）和工件作相对运动，从毛坯和型材坯料切除多余的材料，获得尺寸精度、形状精度、位置精度和表面粗糙度完全符合图样要求的零件加工方法。切削加工包括机械加工（简称机工）和钳工两大类。机工主要是通过工人操纵机床来完成切削加工的，常见的机床有车床、铣床、刨床和磨床等，相应的加工方法称为车削、铣削、刨削和磨削等。钳工一般是通过工人手持工具进行切削加工的，其基本操作包括锯削、锉削、刮削、攻螺纹、套螺纹和研磨等，通常把钻床加工也包括在钳工范围内，如钻孔、扩孔和绞孔等。

（8）特种加工

特种加工是相对传统切削加工而言的。切削加工主要依靠机械能，而特种加工是直接利用电、光、声、化学、电化学等能量形式来去除工件多余材料。特种加工的方法很多，如电火花、电解、激光、超声波、电子束和离子束加工等，主要用于各种难加工材料、复杂结构和特殊要求工件的加工。

（9）热处理

热处理是将固态金属在一定的介质中加热、保温后以某种方式进行冷却，以改变其整体或表面全相组织而获得所需性能的加工方法。在毛坯制造和切削加工过程中常常要对工件进行热处理。通过热处理可以提高材料的强度和硬度，或者改善其塑性和韧性，充分发挥金属材料的性能潜力，满足不同的使用要求或加工要求。重要的机械零件在制造过程中大都要经过热处理。常用的热处理方法有退火、正火、淬火、回火和表面热处理等。

（10）表面处理

表面处理是在保持材料内部组织和性能的前提下，改善其表面性能（如耐磨性、耐腐蚀性等）或表面状态的加工方法。除表面热处理外，表面处理常用的还有电镀、磷化、发蓝和喷塑等。

（11）装配

装配是将加工好的零件及电子元器件按一定顺序和配合关系组装成部件和整机，并经过调试和检验使之成为合格产品的工艺过程。

在单件小批生产中，习惯把铸造、锻造、焊接和热处理称为热加工，把切削加工和钳工装配称为冷加工。

1.2　工程技术实践的内涵与目的

1.2.1　工程技术实践的内涵

根据对象、内容、目的和要求的不同，广义的工程技术实践区分为不同的类别和层次。

工程技术实践是根据高等工程教育培养现代工程技术人才的总体目标，以现代科技为侧重点，在一个现代化真实工业实践环境中进行的，涵盖机械、电子、信息技术及以信息技术为核心的自动化系统，集设计与制造、项目策划与组织管理为一体，以激发和培养学生创新意识和能力为重点的工程训练。工程技术实践是在一个特定的环境中，在设计、制造、施工或测量、检测等工业或工程实践过程中完成。学生通过工程技术实践，不仅要获得相关制造知识，更要学会动手去做，培养工程素质和创新能力。

我们这里所阐述的是以接受高等工程教育的大学生为对象的工程技术实践，以常规机械制造技术实践为主。

1.2.2　工程技术实践的目的

工程技术实践的主要目的是学习工艺知识，增强实践能力，提高工程素质，培养创新意识和创新能力，获得交叉学科的工程知识。

1. 学习工艺知识

在工程实践中，既需要具备较强的基础理论知识和专业技术知识，还必须学习一定的机械制造基本工艺知识。与一般的理论课程不同，学生在机械工程训练中，主要是通过自己亲身实践来获取机械制造基本工艺知识。这些工艺知识都是非常具体、生动而实际的，对于各专业学生学习后续课程、进行毕业设计乃至以后的工作，都是必要的基础。

2. 增强实践能力

这里所说的实践能力，包括动手能力，在实践中获取知识的能力，以及运用所学知识、技能独立分析和亲手解决工艺技术问题的能力。这些能力，对于大学生是非常重要的，而这些能力只能通过工程训练、实验、课程设计和毕业设计等实践性课程或教学环节来培养。

在机械工程训练中，学生自己动手操作各种机器设备，使用各种工、夹、量、刀具，接触实际生产过程。

3. 提高工程素质

工程素质是指人在有关工程实践工作中所表现出的内在品质和作风，它是工程技术人员必须具备的基本素质。工程素质的内涵应包括工程知识、工程意识、工程实践和创新能力。其中工程意识包括市场、质量、安全、成本、环保、效益、管理和法律等方面的意识。机械工程训练是在生产实践的特殊环境下进行的，对大多数学生来说是第一次接触工程环境，第一次通过理论与实践的结合来检验自身学习效果，同时接受工业生产环境的熏陶和组织性、纪律性教育。学生将亲身感受到劳动艰辛，体验到劳动成果来之不易，加强对工程过程的认识。所有这些，对提高学生的工程素质培养，必然起到重要作用。

4. 培养创新意识和创新能力

培养学生的创新意识和创新能力，最初启蒙式的潜移默化是非常重要的。在机械工程训练中，学生要接触到几十种机械类设备，并了解、熟悉和掌握其中一部分设备的结构、原理和使用方法。这些设备都是前人的创造发明，强烈地映射出创造者们历经长期追求和苦苦探索所形成的智慧结晶。在这种环境下学习，有利于培养学生的创新意识。在实习过程中，还要有意识地安排一些自行设计、独立制作的创新训练环节，以培养学生的创新能力。

5. 获得交叉学科知识

在工程技术实践过程中，一项技术的学习，一个训练项目的完成，必然会涉及一些所学专业之外的知识和实际问题。学生在老师的启发和辅导下，以各种不同的方式去学习机械、材料、力学、液压、电子、控制和安全等多学科交叉的知识。

1.3　产品质量与成本

1.3.1　产品的概念

产品是企业赖以生存的基础，是企业和消费者直接沟通和交流的最主要媒介。现代产品越来越复杂，常常是机械、电子自动化和信息技术集成为一体的产品；而且随着技术和产品的同质化，以及市场全球化和竞争加剧，传统的产品和产品质量的概念在不断发展，内涵也在不断延伸。

现代产品是一个产品整体的概念。它是指能满足消费者需求的，有形物质产品和与此相关的服务的组合，它能为用户带来有形利益和无形利益。它可分为三个层次结构。

（1）核心层——产品实质

消费者追求的实际效用或利益，是产品整体的实质内容和产品赖以存在的根本原因。主要变量和指标是：功能和效用，可靠性、耐用性、经济性。

因此，设计者在设计产品时要研究产品的主要功能，即产品的实质内容，这是消费者购买该产品的基础。

（2）中间层——产品形式

产品的形态和外在质量。主要变量和指标是：外观、款式、花色、规格、体积、质量，以及包装、商标、品牌等。对设计者来说，在把握住产品核心层的同时，要重视产品的形式。因为别具一格的产品形式常常备受消费者欢迎。像外观造型美观，包装精美，都是设计者常常采用的设计手段。

（3）表面层——产品服务

用户咨询等伴随产品实体的服务。主要变量和指标是：产品知识介绍，用户咨询，送货，安装，维护与维修，保费处理，售前、售后的服务保证。在产品实质、产品形式基本相同的情况下，设计者要对产品服务给予充分的重视，使其设计的产品在同类竞争产品中取得一份优势。

既然把产品整体分为 3 个层次，那么产品能否满足消费者需求，就不仅仅取决于 3 个层次中某一层次的具体状况，而取决于它们的组合效果，即要重视各个层次之间的配合。设计者可以根据不同的产品类别，以及每一层次结构中各要素对产品整体效果的影响程度，来进行产品改良和新产品开发。

1.3.2 产品质量

产品质量是企业的生命线，是打造品牌的基石。工业产品质量包括内在特性、外在特性、可靠性、寿命、安全性、经济性等。其中内在特性包括产品的结构、材料、物理性能、化学成分、精度、纯度等；外在特性包括产品的外观、形状、色泽、音响、气味、包装等。

简单的可以归纳为以下几个方面：

（1）产品的性能

它是指产品具有的特性和功能。不同的使用目的和不同的使用条件，要求产品具有不同的性能。飞机要在空中飞行，舰船要在水中航行，车床要能车削零件，它们都各自具有其截然不同的基本性能。

（2）产品的可靠性

产品的可靠性是指在规定的时间内和规定的条件下，完成规定任务的可能性。产品不能在规定的条件和期限内履行一种或几种所要求的功能的事件叫故障。发生故障后根据维修的难易程度分为可修复和不可修复故障，对不可修复的故障则叫做失效。

（3）产品的安全性

产品的安全性是指产品在使用过程中保证安全操作的能力。产品对使用人员是否会造成伤害事故，是否影响人体健康，是人们十分关心的。传统产品与人体健康、生命安全的关系较小，而现代产品对人体健康、生命安全极为重要。

（4）产品的经济性

产品从设计开始到报废为止的整个生命周期所需费用的多少，称为产品的经济性。这些费用包括产品的研发成本、生产成本、流通成本、使用成本和环境成本，还包括维护费用、维持费用、培训费用等，影响产品的经济性的因素是多方面的，要全面分析。

（5）产品的绿色度

要对产品在整个生命周期内的环境影响和行为进行分析和评价，选择生态材料，进行清洁生产，采用面向装配或拆卸的设计与制造技术，提高产品的绿色性能和绿色度。

产品的质量可用上述 5 个方面来综合评价。其中，产品的性能是人们为达到某种使用目的而对产品提出的最基本要求。某种产品与另一种产品的根本区别，主要是各自的性能不同。产品的性能可在生产厂内进行检验、判断和确定。然而，某个产品的可靠性、安全性、经济性和绿色性能却要经过相当长的时间之后才能具体确定，在生产厂内只能进行试验、统计和推断。必须指出，产品质量的各种特性之间，有的是有矛盾的，因此不应片面地、孤立地过分强调某一方面的质量要求，而应该根据市场调研和目标市场的具体情况，全面地、有重点地综合考虑。

1.3.3 产品成本

1. 产品成本的概念

产品成本是指，企业为了生产产品而发生的各种耗费。产品成本有狭义和广义之分，狭义的产品成本是企业在生产单位（车间、分厂）内为生产和管理而支出的各种费用，主要有原材料、燃料和动力，设备、工具和量具，生产人员的工资等各项制造费用。广义的产品成本还包括生产时发生的各项储运、管理和销售费用等。

产品成本是企业生产经营管理的一项综合指标，通过分析便能了解一个企业整体生产经营管理水平的高低。通过产品总成本、单位成本和具体成本项目等的分析，便能掌握成本变化的情况，找出影响成本升降的各种因素，促进企业综合成本管理水平的提高。产品成本是产品价值的重要组成部分，是制订产品价格的重要依据。

2. 产品质量变动对成本影响

企业在生产消耗水平不变的前提下，产品质量提高必然会使单位产品成本降低。由于影响产品质量的因素很多，因此判断质量好坏的指标也是很多的，如合格品率、废品率、等级品率等。产品质量变动对成本的影响程度，一般从两个方面进行计算。

（1）废品率高低对成本水平的影响

废品是生产过程中的损失，这种损失最终是要计入产品成本的，因此，废品率的高低会直接影响产品成本水平。其影响程度的计算公式为

$$废品对成本水平的影响程度 = \frac{废品率 \times (1 - 可回收价值占废品成本\%)}{1 - 废品率}$$

（2）产品等级系数变动对成本的影响

某些产品用同一种材料，经过相同的加工过程，生产出不同等级的产品。这些产品通常用"等级系数"来表示，等级系数越高，统一换算为一级品的总产量越大，产品的成本水平也会相应降低。产品等级系数变动对成本影响程度的计算公式为

$$产品等级系数变动对成本的影响程度 = \frac{变动后的等级系数 - 原来分等级系数}{变动后的等级系数}$$

3. 劳动生产率变动对成本影响

劳动生产率的提高，可以降低单位产品工时消耗定额，即降低了单位产品的工资费用，但产品中的工资费用又受平均工资增长率的影响。因此，计算劳动生产率增长对成本的影响，要看劳动生产率的增长速度是否快于工资率增长速度，一般采用的计算公式为

$$产品成本降低率 = \frac{生产工作工资成本}{占产品成本比重} \times \left(1 - \frac{1 - 平均工资增长\%}{1 + 劳动生产率提高}\right)$$

1.4 安全生产与环境保护

1.4.1 安全生产

安全是生产的保障，是生存和可持续发展的前提。安全生产包括设备、人员和环境安全。安全生产应做到了解必要的安全常识，遵守操作规程，掌握紧急状态的应对方法，关注环境内的物体运动、时空变换和过程的发展变化。同时，还应采取必要的安全防护装置。本文主要就机械制造过程常见的安全操作要求介绍如下。

① 常见安全事故包括由工具、设备、切屑、焊渣等引起的划伤、割伤、碰伤、击伤、眼伤；各种机器运动部位对人体及衣物由于绞缠、卷入等引起的伤害；由于用电引起的触电；由于高温引起的烫伤、灼伤。

② 避免安全事故方法要点：服从实习指导人员指挥；严格遵守各工种安全操作规程；树立安全意识和自我保护意识；注意"先学停车再学开车"；确

保充足的体力和精力。

③ 机械制造过程中安全操作一般要求：严格遵守衣着方面的要求，按要求穿戴好规定的防护用品；工作前应开车检查，无故障后再工作；严禁在机床运转时测量工件尺寸或用手检查工件表面粗糙度；严禁用手或口清除切屑，必须用钩子或刷子；必须每天清除切屑，保持机床整洁、通道畅通；调整转速、更换工具、夹具等必须在停车关闭电源后进行；重物及吊车下不得站人；下班或中途停电，必须将各种走刀手柄放在空挡位置，并关闭所有开关。

1.4.2　机械制造过程中的环境保护问题

目前，我国机械制造业大多采用的还是高投入的粗放型发展模式，资源和能源消耗大，效率低，"三废"排放量大，环境污染较严重。在各类产品加工过程中，所产生的各类污染物较多。另外，传统制造业一般是从经济效益的角度去实施制造过程的，在设计产品时着力考虑产品的功能与品质，制造产品时片面追求高效益和低成本，注重的是如何以最低的成本高效率地产出产品，加上不断涌现的新颖高效的先进制造技术，推动了制造业的快速发展，产品更新换代周期不断缩短，加速了材料的消耗和工艺装备的淘汰；同时也产生了更多的废弃物，制约了社会经济及人类文明的可持续发展。

目前在环境保护方面，制造业主要存在以下问题：

（1）废旧或闲置设备回收和再利用率低

近年来，由于数控机床、加工中心及 FMS/CIMS 的应用，大多数传统机床逐步被废弃。如何改造这些旧设备，成了摆在面前的一大课题。

（2）能源和原材料的浪费现象十分严重

目前，我国制造业工艺水平不高，多数企业缺乏环保意识。落后的制造工艺，使得能源与资源的利用率不高，而且浪费也十分严重。

（3）产品的回收利用率低

长期以来，传统的生产模式是按照"生产 – 流通 – 废弃"的开式循环。制造业的生产，基本上不考虑废弃产品的回收利用，特别是机械制造业的回收利用率更低。

（4）制造过程中产生的废弃物得不到无公害处理

许多企业在产品制造过程中，很少关心加工过程中使用的工具及原材料等对环境的污染。高能耗、重污染的工艺，仍然在生产中得到广泛的应用，而先进的环保型工艺由于成本高而被搁置。这样一来，在企业获得较高利润的同时，人类生存的环境却遭到了严重的破坏。

以上存在的问题已得到国家高度重视，并会随着国家产业转型和环保意识的增强，将得到逐步改善。作为每一位工程技术人员也同样肩负着环保的责任和义务。

1.4.3 绿色制造

21世纪世界的一个巨大的变革，就是形成全球化市场。随着世界经济的发展，21世纪将成为"绿色世纪"，即要求企业在开发新产品的时候，必须作出有利于环境保护和生态平衡的技术选择。要想持久利用资源，就必须改变粗放型的发展模式。

绿色生产是对生产过程和产品实施综合预防污染的战略，从生产的始端就注重污染的防范，以节能、降耗、减污为目标，以先进的生产工艺、设备和严格的科学管理为手段，以有效的物料循环为核心，使废物的产生量达到最小化，尽可能地使废物资源化和无害化，实现环境与发展的良性循环，最终达到持续协调发展。社会生态学是绿色生产的理论基础，图1-5表示了社会生态系统的循环物流模型，绿色生产的战略包括节省资源，延长产品的使用周期、可回收性、宜人性、清洁性等内容。

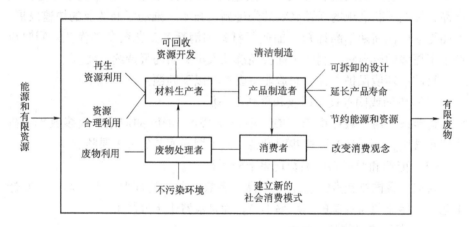

图1-5 社会生态系统的循环物流模型

日趋严重的环境与资源约束，使绿色制造业显得越来越重要，它将成为制造业的重要特征，与此相应，绿色制造技术将获得快速发展，主要体现在以下几个方面。

① 绿色产品设计技术使产品在生命周期符合环保、人类健康、能耗低、资源利用率高要求。

② 绿色制造技术在整个制造过程，使得对环境负面影响最小，废弃物和有害物质的排放最小，资源利用效率最高。绿色制造技术主要包含绿色资源、绿色生产过程和绿色产品3个方面的内容。

　　③ 产品的回收和循环再制造，例如汽车等产品的拆卸和回收技术，以及生态工厂的循环式制造技术。它主要包括生产系统工厂致力于产品设计和材料处理、加工及装配等阶段，恢复系统工厂主要对产品（材料使用）生命周期结束时的材料处理循环。

第 2 章

工程材料基础知识

工程材料广泛应用于产品制造的各个领域。工程材料种类繁多，分类方法也不少。按照化学成分和结合键的特点，大体可分为金属材料、非金属材料和复合材料 3 大类。

2.1 金属材料分类及主要性能

金属材料是指金属元素或以金属元素为主要材料、具有金属特性的工程材料，包括钢铁材料、有色金属及其合金。而合金，是指由一种金属元素同另一种或几种其他元素熔合在一起而形成的具有金属特性的物质。例如铁元素与碳元素熔合在一起就形成了铁碳合金，即钢与铸铁；铜元素与锌元素熔合在一起就形成了铜锌合金，即普通黄铜。合金除具有纯金属的基本特性外，还兼有优良的机械性能与特殊的物理、化学性能，如高强度、强磁性、耐热性、耐蚀性、低热膨胀性等。同时，改变合金中各元素的含量，可调节合金的性能，以满足对不同性能的要求。在工程实践中，由于金属材料具有良好的使用性能和工艺性能，故应用广泛。

2.1.1 金属的分类

在工业上习惯地把已发现的 86 个金属元素分为黑色金属与有色金属两大类。

1. 黑色金属

所谓黑色金属是指铁、铬、锰及其合金而言。但是，作为工程材料使用最广泛的是铁及其合金，而铬、锰及其合金很少使用，故通常指的黑色金属是铁及其合金，即钢与铸铁。

2. 有色金属

金属材料中，除铁、铬、锰以外的所有金属称为有色金属。

有色金属种类较多，常以密度、价格、在地壳中的含量及分布情况，被人们发现和使用早晚等分为 5 大类，即轻有色金属、重有色金属、稀有金属、贵金属、半金属。在有色金属中产量大，应用广泛的铜、铝、镍、铅、锌、钨、钼、锡、锑、汞为我国 10 种常用有色金属。

（1）轻有色金属

轻有色金属一般指相对密度在 4.5 以下的有色金属，包括铝、镁、钠、钾、钙、锶、钡。这类金属的共同特点是：相对密度小，化学活性大，与氧、硫、碳和卤素形成的化合物都相当稳定。

铝在自然界中占地壳重量的 8%（铁为 5%），随着近代炼铝技术的发展及铝在国民经济中的广泛应用，目前铝已成为有色金属中产量最大的金属，其产量已超过有色金属总产量的三分之一。

（2）重有色金属

重有色金属一般指相对密度在 4.5 以上的有色金属。其中包括铜、镍、铅、锌、钴、锡、锑、汞、镉、铋等。

由于各种重有色金属特性不同，在国民经济各部门中都具有特殊的应用范围。例如铜是电气设备的基本材料；铅在化工、蓄电池方面有着广泛的应用；镀锌的钢材广泛应用于工业和生活方面；而镍、钴则是制造高温合金与不锈钢的重要物质。

（3）贵金属

贵金属包括金、银和铂族元素（铂、铱、锇、钌、钯、铑）。由于它们对氧和其他试剂的稳定性。而且在地壳中含量少，开采与提取比较困难，故价格比较贵，因而得名贵金属。贵金属在工业上广泛应用于电器、电子、宇航、高温仪表、接触剂等。

（4）半金属

半金属一般是指硅、硒、碲、砷、硼。其物理化学性质介于金属与非金属之间，如砷是非金属，但又能传热导电。半金属根据各自特性，具有不同用途。硅是半导体主要材料之一；高纯碲、硒、砷是化合物半导体的原料；硼是合金的添加元素。

（5）稀有金属

稀有金属在自然界中含量少、分布稀散、提取困难或发现和使用较晚。稀有金属种类较多，故分为稀有轻金属（锂、铍、铷、铯、钛）；稀有高熔点金属（钨、钼、钽、铌、锆、钒等）；此外还有稀土金属和稀有放射性金属。

2.1.2　金属材料的主要性能

金属材料的性能分为力学性能、工艺性能和物理化学性能 3 大类。其中，工艺性能是指在加工过程中表现出来的特性。

1. 金属材料的力学性能

机械零件在工作过程中都要承受各种外力的作用。力学性能是指材料在受到外力的作用下所表现出来的特性。常用衡量力学性能的指标有弹性、塑性、强度、硬度、冲击韧性、疲劳强度等。

（1）弹性和塑性

金属材料在承受外力作用时产生变形，在去除外力后能恢复原来形状的性能，叫做弹性，该状态下的变形为弹性变形；金属材料在承受外力作用，产生永久变形而不破坏的性能，叫做塑性，该状态下的称为塑性变形。常用的塑性指标为伸长率 δ 和断面收缩率 Ψ，其数值通过金属拉伸试验测定。伸长率和断面收缩率的数值越大，材料的塑性越好。

（2）强度

金属材料在承受外力作用时，抵抗塑性变形和断裂的能力称为强度。衡量强度的指标主要是屈服强度和抗拉强度。屈服强度指材料产生塑性变形初期时的最低应力值，用 δ_s 表示单位为 MPa。抗拉强度指材料在被拉断前所承受的最大应力值，用 δ_b 来表示，单位为 MPa。屈服强度和抗拉强度是机械零件设计时的重要参数。

（3）硬度

金属材料抵抗硬物体压入的能力称为硬度。衡量硬度的指标有布氏硬度和洛氏硬度两种，它们均由专用仪器测量获得。

布氏硬度：测量方法是用一定直径的淬火钢球或硬质合金球作为压头，以规定的压力将其压入被测金属材料的表面，保持一段时间后卸载，然后测量金属表面的压痕直径，再根据压痕直径在硬度换算表中查出布氏硬度值。

洛氏硬度：测量方法是用顶角为120°的金刚石圆锥体或直径1.588 mm 的淬火钢球作压头，在一定的压力下压入材料表面，通过测量压痕深度来确定硬度的数值。一般地，洛氏硬度数值从硬度计的刻度盘上直接读取。压痕越深，材料越软，硬度数值越低；反之，硬度数值愈高。

（4）冲击韧度

大多数零件在工作状态时，常常受到各种冲击载荷的作用，如内燃机的连杆、冲床的冲头。将金属材料承受冲击载荷作用抵抗破坏的能力称为冲击韧度。用 A_k 表示，单位为 J。

（5）疲劳强度

金属材料在无数次重复交变载荷作用下工作而不致引起断裂的最大应力，称为疲劳强度。在交变负荷下经过较长时间工作而发生断裂的现象称为金属的疲劳破坏。

2. 金属材料的工艺性能

金属材料要通过各种各样的加工方法被制造成 零件或产品，材料对各种加工方法的适应性称为材料的工艺性能，主要包括以下几个方面。

（1）铸造性能

铸造性能指金属材料通过铸造方法制成优质铸件的难易程度，主要有材料的流动性和收缩性。材料的流动性越好，收缩性越小，则铸造性能越好。

（2）锻压性能

锻压性能指金属材料在锻压过程中获得优良锻件的难易程度。它与金属材料的塑性及变形抗力有关。材料的塑越高，变形抗力越小，则锻压性能越好。

（3）焊接性能

焊接性能指金属材料在一定焊接工艺条件下，获得优质焊接接头的难易程度。其影响因素包括材料的成分、焊接方法、工艺条件等。

（4）切削加工性能

切削加工性能指利用刀具切削加工金属材料的难易程度。材料切削加工性能的好坏与其物理性能、力学性能有关。对于一般材料，硬度在 200 HBS 左右即具有良好的切削加工性能。

（5）热处理工艺性能

热处理工艺性能指金属材料能热处理方法改变其工艺性能的特性。热处理通常只改变金属材料的组织和性能，而不改变其形状和大小。

3. 金属材料的物理化学性能

金属材料的物理性能是指在重力、电磁力、热力等物理因素作用下，材料所表现的性能或固有属性。机械零件及工程构件在制造中所涉的金属材料的物理性能主要包括密度、熔点、导电性、导热性、热膨胀性、导热性等。由于机械零件的用途不同，对其物理性能的要求也不一样。

金属材料的化学性能是指其与其他化学物质起化学反应时所表现出来的性能。例如材料在各种环境下的氧化抗力、腐蚀抗力等，这里主要指金属及合金材料在室温或高温环境下抵抗各种化学作用的能力，如耐酸性、耐碱性和抗氧化性等。工作在腐蚀介质中或在高温下的零件，其腐蚀性比正常环境更为强烈。如海洋设备及船舶用材料，须耐海水和海洋大气腐蚀；而储存和运输类的容器、管道等材料，则应具有较高的耐酸性能。另外，某些材料在不同介质和条件下其耐蚀性也不同，如镍铬不锈钢在稀酸中耐蚀，而在盐酸中则不耐蚀；铜及铜合金在一般大气中耐蚀，但在氨水中却不耐蚀。因此，在设计中应特别注意金属材料的化学性能。

2.2　铁碳合金

碳钢和铸铁是现代机械制造工业中应用最为广泛的金属材料。它们都是以铁和碳为主要组元的合金，钢的含碳量小于 2.11%，铸铁的含碳量大于 2.11%。

2.2.1 钢的分类

由于钢的品种繁多，为了便于生产、保管、选用与研究，必须对钢加以分类。按钢的用途、化学成分、质量的不同，可将钢分为若干类。

1. 按用途分类

按钢的用途可分为结构钢、工具钢、特殊性能钢 3 大类。

结构钢有两种，一种是用作各种机器零件的钢，它包括渗碳钢、调质钢、弹簧钢及滚珠轴承钢；另一种是用作工程结构的钢，它包括普通碳素结构钢和普通低合金结构钢。

工具钢是用来制造各种工具的钢。根据工具用途不同可分为刃具钢、模具钢和量具钢。

特殊性能钢是指具有特殊物理化学性能的钢，可分为不锈钢、耐热钢、耐磨钢、磁钢等。

2. 按化学成分分类

按钢的化学成分可分为碳素钢和合金钢两大类。

碳素钢：按含碳量又可分为低碳钢（含碳量≤0.25%）；中碳钢（0.25% < 含碳量 <0.6%）；高碳钢（含碳量≥0.6%）。

合金钢：是在碳钢的基础上，有目的地加入某些元素（称为合金元素）而得到的多元合金。

合金钢按合金元素含量的不同，又可分为低合金钢（合金元素总含量≤5%）、中合金钢（合金元素总含量 =5%～10%）和高合金钢（合金元素总含量 >10%）。此外，根据钢中所含主要合金元素种类不同，也可分为锰钢、铬钢、铬锰钢、铬锰钛钢等。

3. 按质量分类

按钢中有害杂质磷、硫含量的不同，可分为普通钢（P≤0.045%、S≤0.055%；或 P、S 均≤0.050%），优质钢（P、S 均≤0.040%）和高级优质钢（P≤0.035%、S≤0.030%）。

此外，还可按冶炼方式的不同，将钢分为平炉钢（酸性平炉、碱性平炉），转炉钢（酸性转炉、碱性转炉、氧气顶吹转炉）与电炉钢。按冶炼时脱氧程度的不同，将钢分为沸腾钢（脱氧不完全）、镇静钢（脱氧比较完全）及半镇静钢。

工业上对钢命名时，常常将用途、成分、质量 3 种分类方法结合起来，如普通碳素结构钢、优质碳素结构钢、碳素工具钢、高级优质碳素结构钢、合金结构钢、合金工具钢等。

2.2.2 碳素钢

1. 普通碳素结构钢

这类钢含有害杂质和非金属夹杂物较多，但冶炼容易，工艺性好，价格低廉，而且在性能上也能满足一般工程结构及普通机器零件的要求，因而应用很广。它通常被轧制成钢板或各种型材（圆钢、方钢、角钢、槽钢、工字钢、钢筋等）供应。这类钢的牌号由代表屈服点的字母"Q"、屈服点数值、质量等级符号、脱氧方法符号 4 个部分按顺序组成。钢的质量等级分为 4 级，用字母 A、B、C、D 表示。沸腾钢在钢的牌号尾部加"F"，半镇静钢在钢的牌号尾部加"b"，镇静钢不加字母。普通碳素结构钢的分类及机械性能如表2-1、表2-2 所示。

表 2-1 碳素结构钢（GB 700—1988）

牌号	等级	化学成分/%					脱氧方法
		C	Mn	Si	S	P	
				不大于			
Q195	—	0.06 ~ 0.12	0.25 ~ 0.50	0.30	0.050	0.045	F、b、Z
Q215	A	0.09 ~ 0.15	0.25 ~ 0.55	0.30	0.050	0.045	F、b、Z
	B				0.045		
Q235	A	0.14 ~ 0.22	0.30 ~ 0.65	0.30	0.050	0.045	F、b、Z
	B	0.12 ~ 0.20	0.30 ~ 0.70		0.045		
	C	≤0.18	0.35 ~ 0.80		0.040	0.040	Z
	D	≤0.17			0.035	0.035	TZ
Q255	A	0.18 ~ 0.28	0.40 ~ 0.70	0.30	0.050	0.045	Z
	B				0.045		
Q275	—	0.28 ~ 0.38	0.50 ~ 0.80	0.35	0.050	0.045	Z
① Q235A、B 级沸腾钢锰含量上限为 0.60%。							

2. 优质碳素钢

这类钢含有害杂质 S、P 及非金属类杂物较少，钢材的均匀性也较好。根据用途不同可分为优质碳素结构钢和碳素工具钢。

（1）优质碳素结构钢

钢优质碳素结构钢的编号（钢号）用两位数字表示，数字代表平均含碳

表2-2 碳素结构钢的机械性能

牌号	等级	屈服强度 σ_s/MPa 钢材厚度（直径）/mm 不小于						抗拉强度 σ_b/MPa	伸长率 δ_5/% 钢材厚度（直径）/mm 不小于						冲击试验 V形冲击功（纵向）/J	
		≤16	>16~40	>40~60	>60~100	>100~150	>150		≤16	>16~40	>40~60	>60~100	>100~150	>150	温度/℃	V形冲击功（纵向）/J 不小于
Q195	—	(195)	(185)	—	—	—	—	315~390	33	32	—	—	—	—	—	—
Q215	A	215	205	195	185	175	165	335~410	31	30	29	28	27	20	—	—
	B														20	27
Q235	A	235	225	215	205	195	185	375~460	26	25	24	23	22	21	—	—
	B														20	27
	C														0	27
	D														−20	27
Q255	A	255	245	235	225	215	205	410~510	24	23	22	21	20	19	—	—
	B														20	27
Q275	—	275	265	255	245	235	225	490~610	20	19	18	17	16	15	—	—

量的万分数，如 45 号钢，表示平均含碳量为 0.45% 的优质碳素结构钢。根据含锰量的不同，将含锰量为 0.25% ～ 0.80% 的优质碳素结构钢称为普通含锰钢，含锰量为 0.70% ～ 1.20% 的优质碳素结构钢称为较高含锰钢，钢号中标出锰元素，如 15Mn。

优质碳素结构钢用途广泛，其化学成分及用途见表 2 – 3 及表 2 – 4。

表 2 – 3　优质碳素结构钢的化学成分和机械性能①

钢号	σ_b/MPa	δ/%	化 学 成 分/%				
			C	Mn	Si	S	P
8	330	33	0.05 ～ 0.12	< 0.40	≤ 0.17	< 0.040	< 0.04
08F	320	34	0.05 ～ 0.12	< 0.40	≤ 0.03	< 0.040	< 0.04
10	340	31	0.07 ～ 0.14	0.35 ～ 0.65	0.17 ～ 0.37	< 0.040	< 0.04
10F	330	33	0.07 ～ 0.14	0.35 ～ 0.65	0.17 ～ 0.37	< 0.040	< 0.04
15	370	27	0.12 ～ 0.15	0.35 ～ 0.65	0.17 ～ 0.37	< 0.040	< 0.04
20	410	25	0.17 ～ 0.24	0.50 ～ 0.80	0.17 ～ 0.37	< 0.040	< 0.04
25	440	23	0.22 ～ 0.29	0.35 ～ 0.65	0.17 ～ 0.37	< 0.040	< 0.04
30	450	21	0.27 ～ 0.35	0.50 ～ 0.80	0.17 ～ 0.37	0.040	< 0.04
35	520	20	0.32 ～ 0.40	0.50 ～ 0.80	0.17 ～ 0.37	0.040	< 0.04
40	570	19	0.37 ～ 0.45	0.50 ～ 0.80	0.17 ～ 0.37	0.040	< 0.04
45	600	16	0.45 ～ 0.50	0.50 ～ 0.80	0.17 ～ 0.37	0.040	< 0.04
50	630	14	0.47 ～ 0.55	0.50 ～ 0.80	0.17 ～ 0.37	0.040	< 0.04
55	640	12	0.52 ～ 0.62	0.50 ～ 0.80	0.17 ～ 0.37	0.040	< 0.04
60	650	10	0.57 ～ 0.65	0.50 ～ 0.80	0.17 ～ 0.37	0.040	< 0.04
65	660	10	0.62 ～ 0.75	0.50 ～ 0.80	0.17 ～ 0.37	0.040	< 0.04
① 热轧供应状态							

表 2 – 4　优质碳素结构钢的主要用途

钢号	用 途 举 例
10 10F	用来制造锅炉管、油桶顶盖、钢带、钢丝、钢板和型材，用于制造机械零件
20 20F	用不经受很大应力而要求韧性的各种机械零件，如拉杆、轴套、螺钉、起重钩等；也用于制造在 6 MPa、450 ℃ 以下非腐蚀介质中使用的管子等；还可以用于心部强度不大的渗碳与氰化零件，如轴套、链条的滚子、轴以及不重要的齿轮、链轮等

续表

钢号	用 途 举 例
35	用作热锻的机械零件，冷拉和冷顶锻钢材，无缝钢管，机械制造中的零件，如转轴、曲轴、轴销、拉杆、连杆、横梁、星轮、套筒、轮圈、钩环、垫圈、螺钉、螺母等；还可用来铸造汽轮机机身、轧钢机机身、飞轮等
40	用来制造机器的运动零件，如辊子、轴、曲柄销、传动轴、活塞杆、连杆、圆盘等
45	用来制造汽轮机、压缩机、泵的运动零件；还可以用来代替渗碳钢制造齿轮、轴、活塞销等零件，但零件需经高频或火焰表面淬火，并可用作铸件
55	用来制造齿轮、连杆、轮圈、轮缘、扁弹簧及轧辊等，也可用作铸件
65	用来制造气门弹簧、弹簧圈、轴、轧辊、各种垫圈、凸轮及钢丝绳等
70	用来制造弹簧

（2）碳素工具钢

碳素工具钢的牌号是在"T"的后面附以数字来表示，其数字代表平均含碳量的千分数。如 T9 表示平均含碳量为 0.90% 的碳素工具钢。若为高级优质碳素工具钢，还需在后面加一"A"字。如 T12A 表示平均含碳量为 1.20% 的高级优质碳素工具钢。碳素工具钢只适用于工作温度不高于 200 ℃ 的尺寸较小、形状简单的工具、量具、模具等。其化学成分及主要用途如表 2 - 5 所示。

表 2 - 5　碳素工具钢的钢号、成分、硬度和用途

钢号	化学成分/%			硬 度		用途举例
	C	Si	Mn	退火状态 HBS （不大于）	淬火后 HRC （不小于）	
T7 T7A	0.65 ~ 0.74	≤0.35	≤0.40	187	62	用作能承受冲击，硬度适当，并有较好韧性的工具，如扁铲、改锥、手钳、大锤及木工工具等
T8 T8A	0.75 ~ 0.84	≤0.35	≤0.40	187	62	用作能承受冲击，要求较高硬度与耐磨性的工具，如冲头、压缩空气工具及木工工具等

钢号	化学成分/%			硬　度		用途举例
	C	Si	Mn	退火状态 HBS（不大于）	淬火后 HRC（不小于）	
T8Mn T8MnA	0.80 ~ 0.90	≤0.35	0.40 ~ 0.60	187	62	同 T8 及 T8A，但淬透性较大些，可制截面较大的工具
T9 T9A	0.85 ~ 0.94	≤0.35	≤0.40	192	62	用作硬度高、韧性中等的工具，如冲头等
T10 T10A	0.95 ~ 1.04	≤0.35	≤0.40	197	62	用作不受剧烈冲击，要求硬度高、耐磨的工具，如冲模、钻头、丝锥、车刀等
T11 T11A	1.05 ~ 1.14	≤0.35	≤0.40	207	62	同 T10
T12 T12A	1.15 ~ 1.24	≤0.35	≤0.40	207	62	用作不受冲击，要求硬度高、极耐磨的工具，如锉刀、精车刀、量具、丝锥等
T13 T13A	1.25 ~ 1.35	≤0.35	≤0.40	217	62	用作刮刀、拉丝摸、锉刀、剃刀等

注：1. 钢号中无"A"者为优质碳素工具钢，硫含量不大于 0.03%、磷含量不大于 0.035%；钢号中有"A"者为高级优质碳素工具钢，硫含量不大于 0.02%、磷含量不大于 0.03%。
2. 化学成分、硬度摘自 GB 1293—1977《碳素工具钢技术条件》。

2.2.3　合金钢

　　为了提高钢的机械性能、工艺性能或物理、化学性能，在冶炼时常特意往钢中加入一些合金元素，所获得的钢称为合金钢。

　　合金钢按用途、性能可分为合金结构钢、合金工具钢、特殊性能钢等。

　　1. 合金结构钢

　　合金结构钢主要包括普通低合金钢、渗碳钢、调质钢、弹簧钢等。

合金结构钢的编号原则上是采用"数字＋化学元素＋数字"的方法。前面的数字表示钢的平均含碳量，以万分之几表示，例如平均含碳量为0.40%，则以40表示；合金元素直接用化学符号（或汉字）表示；最后面的数字表示合金元素的含量，以平均含量的百分之几表示。合金元素的含量少于1.5%时，编号中只表明元素不标明含量；如果平均含量等于或大于1.5%、2.5%、3.5%……则相应地以2、3、4等表示。例如含0.37%~0.45% C、0.8%~1.1% Cr的铬钢，以40Cr（或40铬）表示；含0.57%~0.65% C、1.5%~2.0% Si、0.6%~0.9% Mn的硅锰钢，以60Si2Mn（或60硅2锰）表示。若是含硫、磷量较低（S≤0.02%、P≤0.03%）的高级优质钢，则在钢号的最后加"A"（或"高"）字，例如20Cr2Ni4A（或20铬2镍4高）。

（1）普通低合金钢

普通低合金钢是一种低碳结构钢，含碳量一般低于0.20%，合金元素一般在3%以下，常加入元素为Mn、Ti、V、Nb、Cu、P等。这类钢的强度显著高于相同碳量的碳素钢，它具有较好的韧性和塑性，以及良好的焊接性和耐蚀性，它广泛应用于建造桥梁、制造车辆、船舶、锅炉、高压容器、油管、大型钢结构以及汽车、拖拉机等产品方面。

表2-6列出了我国生产的几种常用普通低合金钢的成分、性能及用途。

（2）渗碳钢

适用于生产渗碳零件（要求表面具有高的硬度、耐磨性，心部具有足够的强度和韧性）的钢称为渗碳钢。

渗碳钢含碳量一般都很低，介于0.10%~0.25%，属于低碳钢范畴。合金渗碳钢中所含的主要合金元素是Cr、Ni、Mn、B等。

表2-7列出了常用渗碳钢的化学成分。

（3）调质钢

一般指经过调质处理（即淬火＋高温回火）后使用的钢。大多数调质钢属于中碳钢，一般含碳量在0.27%~0.50%，加入的合金元素有Cr、Ni、Mn、Si等。这类钢经热处理后，具有良好的综合机械性能（即强度、塑性、韧性配合较好），因此用于制造较重要的机器零件，如轴、齿轮、曲轴、连杆等。

（4）弹簧钢

弹簧钢具有较高的弹性极限、疲劳强度、足够的塑性、韧性以及良好的表面质量。还要有良好的淬透性及较低的脱碳敏感性。

碳素弹簧钢通常含碳量在0.60%~0.75%，合金弹簧钢含碳量在0.46%~0.70%，且常有Si、Mn、Cr、V等合金元素。常用的弹簧钢有：65、70、65Mn、55Si2Mn、60Si2Mn、50CrVA、50CrMn等。

表 2-6　普通低合金钢的成分、性能及用途

钢号	化学成分/%				钢材厚度/mm	机械性能			冷弯试验		用　　途
	C	Si	Mn	其他		σ_b/MPa	σ_s/MPa	δ/%	a 试件厚度 d 心棒直径		
09Mn2	≤0.12	0.20 ~ 0.60	1.40 ~ 1.80	—	4 ~ 10	450	300	21	180° ($d=2a$)		油槽、油罐、机车车辆、梁柱等
14MnNb	0.12 ~ 0.18	0.20 ~ 0.60	0.80 ~ 1.20	0.015 ~ 0.050Nb	≤16	500	360	20	180° ($d=2a$)		油罐、锅炉、桥梁等
16Mn	0.12 ~ 0.20	0.20 ~ 0.60	1.20 ~ 1.60	—	≤16	520	350	21	180° ($d=2a$)		桥梁、船舶、车辆、压力容器、建筑结构等
16MnCu	0.12 ~ 0.20	0.20 ~ 0.60	1.25 ~ 1.50	0.20 ~ 0.35Cu	≤16	520	350	21	180° ($d=2a$)		桥梁、船舶、车辆、压力容器、建筑结构等
15MnTi	0.12 ~ 0.18	0.20 ~ 0.60	1.25 ~ 1.50	0.12 ~ 0.20Ti	≤25	540	400	19	180° ($d=3a$)		船舶、压力容器、电站设备等
15MnV	0.12 ~ 0.18	0.20 ~ 0.60	1.25 ~ 1.50	0.04 ~ 0.14V	≤25	540	400	18	180° ($d=3a$)		压力容器、船舶、桥梁、车辆、起重机械等

表 2-7 常用渗碳钢的化学成分

化学成分/%

钢号	C	Si	Mn	P	S	Cr	Ni	Mo	其他
15	0.12~0.19	0.17~0.37	0.35~0.65	≤0.040	≤0.040	≤0.25	≤0.25		
20	0.17~0.24	0.17~0.37	0.35~0.65	≤0.040	≤0.040	≤0.25	≤0.25		
15Mn2	0.12~0.18	0.20~0.40	2.00~2.40	≤0.040	≤0.040	≤0.35	≤0.35		
20Mn2	0.17~0.24	0.20~0.40	1.40~1.80	≤0.040	≤0.040	≤0.35	≤0.35		V0.07~0.12
20MnV	0.17~0.24	0.20~0.40	1.30~1.60	≤0.040	≤0.040	≤0.35	≤0.35		V0.07~0.12
20MnVB	0.17~0.24	0.20~0.40	1.20~1.60	≤0.040	≤0.040	≤0.35	≤0.35		B0.001~0.004
15Cr	0.12~0.18	0.20~0.40	0.40~0.70	≤0.040	≤0.040	0.70~1.00	≤0.35		
20Cr	0.17~0.24	0.20~0.40	0.50~0.80	≤0.040	≤0.040	0.70~1.00	≤0.35		
20CrMn	0.17~0.24	0.20~0.40	0.90~1.20	≤0.040	≤0.040	0.90~1.20	≤0.35		
20CrMnTi	0.17~0.24	0.20~0.40	0.80~1.10	≤0.040	≤0.040	1.00~1.30	≤0.35		Ti0.06~0.12
30CrMnTi	0.24~0.32	0.20~0.40	1.00~1.30	≤0.040	≤0.040	0.80~1.10	≤0.35		Ti0.06~0.12
20CrMo	0.17~0.24	0.20~0.40	0.40~0.70	≤0.040	≤0.040	0.80~1.10	≤0.35		
15CrMnMo	0.12~0.18	0.20~0.40	0.90~1.20	≤0.040	≤0.040	0.90~1.20	≤0.35	0.15~0.25	
20CrMnMo	0.17~0.24	0.20~0.40	0.90~1.20	≤0.040	≤0.040	1.10~1.40	≤0.35	0.20~0.30	
20CrNi	0.17~0.24	0.20~0.40	0.40~0.70	≤0.040	≤0.040	0.45~0.75	1.00~1.40		
12CrNi3	0.10~0.17	0.20~0.40	0.30~0.60	≤0.040	≤0.040	0.60~0.90	2.75~3.25	0.20~0.30	
12Cr2Ni4	0.10~0.17	0.20~0.40	0.30~0.60	≤0.040	≤0.040	1.25~1.75	3.25~3.75		
20Cr2Ni4	0.17~0.24	0.20~0.40	0.30~0.60	≤0.040	≤0.040	1.25~1.75	3.25~3.75		
18Cr2Ni4W	0.13~0.19	0.20~0.40	0.30~0.60	≤0.040	≤0.040	1.35~1.65	4.00~4.50		W0.80~1.20

表 2 - 8　常用调质钢的化学成分

钢号	化学成分/%								
	C	Si	Mn	P	S	Cr	Ni	Mo	其他
40	0.37~0.45	0.17~0.37	0.50~0.80	≤0.040	≤0.040	≤0.25	≤0.25	—	—
45	0.42~0.50	0.17~0.37	0.50~0.80	≤0.040	≤0.040	≤0.25	≤0.25	—	—
42Mn2V	0.38~0.45	0.20~0.40	1.60~1.90	≤0.040	≤0.040	≤0.35	≤0.35	—	V0.07~0.12
40MnVB	0.37~0.44	0.20~0.40	1.10~1.40	≤0.040	≤0.040	≤0.35	≤0.35	—	B0.001~0.004 V0.05~0.10
40Cr	0.37~0.45	0.20~0.40	0.50~0.80	≤0.040	≤0.040	0.80~1.10	≤0.35	—	—
40CrMn	0.37~0.45	0.20~0.40	0.90~1.20	≤0.040	≤0.040	0.90~1.20	≤0.35	—	—
42CrMo	0.38~0.45	0.20~0.40	0.50~0.80	≤0.040	≤0.040	0.90~1.20	≤0.35	0.15~0.25	—
40CrNi	0.37~0.44	0.20~0.40	0.50~0.80	≤0.040	≤0.040	0.45~0.75	1.00~1.40	—	—
30CrMnSi	0.27~0.34	0.90~1.20	0.80~1.10	≤0.040	≤0.040	0.80~1.10	≤0.35	—	—
35CrMo	0.32~0.40	0.20~0.40	0.40~0.70	≤0.040	≤0.040	0.80~1.10	≤0.35	0.15~0.25	—
37CrNi3	0.34~0.41	0.20~0.40	0.30~0.60	≤0.040	≤0.040	1.20~1.60	3.00~3.50	—	—
40CrNiMo	0.37~0.44	0.20~0.40	0.50~0.80	≤0.040	≤0.040	0.60~0.90	1.25~1.75	0.15~0.25	—
40CrMnMo	0.37~0.45	0.20~0.40	0.90~1.20	≤0.040	≤0.040	0.90~1.20	≤0.35	0.20~0.30	—

2. 合金工具钢

合金工具钢是用于制造刀具、模具、量具等工具的钢，其编号也是采用"数字＋化学元素＋数字"的方法。平均含碳量≥1.0% 时不标出含量，合金元素含量的表示方法与合金结构钢相同。如 CrMn，表示平均含碳量≥1.0%，Cr、Mn 平均含量均 <1.5% 的合金工具钢；9SiCr 表示平均含碳量为 0.9%，Si、Cr 平均含量均 <1.5% 的合金工具钢；W18Cr4V 表示含碳量为 0.70%～0.80%，W、Cr、V 平均含量分别为 18%、4%、<1.5% 的高速工具钢。

作为工具钢，虽然其使用目的不同，但必须具有高硬度、高耐磨性、足够的韧性以及小的变形量等。因此，有些钢是可以通用的，既可做刃具又可做模具、量具。

常用刃具钢有 9SiCr、CrWMn、CrMn 以及高速钢等，见表 2－9 及表 2－10。

模具钢分为冷模具钢和热模具钢。冷模具钢有 Cr12、Cr12MoV、Cr6WV 等；热模具钢有 5CrMnMo、5CrNiMo、3Cr2W8V 等。

量具钢有 9SiCr、CrMn、CrWMn 等。

3. 特殊性能钢

特殊性能钢一般包括不锈钢、耐热钢、耐磨钢等。

（1）不锈钢

不锈钢是指在空气、碱或盐的水溶液等介质中具有高度化学稳定性的钢。不锈钢并不是绝对不腐蚀，只不过腐蚀速度慢一些。在同一介质中，不同种类的不锈钢耐腐蚀能力不同。在不同介质中，同一种不锈钢其腐蚀速度也不一样。因此，选用不锈钢时，必须根据钢材的特点，结合各种影响因素（如介质种类、温度、浓度、压力等）来综合考虑。

不锈钢的编号方法与含碳量小于 1.0% 的合金工具钢相同。由于钢中合金元素种类不同，常把不锈钢分为铬不锈钢、铬镍不锈钢。

铬不锈钢的主要牌号有 1Cr13、2Cr13、3Cr13、4Cr13、1Cr17 等，其化学成分、热处理、机械性能、用途见表 2－11。

铬镍不锈钢（18－8 型）的主要牌号有 0Cr18Ni9、1Cr18Ni9、2Cr18Ni9、0Cr18Ni9Ti、1Cr18Ni9Ti（含碳量≤0.03% 及≤0.08% 者，在钢号前分别冠以"00"或"0"）。铬镍不锈钢的化学成分、热处理、机械性能、用途见表 1－12。

（2）耐热钢

金属材料的耐热性是包括高温抗氧化性和高温强度的综合概念。高温抗氧化性是金属材料在高温下对氧化作用的抗力；而高温强度是金属材料在高温下对机械负荷的抗力。因此，耐热钢就是在高温下不发生氧化并对机械负荷

表2-9 常用低合金刀具钢的化学成分、热处理及用途

钢号	化学成分/%					淬火			回火		用途举例
	C	Mn	Si	Cr	其他	温度/℃	介质	HRC(不低于)	温度/℃	HRC	
9SiCr	0.85~0.95	0.30~0.60	1.20~1.60	0.95~1.25		850~870	油	62	190~200	60~63	板牙、丝锥、铰刀、搓线板、冷冲模等
CrWMn	0.90~1.05	0.80~1.10	0.15~0.35	0.90~1.20	1.20~1.60W	820~840	油	62	140~160	62~65	长丝锥、长铰刀、板牙、拉刀、量具、冷冲模等
CrMn	1.30~1.50	0.45~0.75	≤0.40	1.30~1.60		840~860	油	62	130~140	62~65	长丝锥、拉刀、量具等
9Mn2V	0.85~0.95	1.70~2.00	≤0.40		0.01~0.25V	780~820	油	62	150~200	58~63	丝锥、板牙、样板、量规、中小型模具、磨床主轴、精密丝杠等

表 2-10 常用高速钢的化学成分、热处理、特性及用途

名称	钢号	主要化学成分/%						热处理温度/℃			硬度			用　途
		C	W	Mo	Cr	V	Al 或 Co	退火	淬火	回火	退火后 (HB)	回火后 (HRC)	硬性 (HRC①)	
钨高速钢	W18Cr4V (18-4-1)	0.70 ~ 0.80	17.50 ~ 19.00	≤0.30	3.80 ~ 4.40	1.00 ~ 1.40	—	860 ~ 880	1 260 ~ 1 300	550 ~ 570	207 ~ 255	63 ~ 66	61.5 ~ 62	制造车刀、刨刀，钻头、铣刀等
高碳钨高速钢	95W18Cr4V	0.90 ~ 1.00	17.50 ~ 19.00	≤0.30	380 ~ 4.40	1.00 ~ 1.40	—	860 ~ 880	1 260 ~ 1 280	570 ~ 580	241 ~ 269	67.5	64 ~ 65	在切削不锈钢及其他硬或韧的材料时，可显著提高刀具寿命与被加工零件的光洁度
钨钼高速钢	W6Mo5Cr4V2 (6-5-4-2)	0.80 ~ 0.90	5.75 ~ 6.75	4.75 ~ 5.75	3.80 ~ 4.40	1.80 ~ 2.20	—	840 ~ 860	1 220 ~ 1 240	550 ~ 570	≤241	63 ~ 66	60 ~ 61	制造要求耐磨性和韧性很好配合的切削刀具，如丝锥、钻头等；并适于采用轧制、扭制热变形加工成形新工艺来制造钻头等刀具
高钒的钨钼高速钢	W6Mo5Cr4V3 (6-5-4-3)	1.10 ~ 1.25	5.75 ~ 6.75	4.75 ~ 5.75	3.80 ~ 4.40	2.80 ~ 3.30	—	840 ~ 885	1 200 ~ 1 240	550 ~ 570	≤255	>65	64	制造要求耐磨性和热硬性较高，耐磨性和韧性较好配合，形状较为复杂的刀具，如拉刀、铣刀等

续表

名称	钢号	主要化学成分/%						热处理温度/℃			硬度		硬性(HRC①)	用途
		C	W	Mo	Cr	V	Al或Co	退火	淬火	回火	退火后(HB)	回火后(HRC)		
高碳高钒高速钢	W12Cr4V4Mo	1.25 ~ 1.40	11.50 ~ 13.00	0.90 ~ 1.20	3.80 ~ 4.40	3.80 ~ 4.40	—	840 ~ 860	1 240 ~ 1 270	550 ~ 570	≤262	>65	64 ~ 64.5	只宜制造形状简单的刀具或仅需少磨削的刀具。优点：热硬性高，耐磨性优越，切削性能良好，使用寿命长；缺点：韧性有所降低，可磨削性和可锻性均差
超硬高速钢 含钴高速钢	W18Cr4VCo10	0.70 ~ 0.80	18.00 ~ 19.00	—	3.80 ~ 4.40	1.00 ~ 1.40	9.00 ~ 10.00 (Co)	870 ~ 900	1 270 ~ 1 320	540 ~ 590	≤277	66 ~ 68	64	制造形状简单截面较粗的刀具，如直径在15mm以上的钻头，某几种车刀；而不适宜于制造形状复杂的薄刃成型刀具或承受单位载荷较高的小截面刀具。用于加工难切削材料，例如高温合金、超高强度钢、钛合金以及奥氏体不锈钢等，也用于切削硬度≤HB300~350的合金调质钢
	W6Mo5Cr4V2Co8	0.80 ~ 0.90	5.5 ~ 6.70	4.8 ~ 6.20	3.80 ~ 4.40	1.80 ~ 2.20	7.00 ~ 9.00 (Co)	870 ~ 900	1 220 ~ 1 260	540 ~ 590	≤269	64 ~ 66	64	

续表

名称	钢号	主要化学成分/%						热处理温度/℃			硬度		硬性(HRC①)	用　途
		C	W	Mo	Cr	V	Al或Co	退火	淬火	回火	退火后(HB)	回火后(HRC)		
超硬高速钢 含铝高速钢	W6Mo5Cr4V2Al	1.10 ~ 1.20	5.75 ~ 6.75	4.75 ~ 5.75	3.80 ~ 4.40	1.80 ~ 2.20	1.00 ~ 1.30 (Al)	850 ~ 870	1 220 ~ 1 250	550 ~ 570	255 ~ 267	67 ~ 69	65	在加工一般材料时刀具使用寿命为18－4－1钢的2倍，在切削难加工的超高强度钢和耐热合金钢时，其使用寿命接近钻高速钢
	W10Mo4Cr4V3Al (5F－6)	1.30 ~ 1.45	9.00 ~ 10.50	3.50 ~ 4.50	3.50 ~ 4.50	2.70 ~ 3.20	0.70 ~ 1.20 (Al)	845 ~ 855	1 230 ~ 1 260	540 ~ 560	≤269	67 ~ 69	65.5 ~ 67.5	

① 将淬火回火试样在600℃加热4次，每次1小时。

表2-11　常用铬不锈钢的主要成分、热处理、组织机械性能及用途

类别	钢号	化学成分/%		热处理	组织	机械性能					硬性 HRC	用　途
		C	Cr			σ_b /MPa	σ_s /MPa	δ_5 /%	ψ/%	A_k/J		
马氏体型	1Cr13	0.08 ~ 0.15	12 ~ 14	1 000 ℃~1 050 ℃油或水淬 700 ℃~790 ℃回火	回火索氏体	≥600	≥420	≥20	≥60	≥72	HB187	制作能抗弱腐蚀性介质、能承受冲击负荷的零件，如汽轮机叶片、水压机阀、结构架、螺栓、螺帽等
	2Cr13	0.16 ~ 0.24	12 ~ 14	1 000 ℃~1 050 ℃油或水淬 700 ℃~790 ℃回火	回火索氏体	≥660	≥450	≥16	≥55	≥64	—	

续表

类别	钢号	化学成分/%		热处理	组织	机械性能						用　途
		C	Cr			σ_b /MPa	σ_s /MPa	δ_5 /%	ψ/%	A_k/J	HRC	
马氏体型	3Cr13	0.25 ~ 0.34	12 ~ 14	1 000 ℃ ~ 1 050 ℃油淬 200 ℃ ~ 300 ℃回火	回火马氏体						48	制作具有较高硬度的耐磨性的医疗工具、量具、滚珠轴承等
	4Cr13	0.35 ~ 0.45	12 ~ 14	1 000 ℃ ~ 1 050 ℃油淬 200 ℃ ~ 300 ℃回火	回火马氏体						50	
铁素体型	1Cr17	≤0.12	16 ~ 18	750 ℃ ~ 800 ℃空冷	铁素体	≥400	≥250	≥20	≥50			制作硝酸工厂设备如吸收塔、热交换器、酸槽、输送管道，以及食品工厂设备等

表 2 - 12 18 - 8 型不锈钢的化学成分、热处理、机械性能及用途

钢 号	化学成分/%				热处理	机械性能				特性及用途
	C	Cr	Ni	Ti		σ_b /MPa	σ_s /MPa	δ_5 /%	ψ/%	
0Cr18Ni9	≤0.08	17～19	8～12		1 050～1 100 ℃ 水淬（固溶处理）	≥490	≥180	≥40	≥60	具有良好的耐蚀及耐晶间腐蚀性能，为化学工业用的良好耐蚀材料
1Cr18Ni9	≤0.14	17～19	8～12		1 100 ℃～1 150 ℃ 水淬（固溶处理）	≥550	≥200	≥45	≥50	制作耐硝酸、磷酸、有机酸及盐、碱溶液腐蚀的设备零件
0Cr18Ni9Ti	≤0.08	17～19	8～11	5X (C%－0.02)～0.8	1 100 ℃～1 150 ℃ 水淬（固溶处理）	≥550	≥200	≥40	≥55	制作耐酸容器及设备衬里、输送管道等设备和零件，医疗器械、抗磁仪表，具有较好的耐晶间腐蚀性
1Cr18Ni9Ti	≤0.12	17～19	8～11	5X (C%－0.02)～0.8						

作用具有较高抗力的钢。耐热钢可分为结构钢型与不锈钢型两类。结构钢型耐热钢有 15CrMo、12CrMoV、12Cr2MoWVTiB、12Cr3MoVSiTiB 等；不锈钢型耐热钢有 1Cr18Ni9Ti、4Cr14Ni14W2Mo 等。

2.2.4　铸铁

含碳量大于 2.11% 的铁碳合金称为铸铁。在化学成分上铸铁与钢的主要不同是：铸铁含碳和含硅量较高，杂质元素硫、磷较多。

铸铁的强度、塑性、韧性较差，不能进行压力加工，但它却具有一系列的优良性能，如良好的铸造性能，减磨性和切削加工性等，而且它的生产设备和工艺简单、价格低廉，因此铸铁在机械制造业中得到了广泛的应用。铸铁常根据石墨结晶的形态分为灰口铸铁、可锻铸铁、球墨铸铁 3 类。

1. 灰口铸铁

灰口铸铁中碳主要以片状石墨的形式存在，断口呈暗灰色，故称灰口铸铁。灰口铸铁的铸造性能和切削加工性能很好，是工业上应用最广泛的铸铁。

灰口铸铁的牌号由"HT"和 3 位数字组成，其中数字表示抗拉强度最低值。例如 HT100 表示抗拉强度最低值为 100 MPa 的灰口铸铁。

灰口铸铁的牌号、力学性能和应用见表 2 – 13。

表 2 – 13　灰铸铁的牌号、力学性能和应用举例

牌号	抗拉强度（不小于）/MPa	应　用　举　例
HT100	100	负荷小，不重要的零件，如防护罩、盖、手轮、支架、底版等
HT150	150	承受中等负荷的零件，如支柱、底座、箱体、泵体、阀体、皮带轮、飞轮、管道附件等
HT200	200	承受中等负荷的重要零件，如汽缸、齿轮、齿条、机体、机床床身、中等压力阀体等
HT250	250	要求较高的强度、耐磨性、减震性及一定密封性的零件，如汽缸、油缸、齿轮、衬套等；承受高负荷、高耐磨和高气密性的重要零件，如重要机床的床身、机座、主轴箱、卡盘、高压油缸、阀体、泵体、齿轮、凸轮等
HT300	300	
HT350	350	

2. 可锻铸铁

可锻铸铁中碳主要以团絮状石墨的形态存在，它是白口铸铁经退火而获得的一种铸铁。与灰口铸铁相比，可锻铸铁具有较高的强度，而且具有较好

的塑性和韧性，故被称为"可锻"铸铁，实际上并不可锻。

可锻铸铁分为黑心可锻铸铁、珠光体可锻铸铁和白心可锻铸铁等，其牌号分别由"KTH""KTZ""KTB"和两组数字组成，前一组数字表示抗拉强度最低值，后一组数字表示伸长率最低值。如 KTH300 – 06 表示抗拉强度最低值为 300 MPa，伸长率最低值为 6% 的黑心可锻铸铁；KTZ450 – 06 表示抗拉强度最低值为 450 MPa，伸长率最低值为 6% 的珠光体可锻铸铁；KTB350 – 04 表示抗拉强度最低值为 350 MPa，伸长率最低值为 4% 的白心可锻铸铁。

可锻铸铁适用于制造形状复杂、工作中承受冲击、震动、扭转载荷的薄壁零件，如汽车、拖拉机后桥壳、转向器壳和管子接头等。

3. 球墨铸铁

球墨铸铁中石墨呈球状，它的强度比灰口铸铁高得多，并且具有一定的塑性和韧性。它主要用于制造某些受力复杂、承受载荷大的零件，如曲轴、连杆、凸轮轴、齿轮等。

球墨铸铁的牌号由"QT"和两组数字组成，前一组数字表示抗拉强度的最低值，后一组数字表示伸长率最低值。如 QT500 – 07 表示抗拉强度最低值为 500 MPa、伸长率最低值为 7% 的球墨铸铁。

2.2.5 钢材的类别

根据国家规定，将钢材分为 15 大类。

1. 重轨

每米重量超过 24 kg 的钢轨称为重轨。

2. 轻轨

每米重量等于或小于 24 kg 的钢轨称为轻轨。

3. 其他钢材

主要为重轨配件、车轴坯、车轮、轮箍、法兰等。

4. 大型型钢

高度≥180 mm 的工字钢和槽钢（包括 U、T、Z 字钢等）；

边宽 >150 mm 的等边角钢；

长边×短边 >150 mm×100 mm 的不等边角钢；

直径或边长 >80 mm 的圆钢、方钢、六角钢等；

宽度 >100 mm 的扁钢。

5. 中型型钢

高度 <180 mm 的工字钢和槽钢（包括 U、T、Z 字钢等）；

边宽为 50 mm ~150 mm 的等边角钢；

长边×短边为 50 mm×40 mm ~150 mm×100 mm 的不等边角钢；

直径、边长、对边直径为 38~80 mm 的圆钢、方钢、螺纹钢、六角钢和八角钢;

宽度为 60~100 mm 的扁钢。

6. 小型型钢

边宽 <50 mm 的等边角钢;

长边×短边 <50 mm×40 mm 的不等边角钢;

直径、边长、对边直径为 10~37 mm 的圆钢、方钢、螺纹钢、六角钢和八角钢;

宽度 <60 mm 的扁钢。

7. 线材

直径为 5~9 mm 的圆钢和螺纹钢。

8. 优质钢材

指各优质钢热轧、锻压和冷轧而形成的各种型钢,如圆钢、方钢和六角钢等。

9. 带钢

包括普通碳素钢和优质钢的热轧和冷轧的各种带钢。

10. 厚钢板

指厚度 >4 mm 的钢板。如造船钢板、锅炉钢板、桥梁钢板等。

11. 薄钢板

指厚度 ≤4 mm 的钢板。

12. 硅钢片

硅钢片包括热轧和冷轧的电机和变压器硅钢片。

13. 无缝钢管

指热轧和冷拔的无缝钢管。

14. 焊接钢管

焊接而成的有缝钢管。

15. 金属制品

通常包括钢丝、钢绞线、钢丝绳等。

2.3　有色金属材料

有色金属种类繁多,不能一一叙述,下面只介绍铜、铝及其合金。

2.3.1　铝及铝合金

1. 纯铝

铝是银白色的金属,密度 2.7 g/cm³,熔点 660 ℃,导电性和导热性仅次于银、铜、金而居第 4 位。

铝强度低（$\sigma_b \approx 80$ MPa），塑性高（$\delta = 50\%$，$\psi = 80\%$），能通过冷或热的压力加工制成线、板、带、棒、管等型材。经冷加工后，强度可提高到 $\sigma_b = 150 \sim 250$ MPa。

铝的化学性质活泼，在空气中能与氧结合而形成致密、坚固的氧化铝（Al_2O_3）薄膜，这层薄膜能使金属不再继续氧化。所以，铝在空气和水中有较好的耐蚀能力，能抵抗硝酸和醋酸的腐蚀，但不耐硫酸、盐酸、碱和盐的腐蚀（这些介质能破坏铝的氧化膜）。

纯铝主要用于制造电线、电缆以及配制合金等。

纯铝的牌号是按其纯度来编制的。如 L1、L2、L3 等，"L" 为 "铝" 字的汉语拼音字首，编号数字越大，纯度越低。

2. 铝合金

纯铝的强度很低，不适宜制作承受载荷的结构零件，但加入一定量的合金元素后，可得到强度较高，耐蚀性较好的铝合金。根据其成分和工艺特点，铝合金可分为变形铝合金（或称压力加工铝合金）和铸造铝合金两类。

（1）变形铝合金

适宜于压力加工的铝合金称为变形铝合金。常用的变形铝合金有：防锈铝合金、硬铝合金、超硬铝合金和锻铝合金等。

防锈铝合金的牌号用 "LF" 加顺序号表示，如 LF5、LF11 等。

硬铝合金的牌号用 "LY" 加顺序号表示，如 LY1、LY11 等。这类合金的强度和硬度较高。

超硬铝合金的牌号用 "LC" 加顺序号表示，如 LC4、LC6 等，其强度和硬度更高。

锻铝合金的牌号用 "LD" 加顺序号表示，如 LD5、LD7 等。

常用变形铝合金的牌号、成分、性能与用途见表 2 - 14。

表 2 - 14　常用变形铝合金的牌号、化学成分、机械性能及用途举例

| 类别 | 牌号 | 主要化学成分/% | | | | | 材料状态 | 机械性能 | | | 用途举例 |
		Cu	Mg	Mn	Zn	其他		σ_b/MPa	δ_{10}/%	HBS	
防锈铝合金	LF15	0.10	4.8 ~ 5.5	0.3 ~ 0.6	0.20		M	280	20	70	焊接油箱、油管、焊条、铆钉以及中载零件及制品
	LF11	0.10	4.8 ~ 5.5	0.3 ~ 0.6	0.20	Ti 或 V 0.02 ~ 0.15	M	280	20	70	油箱、油管、焊条、铆钉以及中载零件及制品

续表

类别	牌号	主要化学成分/%					材料状态	机械性能			用途举例
		Cu	Mg	Mn	Zn	其他		σ_b/MPa	δ_{10}/%	HBS	
防锈铝合金	LF21	0.20	0.05	1.0 ~ 1.6	0.10	Ti0.15	M	130	20	30	焊接油箱、油管、焊条、铆钉以及轻载零件及制品
硬铝合金	LY1	2.2 ~ 3.0	0.2 ~ 0.5	0.20	0.10	Ti0.15	CZ	300	24	70	工作温度不超过 100 ℃的结构用中等强度铆钉
	LY11	3.8 ~ 4.8	0.4 ~ 0.8	0.4 ~ 0.8	0.30	Ni0.10 Ti0.15	CA	420	15	100	中等强度的结构零件,如骨架、模锻的固定接头、支柱、螺旋桨叶片、局部镦粗零件、螺栓和铆钉
超硬铝合金	LC4	1.4 ~ 2.0	1.8 ~ 2.8	0.2 ~ 0.6	5.0 ~ 7.0	Cr0.1 ~ 0.25	CS	600	12	150	结构中主要受力件,如飞机大梁、桁架、加强框、蒙皮接头及起落架
锻铝合金	LD5	1.8 ~ 2.6	0.4 ~ 0.8	0.4 ~ 0.8	0.30	Ni0.10 Ti0.15	CS	420	13	105	形状复杂中等强度的锻件及模锻件
	LD6	1.8 ~ 2.6	0.4 ~ 0.8	0.4 ~ 0.8	0.30	Ni0.10 Cr0.01 ~ 0.2 Ti0.02 ~ 0.1	CS	390	10	100	形状复杂的锻件和模锻件,如压气机轮和风扇叶轮
	LD7	1.9 ~ 2.5	1.4 ~ 1.8	0.20	0.30	Ni0.9 ~ 1.5 Ti0.02 ~ 0.1	CS	440	12	120	内燃机活塞和在高温下工作的复杂锻件、板材,可作高温下工作的结构件

注: 1. 化学成分摘自 GB 3190—1982《铝及铝合金加工产品的化学成分》。

　　2. 热处理代号: M——退火, CZ——淬火 + 自然时效, CS——淬火 + 人工时效。

（2）铸造铝合金

用于制作铸件的铝合金称为铸造铝合金。

铸造铝合金的牌号用"ZL"与3个数字表示。第一位数字表示合金的组别，"1"表示铝硅合金，2、3、4依次表示铝铜、铝镁、铝锌合金。后两位数字表示顺序号，如ZL102、ZL302等。

部分铸造铝合金的牌号、成分、性能与用途见表2－15。

表2－15　部分铸造铝合金的牌号、化学成分、机械性能及用途

牌号	主要化学成分/%					铸造方法	热处理	机械性能			应用举例
	Si	Cu	Mg	Mn	其他			σ_b /MPa	δ_5 /%	HBS	
								不小于			
ZL101	6.0~8.0		0.2~0.4		Al余量	J	T5	210	2	60	形状复杂的砂型、金属型和压力铸造零件，如飞机、仪器零件、水泵壳体、工作温度不超过185℃汽化器等
ZL104	8.0~10.5		0.17~0.30	0.2~0.5	Al余量	J	T1	200	1.5	70	砂型、金属型和压力铸造的形状复杂，在200℃以下工作的零件，如发动机机匣、汽缸体等
ZL203		4.0~5.0			Al余量	J	T5	230	3	70	砂型铸造，中等载荷和形状比较简单的零件，如托架和工作温度不超过200℃并要求切削加工性能好的小零件
ZL302	0.8~1.3		4.5~5.5	0.1~0.4	Al余量	S，J	—	150	1	55	腐蚀介质作用下的中等载荷零件，在严寒大气中以及工作温度不超过200℃零件，如海轮配件和各种壳体

续表

牌号	主要化学成分/%					铸造方法	机械性能				应用举例
	Si	Cu	Mg	Mn	其他		热处理	σ_b /MPa	δ_5 /%	HBS	
								不小于			
ZL401	6.0 ~ 8.0		0.1 ~ 0.3		Zn 9.0~13.0 Al 余量	J	T1	250	1.5	90	压力铸造零件、工作温度不超过 200 ℃ 结构形状复杂的汽车、飞机零件

注：1. 铸造方法代号：J——金属性，S——砂型。

　　2. 热处理代号：T1——人工时效，T5——淬火和部分时效。

　　3. 化学成分与机械性能摘自 GB 1173—1974《铸造铝合金》。

2.3.2　铜及铜合金

1. 纯铜

纯铜外观呈紫红色，故称紫铜。密度 8.96 g/cm³，熔点 1 083 ℃，导电性、导热性、耐蚀性好，强度较低（$\sigma_b = 230 ~ 250$ MPa），不宜作结构材料，主要用于制作导电器材或配制各种合金。

根据杂质含量，工业纯铜可分为 T1、T2、T3、T4 四种。"T"为铜的汉语拼音字头，数字为编号，数字越大杂质含量越高。

2. 铜合金

铜合金按照化学成分的不同，可分为黄铜、青铜和白铜。

（1）黄铜

以锌为主要合金元素的铜基合金。当铜中只加入锌时，称为普通黄铜。当铜中除加入锌以外还加入其他元素的黄铜称为特殊黄铜。

普通黄铜不仅有良好的机械性能、耐腐蚀性能和工艺性能，而且价格也较纯铜便宜，因此广泛用于制造机器零件。特殊黄铜的某些性能在普通黄铜的基础上又有提高。

普通黄铜的牌号用"H"（黄字汉语拼音字首）加数字表示，数字代表平均含铜量，含锌量不标出。如 H68，表示含铜为 68% 的普通黄铜。特殊黄铜则在 H 之后标以除锌以外的主加元素的化学符号，并在其后标明铜及合金元素的含量，如 HPb59 - 1。如果是铸造黄铜，牌号中还应加一"Z"字，如 ZHAl67 - 2.5。

部分黄铜的牌号、成分、性能及用途见表 2 – 16。

表 2 – 16　部分黄铜的牌号、成分、机械性能及用途

类别	牌号	主要化学成分/%		制品种类或铸造方法	机械性能			用途举例
		Cu	Zn 及其他		σ_b /MPa	δ_5 /%	HBS	
压力加工黄铜	H96	95～97	Zn 余量	板、条、带、箔、棒、线、管	270	35		导管，冷凝器，散热片及导电零件，冷冲、冷挤零件，如弹壳、铆钉、螺母、垫圈等
	H68	67～70			300	40		
	H62	60.5～63.5			300	40	56	
	HPb 59 – 1	57～60	Pb0.8～1.9 Zn 余量	板、管、棒、线	350	25	49	各种结构零件，如销子、螺钉、螺母、衬套、垫圈
	HMn 58 – 2	57～60	Mn1～2 Zn 余量	板、带、棒、线	390	30	35	船舶和弱电用零件
铸造黄铜	ZHSi 80 – 3	79～81	Si2.5～4.5 Zn 余量	S	300	15	90	在海水、淡水和蒸汽（＜265℃）条件下工作的零件，如支座、法兰盘、导电外壳
				J	350	20	100	
	ZHPb 59 – 1	53～61	Pb0.8～1.9 Zn 余量	S	200	10	80	选矿机大型轴套及滚珠轴承的轴承套
				J	250	20	90	
	ZHAl 67 – 2.5	66～68	Al2～3 Zn 余量	S	300	12	80	海运机械、通用机械的耐蚀零件
				J	400	15	90	

注：1. 压力加工黄铜化学成分摘自 YB 146—71《黄铜加工产品化学成分》。
　　2. 铸造黄铜化学成分、机械性能摘自 GB 1176—1974《铸造铜合金》。
　　3. 铸造方法代号：S——砂型铸造；J——金属铸造。

（2）青铜

除黄铜、白铜（铜镍合金）外，铜与其他元素所组成的合金均称青铜。按其化学成分的不同，青铜分为锡青铜和无锡青铜。

锡青铜在大气、海水以及蒸汽中的耐蚀性比纯铜和黄铜还好，耐磨性高，但铸造性差。加入其他元素的无锡青铜性能上各具特色，如铝青铜的机械性能、耐蚀性、耐磨性均比黄铜和锡青铜好，铸造性能也好；铍青铜弹性极限、疲劳极限都很高，耐磨性和耐蚀性也都很好。

青铜的牌号以字母"Q"（青字的汉语拼音字首）表示，后面加第一个主加元素符号及除铜以外的各元素的百分含量，如 QSn4 - 3，QBe2。如果是铸造的青铜，牌号中还应加一"Z"字，如 ZQAl9 - 2。

部分青铜的牌号、成分、机械性能及用途见表 2 - 17。

表 2 - 17　部分青铜的牌号、成分、机械性能及用途

类别	合金牌号	主要化学成分/%		制品种类或铸造方法	机械性能			用途举例
		Sn	其他		σ_b /MPa	δ_5 /%	HBS	
压力加工锡青铜	QSn 4 - 3	3.5 ~ 4.5	Zn2.7 ~ 3.3 Cu 余量	板、带、棒、线	350	40	60	弹簧、管配件和化工机械等较为次要的零件
	QSn 6.5 - 0.4	6.0 ~ 7.0	P0.3 ~ 0.4 Cu 余量	板、带、棒、线	350 ~ 450	67 ~ 70	70 ~ 90	弹簧和耐磨零件以及造纸工业用的铜网
	QSn 4 - 4 - 2.5	3.0 ~ 5.0	Zn3.0 ~ 5.0 Pb1.5 ~ 3.5 Cu 余量	板、带	300 ~ 350	35 ~ 45	60	轴承和轴套的衬垫
铸造锡青铜	ZQSn 10 - 2	9.0 ~ 11.0	Zn1.5 ~ 3.5 Cu 余量	S	200	10	70	1.5MPa 以上工作的重要管配件、阀、泵、齿轮和轴套等
				J	250	6	80	
	ZQSn 10 - 1	9.0 ~ 11.0	P0.6 ~ 1.2 Cu 余量	S	220	3	80	重要用途的轴承、齿轮、套圈和轴套
				J	250		90	
	ZQSn 6 - 6 - 3	5.0 ~ 7.0	Zn5.0 ~ 7.0 Pb2.0 ~ 4.0 Cu 余量	S	180	8	60	耐磨零件，如轴套、轴承填料，也可用作蜗轮材料
				J	200	10	65	
无锡青铜	QAl7	—	Al6.0 ~ 8.0 Cu 余量	板、带	470	70	70	重要的弹簧和弹簧零件
	QBe2	—	Be1.9 ~ 2.2 Ni2.0 ~ 5.0 Cu 余量	板、带、棒、线	500	3	100	重要用途的弹簧和齿轮等
	ZQAl 9 - 4	—	Al8.0 ~ 10.0 Fe2.0 ~ 4.0 Cu 余量	S	400	10	100	重要用途的耐磨、耐腐蚀零件，如齿轮、轴套
				J	500	12	110	

类别	合金牌号	主要化学成分/%		制品种类或铸造方法	机械性能			用途举例
		Sn	其他		σ_b /MPa	δ_5 /%	HBS	
无锡青铜	ZQPb 30	—	Pb27.0～33.0 Cu 余量	J	—	—	25	高速轴承、轴瓦、轴套等 $P=25$ MPa、$v=10$ m/s 的静载工作零件

注：1. 压力加工锡青铜、无锡青铜化学成分摘自 YB 147—71《青铜加工产品化学成分》，机械性能系指经 600 ℃退火后的性能。

  2. 铸造锡青铜的化学成分和机械性能摘自 GB 1176—1974《铸造铜合金》。

  3. 铸造方法代号：S——砂型铸造；J——金属型铸造。

（3）白铜

白铜是以镍为主加元素的铜基合金。铜、镍二元合金称为普通白铜；在普通白铜中加入其他元素得到的合金，称为复杂白铜。

白铜具有银白色的外表，有良好的机械性能、电工性能和耐蚀性能等，广泛用于精密机械，医疗器材、电工测量中。

白铜的牌号表示方法是：牌号前冠以"B"（白字的汉语拼音字首），普通白铜则后面加数字表示镍＋钴含量百分数的平均值，如 B0.6、B19、B16等；复杂白铜则在"B"后面加镍以外主要添加的元素符号，后面加数字，第一组数为含镍＋钴的百分数平均值，第二组数为镍以外主要添加元素的含量百分数的平均值，如有第三组数字则为附加元素的含量百分数的平均值，如 BMn3－12（锰铜）、BMn40－1.5（康铜）、BMn43－0.5（考铜）。BZn17－18－1.8（锌白铜），第三组数字"1.8"称为附加元素铅的含量百分数。

2.4　粉末冶金材料与功能材料

2.4.1　粉末冶金材料

粉末冶金材料是指用金属粉末或金属化合物粉末作原料，经压制成型、烧结所获得的材料。粉末冶金材料有多种，这里重点介绍金属陶瓷硬质合金和钢结硬质合金。

1. 金属陶瓷硬质合金

它是由金属碳化物粉末（如 WC、TiC）和黏结剂（如 Co）经混合、加压成型，再经烧结而成。其硬度高，热硬性好（可达 1 000 ℃），耐磨性好，但脆性大，不能进行机械加工。

常用的金属陶瓷硬质合金有两类：

（1）钨钴类

常用牌号有 YG3、YG6 等。YG 表示钨钴类硬质合金，后面的数字表示钴含量。如 YG6 表示含 6% Co、94% WC 的钨钴类硬质合金。它适宜加工脆性材料如铸铁、有色金属及其合金、胶木等。

（2）钨钴钛类

常用牌号有 YT5、YT15 等。YT 表示钨钴钛类硬质合金，后面的数字表示 TiC 的含量，如 YT15 表示含 15% TiC，其余为 WC 和 Co 的钨钴钛类硬质合金。它适宜加工塑性材料如钢等。

以上两种硬质合金，常制成一定规格的刀片，镶焊在刀体上使用。

2. 钢结硬质合金

它是以一种或几种碳化物（如 WC、TiC 等）粉末为强化相，以合金钢（如高速钢、铬钼钢）粉末为黏结剂，经配料、压制成型、烧结而成。钢结硬质合金与钢一样可进行切削加工，也可进行锻造、焊接和热处理。高速钢结硬质合金，其成分为 65% 高速钢和 35% TiC，用于制造各种形状复杂的刀具如麻花钻头、铣刀等，也可制造各种冷、热模具。

2.4.2　功能材料

功能材料是指具有特殊的电、磁、光、热、声等化学性能和理化效应的各种新材料。功能材料是现代高新技术发展的先导和物质基础。

1. 磁性材料

（1）软磁材料

容易磁化和退磁的磁性材料称为软磁材料。其特性要求是矫顽力低，磁导率高，每周期的磁滞损耗小。它包括金属软磁材料和铁氧体软磁材料。金属软磁材料因其电阻率低，集肤效应、涡流损耗大，适用于低频范围。相反，铁氧体软磁材料，因其电阻率高，适用于高频范围。在电力工业中，软磁材料常用作变压器和发电机的铁芯；在无线电工业中，软磁材料用于继电器、变压器、电表、磁放大器等。常用的软磁材料有工业纯铁、铁硅合金（俗名硅钢片）、铁镍合金、铝锌铁氧体、镍锌铁氧体等。

（2）永磁材料（又称硬磁材料）

它是在去掉磁化场后仍能对外产生较强磁场的磁性体，其主要特点是剩磁较大、矫顽力高和不容易退磁。常用的永磁材料有金属永磁材料如铁镍钴永磁合金，铁氧体永磁材料如钡铁氧体和锶铁氧体，稀土永磁材料如稀土钴合金。永磁材料常用于电话机、罗盘、永磁电机、永磁点火机、磁电式仪表、磁分离器、扬声器等。

（3）磁头材料

用于制作磁头铁芯，如录音机、录像机、磁盘机等。磁头材料是高密度软磁材料。其要求是初始磁导率高，饱和磁感应强度大，矫顽力低，耐磨等。磁头材料有铁镍合金（成分为78% Ni、5% Mo、17% Fe）、铁硅铝合金（成分为6.2% Al、9.6% Si、84.2% Fe）、锰锌铁氧体（成分为14% MnO、16% ZnO、70% Fe2O3）、镍锌铁氧体（成分为11% NiO、22% ZnO、67% Fe2O3）等。

（4）磁记录材料

指用于制作磁记录介质（如磁带、磁盘、磁卡和磁鼓等）的磁粉及磁性薄膜，为硬磁材料。其要求是剩磁高，矫顽力适当，温度系数低，老化效应小。常用的有 γ - Fe2O3 磁粉、Fe - Co 合金等。

2. 电阻材料

常用的电阻材料大多为固溶体合金，因为固溶体具有高的电阻值。根据用途的不同，电阻合金可分为3类。

（1）调节元件用电阻合金

这类合金的强度较高，抗氧化和耐蚀性能好，工作温度高。它主要用于电流（电压）调节与控制元件的绕组。常用的有 Cu - Mn 系电阻合金，如新康铜合金，其化学成分为11.5% ~ 12.5% Mn、1.0% ~ 1.6% Fe、2.5% ~ 4.5% Al，余量为 Cu。

（2）精密元件用电阻合金

这类合金的电阻温度系数小，电阻值长期稳定性好，对铜的热电动势也小。它主要用于制造滑线电阻、标准电阻以及精密仪表中的电阻元件。常用的有 Ni - Cr 系电阻合金，如镍铬铝铁合金，其化学成分为18% ~ 20% Cr、1% ~ 3% Al、1% ~ 3% Fe，余量为 Ni。

（3）传感元件用电阻合金

它主要用来制造应变、温度、压力等传感元件，把上述参数的变化转换成电阻的变化，其转换灵敏度高，复现性和互换性好，反应快、漂移小，且稳定性好。常用的有铁基电阻合金，如铁镍铬钼合金，其化学成分为32% ~ 37% Ni、6% ~ 9% Cr 和 Mo，余量为 Fe。

3. 膨胀材料

膨胀材料是指具有特殊膨胀系数的材料。常用的膨胀材料有低膨胀、定膨胀和热双金属片3类。

低膨胀材料在温度变化时，能保持尺寸的稳定性，可用来制造标准的量尺、精密天平、标准电容等。目前广泛使用的是因瓦合金（35% Ni - 65% Fe）和超因瓦合金（32% Ni - 64% Fe - 4% Co）。

定膨胀材料在规定的温度范围内具有一定的膨胀系数，以便在电真空器件中跟与它相封接的玻璃、陶瓷等材料的膨胀系数相匹配。常用的有可伐合金。例如 4J42 合金，含 Ni 为 42%，其余为 Fe。有的可伐合金还含有 Co、Cr 等合金元素。

热双金属片是由膨胀系数相差很大的两层合金片沿层间接触面焊合在一起的复合材料。受热时双金属片向被动层（低膨胀系数合金）弯曲，将热能转换成机械能，故可作为各种测量和控制仪表的传感元件。例如 5J11 合金，是由 Mn75Ni15Cu10（主动层）与 Ni36（被动层）组成。

4. 非晶态合金

所谓"非晶态"是相对晶态而言。晶态原子是长程有序的结构，而非晶态是长程无序、短程有序的结构。目前通过将金属熔体急速冷却可制成非晶态合金。它们一般是由过渡族金属元素（或贵金属）与类金属元素组成的合金，其固化过程如同玻璃由液态向固态的转化一样，表现为黏度系数的突然增大，所以非晶态合金也有人称为金属玻璃。

因为非晶态合金无晶界、位错等缺陷，故表现出一系列独特的优点，如高强度、高的延展性、硬度和耐腐蚀性以及良好的软磁性能。美国用 Fe - Ni - P - B 非晶合金制造的变压器优于普通的 Fe - Si 铁芯变压器。日本用 Fe - Co - Si - B 非晶合金制造磁头铁芯，优于目前所用材料，且耐磨性极好。随着对非晶态合金研究的深入和非晶态合金生产能力的提高，非晶态合金的应用将越来越广泛。

5. 形状记忆合金

所谓"形状记忆效应"是指把变形过的某些合金加热到一定温度时，合金能自动恢复到变形前所具有的形状。合金之所以具备这种形状记忆效应是因为它的马氏体相变是可逆的。目前已经实用化的形状记忆合金主要有钛—镍基合金和铜基合金（如 Cu - Al - Ni、Cu - Zn - Al 等）两大类，前者性能较好，后者则价格较低。

利用形状记忆合金可制作卫星天线、温度自动调节器、空调用风向自动调节器、人工关节、人工心脏活门、机器人用微型调节器等。

6. 超导材料

某些材料的电阻当达到某一临界温度时，突然消失，即电阻为零，这就是所谓的超导现象。具有这种性质的材料称为超导材料。

常用的超导材料有 Nb - Ti 合金、Nb - Zr 合金，金属间化合物如 Nb3Sn、V3Ga 以及有机超导体等。超导材料的应用领域很广，如用来制造超导电缆、超导变压器，用于磁流发电，核聚变反应堆等。

2.5 热处理

热处理是将金属材料在固态下通过加热、保温和冷却的方式，改变其内部组织，从而得到所需性能的一种工艺方法。

在现代工业生产中，热处理已经成为保证产品质量、改善加工条件和提高力学性能等极其重要的工艺措施。

热处理的方法很多，常用的有退火、正火、淬火、回火等。任何一种热处理的工艺过程，都包括下列 3 个步骤。

① 以一定的速度把工件加热到规定的温度范围。这个温度范围根据不同的金属材料、不同的热处理要求而定。

② 在此温度下保温，使工件热透。

③ 以某种速度把工件冷却下来，冷却速度根据不同的热处理和不同的金属材料而定。

2.5.1 退火

退火是将工件加热到某一温度，保温一段时间后，随炉缓慢冷却的热处理工艺。对于碳钢，一般为 750 ℃ ~ 900 ℃。

工具钢和某些用于重要结构零件的合金钢有时硬度较高，铸、锻、焊后的毛坯有时硬度不均匀，存在着内应力，为了便于切削加工，并保证加工后的精度，常对工件施以退火处理。退火后的工件硬度较低，消除了内应力，同时还可以使材料的内部组织均匀细化，为进行下一步热处理做好准备。

退火可在电阻炉或煤、油、煤气炉中进行，最常用的是电阻炉。电阻炉是利用电流通过电阻丝所产生的热量加热工件，同时用热电偶等电热仪表控制温度，所以操作简单，温度准确。常用的有箱式电阻炉（图 2 - 1）和井式电阻炉（图 2 - 2）。

工件加热时温度控制应准确。温度过低达不到退火目的；温度过高又会造成过

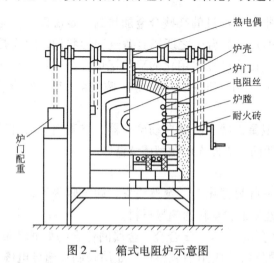

图 2 - 1　箱式电阻炉示意图

（图中标注：热电偶、炉壳、炉门、电阻丝、炉膛、耐火砖、炉门配重）

热、过烧、氧化、脱碳等缺陷。操作时还应注意零件的放置方法，当退火的目的主要是为了消除内应力时更应注意。如对细长工件进行稳定尺寸退火，一定要在井式电阻炉中垂直吊置，以防止工件由于自身重力而引起变形。操作时还应注意不要触碰电阻丝，以免短路。

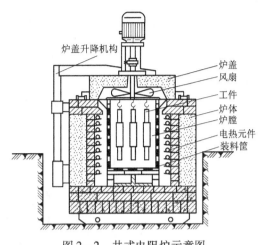

图 2-2　井式电阻炉示意图

炉盖升降机构
炉盖
风扇
工件
炉体
炉膛
电热元件
装料筐

2.5.2　正火

正火是将钢件加热至 780 ℃ ~ 920 ℃，保温后在空气中冷却的热处理工艺。

正火的冷却速度比退火要快，所获得的组织比退火的细。因此，同样的钢件在正火后的强度、硬度比退火后要高些，而塑性和韧性稍低。正火时工件在炉外冷却，不占用设备，生产率较高。低碳钢、中碳钢零件常采用正火代替退火，以改善切削加工性能。对于比较重要的零件，正火可作为淬火前的预备热处理；对于性能要求不高的碳钢零件，正火也可作为最终热处理。

2.5.3　淬火

淬火是将钢件加热至 760 ℃ ~ 930 ℃，保温一定时间，然后在水或油冷却介质中快速冷却，以获得高硬度组织的热处理工艺。

淬火的主要目的是提高钢的强度和硬度，增加耐磨性，并在回火后获得高强度和一定韧性相配合的性能。

淬火时经加热的工件在冷却介质中冷却时，必须要有足够而合适的冷却速度，以便获得更高的硬度，而又不至于产生裂纹和过大的变形。

常用的冷却介质有水和油。水是最便宜而且冷却能力很强的冷却介质，适用于一般碳钢零件的淬火。向水中溶入少量的盐类，还能进一步提高其冷却能力。油也是应用较广的冷却介质，它的冷却能力较低，可以防止工件产生裂纹等缺陷，适用于合金钢淬火。

淬火操作时除注意加热质量（加热温度和保温时间）和正确选择冷却介质外，还要注意淬火工件浸入冷却介质的方式。如果浸入方式不正确，可能使工件各部分的冷却速度不一致造成极大的内应力，使工件发生变形和开裂，或产生局部淬不硬等缺陷。例如，厚薄不均的工件，厚的部分应先浸入冷却介质中；细长工件（钻头、轴等）应垂直浸入冷却介质中；薄而平的工件（圆盘铣刀等），必须立着浸入冷却介质中；薄壁环状工件浸入冷却介质时，它的轴线必须垂直于液面；截面不均匀的工件应斜着放下去，使工件各部分的冷却速度趋于一致等。

各种不同形状的工件在淬火时浸入冷却介质的方式如图 2-3 所示。

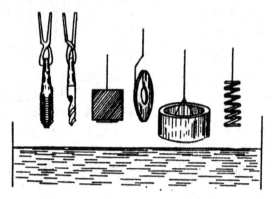

图 2-3　工件浸入冷却介质的正确方法

淬火操作时，必须穿戴防护用品，如工作服、手套、防护眼镜等，以防冷却介质飞溅伤人。

2.5.4　回火

将淬火后的工件重新加热到某一温度范围（大大低于退火、正火和淬火时的加热温度），经过保温后在油中或空气中冷却的热处理工艺称为回火。回火的目的是减少或消除工件在淬火时所形成的内应力，降低淬火钢的脆性，使工件获得较好的强度和韧性等机械性能。

根据回火温度的不同，回火操作可分为低温回火、中温回火和高温回火。

1. 低温回火

回火温度为 150 ℃ ~ 250 ℃。低温回火可以部分消除工件淬火造成的内应力，适当地降低钢的脆性，提高韧性，同时，工件仍保持高硬度。工具、量具多用低温回火。

2. 中温回火

回火温度为 350 ℃ ~ 500 ℃。淬火工件经中温回火后，可消除大部分内应力，硬度有显著下降，但具有一定的韧性和弹性。一般用于处理热锻模、弹簧等。

3. 高温回火

回火温度为 500 ℃ ~ 650 ℃。高温回火可以消除内应力，使零件具有高强度和高韧性等综合机械性能。淬火后再经高温回火的综合工艺称为调质处理。一般要求具有较高综合机械性能的重要结构零件，都要经过调质处理。

2.6 金属材料的选用

2.6.1 选材的基本原则

为了用最低的成本获得高质量的零件，在选材方面应考虑以下 3 条基本原则。

1. 材料的力学性能

从零件的工作条件找出对材料力学性能的要求，这是选材的基本出发点。零件的工作条件包括载荷类型、载荷性质、工作温度、环境介质等几个方面。载荷类型有静载荷、交变载荷、冲击载荷；载荷性质有拉伸、压缩、弯曲、扭转、剪切；工作温度有低温、室温、高温、交变温度；环境介质有润滑剂、海水、酸、碱、盐等。为了更准确地了解零件的力学性能，还必须对零件进行失效（零件丧失其规定功能的现象称为失效）分析，找出对零件失效起主导作用的主要力学性能指标。当材料预选后，还应当通过实验室试验、台架试验、装机试验，进一步验证材料力学性能选择的可靠性。

2. 材料的工艺性能

任何零件都是由所选材料通过一定的加工工艺制造出来的，因此材料工艺性能的好坏将直接影响到零件的质量、生产效率和成本。特别是大批量生产时，工艺性能可能成为选材的决定因素。例如，电子工业上使用的标准件，因生产批量大，要在自动机床上加工，因此钢材的切削加工性就成为影响自动机床实现自动化程度高低的决定因素，所以要选择易切削钢来制造这些标准件。金属材料的工艺性能包括铸造性能、锻压性能、焊接性能、冲压性能、切削加工性能、热处理工艺性能等。

3. 材料的经济性

在满足力学性能的前提下，经济性也是选材必须考虑的重要因素。选材的经济性指的是要尽量降低零件的总成本。零件的总成本包括材料费、加工费、管理费、更换零件和停机损失费及维修费等。金属材料中铸铁和碳钢的价格最便宜，其次是低合金钢，而铝合金和铜合金价格较贵，高合金钢、钛合金及硬质合金更贵。但也不能单纯以材料价格的高低来取舍，有时选用的材料虽然价格较贵，但由于零件自重减轻、用材总量减少、寿命延长、维修费减少，反而是经济的。另外，我国 Ni、Cr、Co 资源缺少，应尽量选用不含或少含这类元素的钢或合金。所选材料的种类应尽量少而集中，这样便于采购和管理。

2.6.2 典型零件选材实例

1. 齿轮

齿轮的失效方式主要是齿的折断和齿面损伤。因此要求齿轮材料应具有高的弯曲疲劳强度和接触疲劳强度，齿面有高的硬度和耐磨性，齿轮心部要有足够的强度和韧性。

① 机床齿轮工作平稳，无强烈冲击，负荷不大，转速中等。一般选用45号钢制造，经正火或调质处理后再经高频感应表面淬火。对于一部分要求较高的齿轮，可用中碳低合金钢如40Cr、40MnB等制造。

② 汽车、拖拉机齿轮的工作条件比机床齿轮恶劣，受力较大，超载与受冲击频繁，因此对性能的要求比较高。一般选用渗碳钢如20CrMo、20CrMnTi等制造，经正火处理后再经渗碳、淬火处理。

2. 轴

轴的失效方式主要是疲劳断裂和轴颈处磨损。因此要求轴的材料应具有优良的综合机械性能、局部承受摩擦的部位具有高硬度和耐磨性。

① 机床主轴是同时受弯曲和扭转作用的零件，冲击载荷不大。大多选用45号钢制造，经调质处理后轴颈及锥孔处再进行表面淬火。载荷较大时则选用40Cr钢制造。高精度、高速传动的主轴，例如镗床主轴，则常选用38CrMoAl钢制造，经调质处理后再进行氮化处理。

② 内燃机曲轴在工作时也同时受到弯曲力和扭矩的作用，但同时还受到冲击力的作用。曲轴的主要失效形式是轴颈磨损和轴颈的疲劳断裂。

我国中小功率内燃机曲轴最常用的材料是45号钢和球墨铸铁。高速大功率内燃机曲轴常采用合金钢如35CrMo、40CrNi等制造。

2.7 非金属材料

非金属材料具有金属材料无法具备的某些性能，如电绝缘性、耐腐蚀性等。非金属材料主要包括高分子材料、工业陶瓷。

复合材料是由两种或两种以上的材料组合而成，不仅具有各成分材料的性能，且表现出单一材料所无法具有的特性。因此，非金属材料和复合材料发展迅速，其使用范围也越来越宽广。

2.7.1 高分子材料

高分子材料是以高分子化合物为主要组分的材料，具有较高的强度、弹性、耐磨性、抗腐蚀性和绝缘性等优良性能，在机械、仪表、电机、电气等行业得到了广泛的应用。

1. 塑料

塑料是以分子量较大的合成树脂为主加入添加剂等制成的，是最主要的工程材料之一。

（1）塑料的特性

塑料具有良好的电绝缘性、耐腐蚀性、耐磨性、成型性，而密度只有钢的 1/6，用于飞机、船舶等交通工具，对减轻其自身重量具有重大意义。但塑料具有强度、硬度较低，耐热性差，易老化，易蠕变等缺点。

（2）塑料的分类

按塑料的使用范围，塑料可分为通用塑料、工程塑料和特种塑料 3 类；按受热时的行为可分为热塑性塑料和热固性塑料两类。

热塑性塑料：该类塑料受热时软化，冷却后变硬，再受热时又软化，具有可塑性和重复性。表 2 – 18 所示为常用热塑性塑料的名称、性能、用途。

表 2 – 18　常用热塑性塑料的名称、性能、用途

名称	性　能	应用举例
聚乙烯（PE）	无毒、无味；质地较软，比较耐磨、耐腐蚀，绝缘性好	薄膜、软管；塑料管、板、绳等
聚乙烯（PP）	具有良好的耐腐蚀性、耐热性、耐曲折性、绝缘性	机械零件、医疗器械、生活用具，如齿轮、叶片、壳体、包装袋等
聚乙烯（PS）	无色、透明；着色性好；耐腐蚀、绝缘性好但易燃、易脆裂	仪表零件、设备外壳及隔音、包装、救生等器材
ABS	具有良好的耐腐蚀性、耐磨性、加工工艺性、着色性等综合性能	轴承、齿轮、叶片、叶轮、设备外壳、管道、容器、车身、方向盘等
聚酰胺（PA）即尼龙	强度、韧性较高；耐磨性、自润滑性、成型工艺性、耐腐蚀性良好；吸水性较大	仪表零件、机械零件、电缆护层，如油管、轴承、导轨、涂层等

续表

名称	性　　能	应用举例
聚甲醛 （POM）	优异的综合性能，如良好的耐磨性、自润滑性、耐疲劳性、冲击韧性及较高的强度、刚性等	齿轮、轴承、凸轮、制动闸瓦、阀门、化工容器、运输带等
聚碳酸酯 （PC）	透明度高，耐冲击性突出，强度较高，抗蠕变性好，自润滑性差	齿轮、涡轮、凸轮；防弹窗玻璃、安全帽、汽车挡风等
聚四氟乙烯 （F-4）	耐热性、耐寒性极好；耐腐蚀性极高；耐磨、自润滑性优异等	化工用管道、泵、阀门；机械用密封圈、活塞环；医用人工心、肺等
PMMP 即有机玻璃	透明度、透光率很高；强度较高；耐酸、碱，不易老化；表面易擦伤	油标、窥镜、透明管道、仪器、仪表等

热固性塑料：此类塑料加热固化后，形成不溶物，将不能再软化重复塑性成型。表2-19所示为常见热固性塑料的名称、性能、用途。

表2-19　常用热固性塑料的名称、性能、用途

名称	性　　能	应用举例
酚醛塑料 （PE）	较高的强度、硬度；绝缘性、耐热性、耐磨性好	电气开关、插座、灯头；齿轮、轴承、汽车刹车片等
氨基塑料 （UF）	表面硬度较高、颜色鲜艳、有光泽、绝缘性良好	仪表外壳、电话外壳、开关、插座等
环氧塑料 （EP）	强度较高；韧性、绝缘性、耐寒、耐热性较好；成型工艺性好	船体、电子工业零部件等

2. 橡胶

橡胶与塑料相比是橡胶在室温下具有很高的弹性。经硫化处理和炭黑增强后，其抗拉强度达25～35 MPa，并具有良好的耐磨性。如表2-20所示为常见橡胶的名称、性能及用途。

表 2 - 20　常用橡胶的名称、性能、用途

名称	性能	应用举例
天然橡胶	电绝缘性优异；弹性很好；耐碱性较好；耐溶剂性差	轮胎、胶带、胶管等
合成橡胶	耐磨、耐热、耐老化性能较好	轮胎、胶布胶版；三角带、减震器、橡胶弹簧等
特种橡胶	耐油性、耐蚀性较好；耐热、耐磨、耐老化性较好	输油管、储油箱；密封件、电缆绝缘层等

3. 胶粘剂

在工业上，工程材料的连接方法除焊接、铆接、螺纹连接之外，还有一种连接方法就是用胶粘剂黏接，又称为胶接。其特点为接头处应力分布均匀、应力集中小、接头密封性好，而且工艺操作简单，成本低。常用材料及适用的部分胶粘剂，如表 2 - 21 所示。

表 2 - 21　常用材料及适用的部分胶粘剂与胶粘性能

黏接性能 ＼ 材料 ＼ 胶粘剂	钢铁铝	热固性塑料	聚氯乙烯	聚碳酸酯	聚甲醛	ABS	橡胶	玻璃陶瓷	混凝土	木材	皮革
无机胶	可	—	—	—	—	—	—	优	—	—	—
聚氯乙烯 - 醋酸乙烯	可	—	—	—	—	—	—	—	—	良	可
聚丙烯酸酯			可			可	可	良	—	良	
聚氨酯	良	良	良	良	良	良	良	可	—	优	优
环氧—丁腈	优	良				可	可	良	—	—	—
酚醛—缩醛	优	优					可	良	—	—	—
酚醛—氯丁	可	可					优	—	可	可	—
氯丁—橡胶	可	可	良	—	—	可	优	可	—	良	优

2.7.2　工业陶瓷

陶瓷是各种无机非金属材料的统称，在现代工业中具有很好的发展前途。

未来世界将是陶瓷材料、高分子材料、金属材料三足鼎立的时代，它们构成了固体材料的三大支柱。

常见工业陶瓷的分类、性能、用途，如表2-22所示。

表2-22 常见工业陶瓷的分类、性能、用途

分类	性　能	应用举例
普通陶瓷	质地坚硬；有良好的抗氧化性、耐热性、耐蚀性、绝缘性能；强度较低级的；耐一定温度	日用、电气、化工、建筑用陶瓷，如装饰瓷、餐具、绝缘子、耐蚀容器、管道等
特种陶瓷	有自润滑性及良好的耐磨性、化学稳定性、绝缘性；耐腐蚀、耐高温；硬度高	切削工具、量具、高温轴承、拉丝模、高温炉零件、内燃机火花塞等
金属陶瓷（硬质合金）	强度高、韧性好、耐腐蚀、高温强度好	刃具、模具、喷嘴、密封环、叶片、涡轮等

2.7.3 复合材料

复合材料是由基体材料和增强材料复合而成的多相固态材料。单一的材料在某些方面有其独特的性能，但也经常会伴随一种或几种弱点。复合材料可以在基体材料的基础上，按照所需的性能进行设计，以改善甚至克服单一材料的弱点，有效地实现不同材料的优势互补。复合材料中的增强材料有玻璃纤维、碳纤维、硼纤维、氮化硅纤维和晶须等。

1. 复合材料的性能

复合材料与其他材料相比，具有突出的特点。其比强度及比模量高，疲劳强度高，减震性好，有较高的耐热性和断裂安全性，以及良好的自润滑和耐磨性等。但是它也有一定的缺点，如断裂伸长率较小，抗冲击性较差，横向强度较低，成本较高等。

2. 复合材料的分类及用途

复合材料主要分为树脂基复合材料、金属基复合材料和碳—碳复合材料等。

（1）树脂基复合材料

树脂基复合材料以树脂为基体的黏结材料，以天然纤维、人造纤维、金属纤维等为增强材料。树脂基复合材料的比强度和比模量大，耐疲劳、耐腐

蚀、耐烧蚀，吸振性和电绝缘性好。以玻璃纤维增强的玻璃钢是树脂基复合材料的典型代表。

（2）金属基复合材料

金属基复合材料是以金属、合金或金属间化合物为基体，含有各种纤维、晶须、颗粒等增强材料。金属基复合材料的力学性能好，高温强度高，可导电、导热，不燃烧，不吸湿，且无高分子复合材料的老化现象。在目前的金属基复合材料中，铝基复合材料占主导地位。

（3）碳—碳复合材料

用有机基体浸渍纤维坯块，固化后再自行裂解，或在纤维坯型经化学气相沉积后，直接填入碳。利用这种新型工艺制作的复合材料，除了具有石墨的各种优点外，其强度和冲击韧性比石墨高 5～10 倍，刚度和耐磨性高，化学稳定性和尺寸稳定性好。目前多用于高温技术领域、化工和核反应装置中，也用作导弹的鼻锥、飞船的前缘和超音速飞机的制动装置等。

复习思考题

1. 什么是金属？有何特性？
2. 什么是钢？钢是如何分类的？
3. 普通碳素钢如何分类？说明其用途。
4. 优质碳素钢如何分类？说明其用途。
5. 合金钢如何分类？
6. 什么是铸铁？如何分类？
7. 铝有什么特性？说明主要用途。
8. 变形铝合金有哪几种，常用的铸造铝合金又有哪几种？
9. 铜合金分为哪几类？
10. 金属陶瓷硬质合金有哪几类？
11. 什么是热处理？常用的热处理方式有哪些？
12. 试比较退火与正火的异同点？
13. 什么是淬火，其目的是什么？
14. 什么是回火？其目的是什么？回火种类包括哪些？
15. 在选材时应考虑哪些原则？
16. 指出下列工件各应采用所给材料中哪一种材料？并选定其最终热处理方法。

工件：圆板牙、手工锯条、汽车变速箱齿轮、普通车床主轴、车厢弹簧（板簧）、车床床身、冲孔模的凸模、汽车发动机曲轴、自行车车架、手术刀、车刀、钢窗。

材料：Q235A、T10、16Mn、9SiCr、W18Cr4V、45、20CrMnTi、60Si2Mn、HT300、QT600－3、Cr12MoV、3Cr13。

17. 简要列举我们学过的非金属材料。

18. 简述复合材料的分类及相应的用途。

第 3 章

切削加工的基础知识

3.1 切削加工概述

切削加工是利用切削工具将坯料或工件上多余的材料切除，以获得所要求的几何形状、尺寸精度和表面质量的加工方法。金属切削加工分为钳工和机械加工（简称机工）两部分。钳工一般是通过工人手持工具进行切削加工的。由于钳工加工形式多样，使用的工具简单、方便灵活，是装配和修理工作中不可缺少的加工方法。机工是由工人操纵机床对工件进行切削加工的。其主要加工方式有车削、钻削、铣削、刨削、磨削等，所用的机床分别称为车床、钻床、铣床、刨床、磨床等。图 3-1 为几种加工方式的示意图。

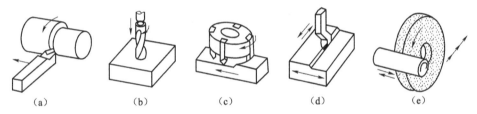

(a) (b) (c) (d) (e)

图 3-1 机械加工的主要方式
(a) 车削；(b) 钻削；(c) 铣削；(d) 刨削；(e) 磨削

3.1.1 机床的切削运动

无论在哪种机床上进行切削加工，刀具与工件之间都必须有适当的相对运动，即切削运动。切削运动分为主运动和进给运动。

1. 主运动

主运动是提供切削可能性的运动。也就是说，没有这个运动，就无法切削。它的特点是在切削过程中速度最高、消耗机床动力最多。如车床上工件的旋转；牛头刨床上刨刀的移动；铣床的铣刀、钻床的钻头和磨床上砂轮的旋转。

2. 进给运动（又称走刀运动）

进给运动是提供继续切削可能性的运动。即没有这个运动，就不能继续切削。它的作用是使没有切削的部分不断投入切削中来，使切削得以进行下去。

切削加工中主运动一般只有一个，进给运动则可能是一个或几个。

3.1.2 机械加工的切削三要素

切削三要素包括切削速度、进给量和切削深度。切削三要素表明了单位时间内切下金属量的多少。

在机械加工过程中，工件上形成了 3 个表面：待加工表面、已加工表面和加工表面，如图 3-2 所示，现以车外圆为例来说明切削三要素的计算方法及单位。

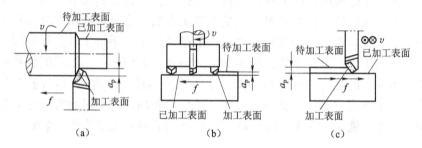

图 3-2 切削用量三要素

（a）车削用量三要素；（b）铣削用量三要素；（c）刨削用量三要素

1. 切削速度 v

在单位时间内，工件和刀具沿主体运动方向相对移动的距离，即

$$v = \frac{\pi D n}{1000} \ (\text{m/min})$$

式中　　D——加工表面的最大直径（mm）；

　　　　n——主运动每分钟转数（r/min）。

2. 进给量 f

在单位时间内，主运动的一个循环，刀具和工件沿进给运动方向相对移动的距离。例如车削时工件每转一周，刀具沿进给运动方向移动的距离，单位是 mm/r。

3. 切削深度 a_p

切削深度是待加工面和已加工面之间的垂直距离，单位为 mm。

3.2 切削加工的质量

切削加工的质量指标包括加工精度和表面粗糙度。加工精度又分尺寸精度、形状精度和位置精度。

3.2.1　尺寸精度

零件的尺寸要加工得绝对准确是不可能的，也是不必要的。所以，在保证零件使用要求的情况下，总是要给予一定的加工误差范围，这个规定的误差范围就叫公差。

同一基本尺寸的零件，公差值的大小就决定了零件尺寸的精确程度，公差值小的，精度高；反之则低。这类精度叫做尺寸精度。国家标准规定尺寸精度共分 20 个等级，即 IT01，IT0，IT1，IT2，…，IT18。

3.2.2　形状精度

有时单靠尺寸精度来控制零件的几何形状是不够的，还要对零件表面的几何形状及相互位置提出技术要求。

零件的形状精度是指同一表面的实际形状相对于理想形状的准确程度。一个零件表面形状不可能做得绝对准确，为满足产品的使用要求，对这些表面的形状要加以控制。

按照国家标准规定，表面形状的精度用形状公差来控制。形状公差有 6 项，其符号如表 3 - 1 所示。

表 3 - 1　形状公差

项目	直线度	平面度	圆度	圆柱度	线轮廓度	面轮廓度
符号	——	▱	○	⌀	⌒	⌓

3.2.3　位置精度

位置精度是指零件点、线、面的实际位置对于理想位置的准确程度。正如零件的表面形状不能做得绝对准确一样，表面相互位置误差也是不可避免的。

按照国家标准规定，相互位置精度用位置公差来控制。位置公差有 8 项，其符号如表 3 - 2 所示。

表 3 - 2　位置公差

项目	平行度	垂直度	倾斜度	位置度	同轴度	对称度	圆跳度	全跳度
符号	∥	⊥	∠	⊕	◎	═	↗	⌁

3.2.4 表面粗糙度

无论用什么方法获得的零件表面，总会存在着较小间距和峰谷组成的微量高低不平的痕迹。这种痕迹也就是零件表面的微观几何形状。零件表面的这种微观不平度叫做表面粗糙度（旧国标叫做表面光洁度）。表 3 - 3 是表面粗糙度与表面光洁度对照表。

表 3 - 3　表面粗糙度新旧标准对照表

	级　别						
新标准	$\sqrt{}$	$\sqrt{Ra\,50}$	$\sqrt{Ra\,25}$	$\sqrt{Ra\,12.5}$	$\sqrt{Ra\,6.3}$	$\sqrt{Ra\,3.2}$	$\sqrt{Ra\,1.6}$	$\sqrt{Ra\,0.8}$
旧标准	～	▽1	▽2	▽3	▽4	▽5	▽6	▽7

	级　别						
新标准	$\sqrt{Ra\,0.4}$	$\sqrt{Ra\,0.2}$	$\sqrt{Ra\,0.1}$	$\sqrt{Ra\,0.05}$	$\sqrt{Ra\,0.025}$	$\sqrt{Ra\,0.012}$	$\sqrt{Ra\,0.006}$
旧标准	▽8	▽9	▽10	▽11	▽12	▽13	▽14

3.2.5 尺寸精度与表面粗糙度的关系

一般说来，零件尺寸精度越高的表面，其表面粗糙度的 Ra（是用轮廓算术平均偏差的微米值标注的表面粗糙度）值越小。

但表面粗糙度的 Ra 值小的表面，其尺寸精度不一定高。例如机床的手柄及自行车、缝纫机上的一些外露零件，应着重考虑其外观与清洁，故表面粗糙度的 Ra 值很小，但尺寸不要求很精确。

3.3 刀具材料

3.3.1 刀具材料应具备的性能

在切削过程中，刀具要承受很大的切削力、摩擦、冲击和很高的温度，因此刀具材料应具备如下性能。

（1）高的硬度和耐磨性

一般刀具的切削部分的硬度，要高于被切削工件硬度的一倍至几倍。硬度愈高，刀具愈耐磨，经常使用的刀具硬度都在 HRC60 以上（HRC 为洛氏硬度指标）。

（2）高的热硬性

是指刀具材料在高温下仍能保持切削所需硬度的性能。热硬性是刀具材料的重要性能。

（3）足够的强度和韧性

即应具备足够的抗弯强度和冲击韧性，以承受切削过程中的冲击和振动，并维持刀具不断裂和不崩刃。

（4）良好的工艺性

为便于制造出各种形状的刀具，刀具材料还应具备良好的工艺性，如热塑性（锻压成形）、切削加工性、磨削加工性、焊接性及热处理工艺性等。

3.3.2 刀具材料

当前使用的刀具材料有碳素工具钢、高速钢、硬质合金、陶瓷材料、立方氮化硼和人造金刚石等。其中以高速钢和硬质合金用的较多。常用刀具材料的主要性能和应用范围见表 3 - 4。

表 3 - 4 常用刀具材料的主要性能和应用范围

种类	硬度	热硬温度/℃	抗弯强度 σ_b/GPa	常用牌号	应用范围
碳素工具	HRC60~64（HRA81~83）	200	2.5~2.8	T8A T10A T12A	用于手动工具，如丝锥、板牙、铰刀、锯条、锉刀、錾子、刮刀等
合金工具钢	HRC60~65（HRA81~83.6）	250~300	2.5~2.8	9SiCr CrWMn	用于手动或低速机动刀具如丝锥、板牙、铰刀、拉刀等
高速钢	HRC62~70（HRA82~87）	540~600	2.5~4.5	W18Cr4V W6Mo5Cr4V2	用于各种刀具，特别是形状复杂的刀具，如钻头、铣刀、拉刀、齿轮刀具、车刀、刨刀、丝锥、板牙等

续表

种类	硬度	热硬温度/℃	抗弯强度 σ_b/GPa	常用牌号			应用范围
硬质合金	（HRC74~82）HRA89~94	800~1 000	0.9~2.5	钨钴类	YG8 YG6 YG3	切铸铁	用于车刀刀头、刨刀刀头、铣刀刀头；其他如钻头、滚刀等多镶片使用；特小型钻头、铣刀做成整体使用
				钨钛钴类	YT30 YT15 YT5	切钢	

3.4 量具

零件在加工过程中和加工之后，为了保证其尺寸精度，就需要测量。根据不同的测量要求，所用的测量工具也不同。在生产中常用的量具主要有游标卡尺、千分尺、百分表等。

3.4.1 游标卡尺

游标卡尺是一种结构简单，使用方便的精确量具，可用以测量工件的内径、外径和深度等（图3-3）。

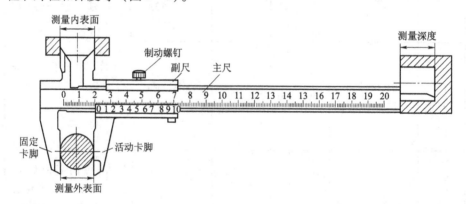

图3-3 游标卡尺

借助副尺读出小数。游标卡尺的测量精度（刻度值）有0.1、0.05和0.02三种。

游标卡尺的刻线原理及读数方法如表3-5所示。卡尺的使用方法及要领如表 3 - 6 所示。

表 3 - 5　游标卡尺的刻线原理及读数方法

刻度值	刻 线 原 理	读 数 方 法
0.1	主尺 1 格 = 1 mm 副尺 10 格 = 主尺 9 格 副尺 1 格 = 0.9 mm 主副尺每格之差 = 1 - 0.9 = 0.1 mm	读数 = 副尺 0 线指标的主尺整数 + 副尺上与主尺重合线数 × 0.1 示例： 读数 = 20 + 4 × 0.01 = 20.4 mm
0.05	主尺 1 格 = 1 mm 副尺 1 格 = 0.95 mm 副尺 20 格 = 主尺 19 格 主副尺每格之差 = 1 - 0.95 = 0.05 mm	读数 = 副尺 0 线指标的主尺整数 + 副尺上与主尺重合线数 × 0.05（可直接在副尺上读出） 示例： 读数 = 20 + 11 × 0.05 = 20.55 mm
0.02	主尺 1 格 = 1 mm 副尺 50 格 = 主尺 49 格 副尺 1 格 = 0.98 mm 主副尺每格之差 = 1 - 0.98 = 0.02 mm	读数 = 副尺 0 线指标的主尺整数 + 副尺上与主尺重合线数 × 0.02 示例： 读数 = 20 + 9 × 0.02 = 22.18 mm

表 3 - 6　卡尺的使用方法及要领

量具名称	操作内容	简　图	使用要领
游标卡尺	测量外面尺寸		1. 擦净卡脚，校对零点，即主副尺 0 线重合； 2. 擦净工件，使卡脚与工件轻微接触，用力适度，不准歪斜；

量具名称	操作内容	简　图	使用要领
游标卡尺	测量内表面尺寸	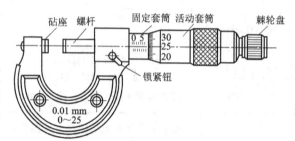	3. 读数时眼睛正对刻线； 4. 不准测量粗糙表面和运动的工件

3.4.2　千分尺

千分尺也称百分尺、分厘卡尺或螺旋测微器。它是一种精密量具，按用途可分为外径、内径、深度、螺纹中径和齿轮公法等长等千分尺。其测量精度一般为 0.01 mm。

砧座　螺杆　　固定套筒 活动套筒　　棘轮盘

锁紧钮

0.01 mm
0~25

图 3-4　外径千分卡尺

外径千分尺按其测量范围可分为 0 ~ 25、25 ~ 50、50 ~ 75、…、275 ~ 300 mm 数种。

图 3-4 所示为测量范围为 0 ~ 25 mm、刻度值为 0.01 mm 的外径千分尺。千分尺的弓架左端装有砧座，右端的固定套筒表面上沿轴向刻有间距为 0.5 mm 的刻线（即主尺）。在活动套筒的圆锥面上，沿圆周刻有 50 格刻度（即副尺）。若捻动棘轮盘，并带动活动套筒和螺杆转动一周，它们就可沿轴向移动 0.5 mm，因此，活动套筒每转一格，其轴向移动的距离为 0.01 mm。

千分尺的读数原理及示例如图 3-5 所示。

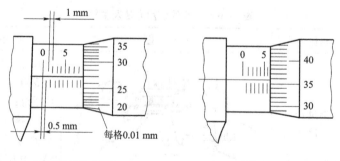

1 mm

0.5 mm　　每格0.01 mm

$8.5 + 27 \times 0.01 = 8.77$ mm　　　　$6 + 36 \times 0.01 = 6.36$ mm

图 3-5　千分尺读数事例

千分尺的使用方法及要领如表 3 - 7 所示。

表 3 - 7　千分尺的使用方法及要领

量具名称	操作内容	简　图	使用要领
千分尺	测量外径的步骤	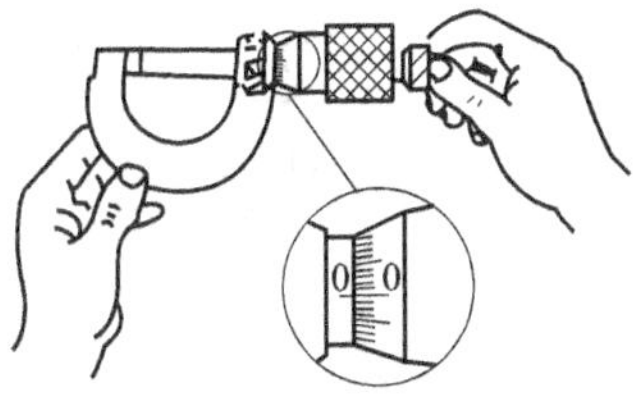 a. 检验校正零点 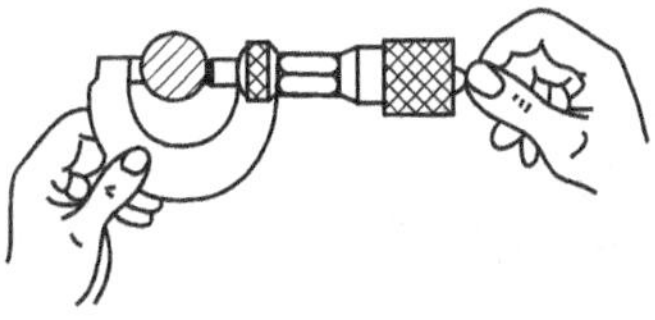 b. 先转活动套筒粗调，后转棘轮盘至打滑为止 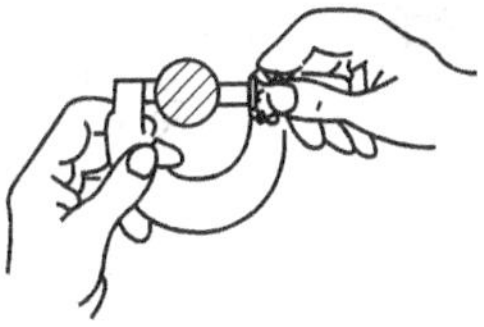 c. 直接读数或锁紧后取下读数	（1）擦净千分尺与工件； （2）切忌用力旋转套筒； （3）工件轴线（或表面）与轴杆轴线垂直； （4）只能测量精加工后的静止表面

3.4.3　百分表

百分表是一种精度较高的比较量具，它只能测出相对数值，不能测出绝对数值，主要用于测量形状和位置误差。

百分表的外形及结构原理如图 3 - 6 所示，当测量杆 1 向上或向下移动 1 mm 时，通过齿轮传动系统带动大指针 5 转一圈，小指针 7 转一格。刻度盘在圆周上有 100 个等分格，每格的读数值为 0.01 mm。小指针每格读数为 1 mm。测量时指针读数的变动量即为尺寸变化值。刻度盘可以转动，供测量时大指针对零用。

百分表常装在专用的百分表架上使用。在图 3 - 7 中，左图为普通表架，右图为磁性表架。百分表在表架上的位置可前后，上下调整。表架应放在平板或某一平整的位置上。测量时百分表测量杆应与被测表面垂直，用百分表检验工件径向跳动的情况如图 3 - 8 所示。检验时双顶尖与工件之间不准有间隙。用手转动工件，同时观察指针的偏摆值。

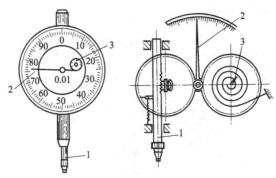

图 3-6　百分表及其结构原理

1—测量杆；2—大指针；3—小指针

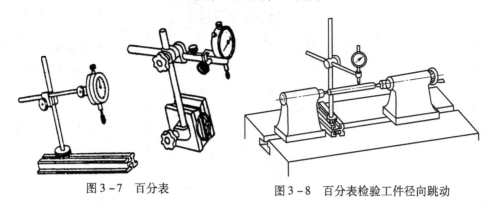

图 3-7　百分表　　　　　图 3-8　百分表检验工件径向跳动

3.4.4　量规

在成批大量生产中，为检测方便，常用一些结构简单，造价较低的界限量具，称为量规。如光滑轴与孔用量规、圆锥量规、螺纹量规和花键量规等。

检验光滑轴与孔的量规分别称为卡规与塞规，如图 3-9 所示。

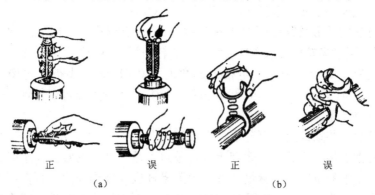

正　　　　　　误　　　　　　正　　　　　　误

（a）　　　　　　　　　　　　　（b）

图 3-9　塞规、卡规及其使用

（a）塞规及其使用；（b）卡规及其使用

量规有两个测量面，其尺寸分别按零件的最小极限尺寸和最大极限尺寸制造，并分别称为通端和止端。检验时要轻轻塞入或卡入量规，只要通端通过，止端不通过，就表示零件合格。

3.4.5 刀口尺与厚薄尺

刀口尺用于检查平面的平、直情况，如图 3 – 10 所示。如果平面不平，则刀口尺与平面之间有间隙，可用厚薄尺塞间隙，即可确定间隙值的大小。

厚薄尺（图 3 – 11）又称塞尺，用于检查两贴合面之间的缝隙大小。它由一组薄钢片组成，其厚度为 0.03 ~ 0.3 mm。测量时用尺片直接塞入间隙，当一片或数片能塞进两贴合面之间时，则其厚度即为两贴合面之间的间隙值。

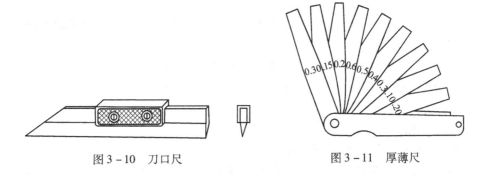

图 3 – 10 刀口尺   图 3 – 11 厚薄尺

3.4.6 量具的选择与保养

由于量具自身精度直接影响到零件测量精度的准确性和可靠性。因此，在使用量具时，必须做到正确操作、精心保养，并具体做到以下几点。

① 使用量具前后，必须将其擦净，并校正 "0" 位。

② 量具的测量误差范围应与工件的测量精度相适应，量程要适当，不应选择测量精度和范围过大或过小的量具。

③ 不准用精密量具测量毛坯和温度较高的工件。

④ 不准测量运动着的工件。

⑤ 不准对量具施加过大的力。

⑥ 不准乱扔、乱放量具，更不准当做工具进行敲打使用。

⑦ 不准长时间用手拿精密量具。

⑧ 不准用脏油清洗量具或润滑量具。

⑨ 对长期不使用的量具，应擦净、涂油后装入量具盒内，并存放在干燥无腐蚀的地方。

复习思考题

1. 试分析车、钻、铣、刨、磨几种常用加工方法的主运动和进给运动，并指出它们的运动件（工件或刀具）及运动形式（转动或移动）。

2. 什么是切削用量三要素？试用简图表示刨平面和钻孔时的切削用量三要素。

3. 刀具材料应具备哪些性能？各有何优缺点？使用范围如何？

4. 常用的量具有哪几种？试选择测量下列尺寸的量具：

图 3 – 12 零件尺寸测量未加工：φ50。已加工：φ30；φ25 ± 0.2；φ22 ±0.01。

5. 游标卡尺和千分尺测量的准确度是多少？怎样正确使用？能否测量没有切削加工的毛坯件？

6. 常用什么参数来评定表面粗糙度？它的含义是什么？

7. 形状公差和位置公差分别包括哪些项目？如何标注？

8. 在使用量具前为什么要检查它的零点、零线或基准？应如何用查对的结果来修正测得的读数？

9. 怎样正确使用量具和保养量具？

10. 如图 3 –12 所示零件上有几个表面的尺寸需要测量？试选择合适的量具。

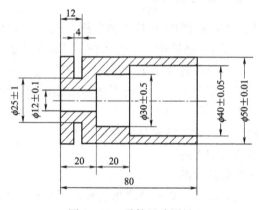

图 3 –12　零件尺寸测量

第 4 章

铸　　造

【铸造实习安全技术】

（1）实习时要穿好工作服和防护鞋。

（2）造型时严禁用嘴吹型砂和芯砂，以免损伤眼睛。

（3）浇包在使用前必须烘干，更不准有积水。

（4）浇注时要戴好防护眼镜、安全帽，系好防护鞋盖等安全用品。不参与浇注的同学应远离浇包，以防烫伤。

（5）浇包内金属液不能太满，以防抬运时飞溅伤人。

（6）不可用手、脚触及未冷却的铸件。

（7）严禁在吊车下停留或行走。

（8）清理铸件时要注意周围环境，以免伤人。

（9）搬动砂箱要轻拿、轻放，以防砸伤手脚或损坏砂箱。

铸造是把熔化的金属液浇注到具有和零件形状相适应的铸型空腔中，待凝固冷却后获得毛坯（或零件）的成型方法。

铸造生产方法分为砂型铸造和特种铸造两大类。

常用于铸造的合金有铸铁、铸钢及有色金属，其中铸铁用得最多。

铸型是根据零件的形状用造型材料制成的。铸型可分为砂型和金属型。砂型主要用于铸铁、铸钢，而金属型主要用于铸造有色合金。本章主要介绍砂型铸造。

砂型铸造生产工序很多，其中主要的工序为模型加工、配砂、造型、合箱、熔化、浇注、落砂、清理和检验。套筒铸件的生产过程如图 4-1 所示。

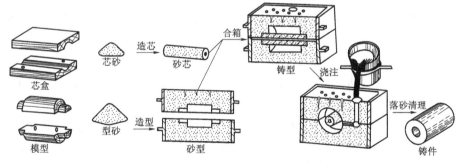

图 4-1　套筒的砂型铸造过程

4.1 型砂和造型

4.1.1 型砂

砂型是由型砂做成的。型砂的质量直接影响着铸件的质量，由于型砂质量不好造成铸件产生的各种缺陷导致废品占总废品率的 50% 以上。中小铸件一般采用湿砂型（也称"潮模"），大铸件多用烘干的砂型（也称"干模"）。

1. 型（芯）砂应具备的性能

（1）透气性

紧实砂样的孔隙度称为透气性。在浇注时，砂型中会产生大量气体，液体金属中也会析出气体，这些气体若不能从砂型中排出，就会在铸件里形成气孔。

透气性是由型（芯）砂中的空隙大小、数量决定的。砂子的粒度、形状及紧实度均对其有影响。

（2）强度

型（芯）砂抵抗外力破坏的能力称为型（芯）砂强度。足够的强度可以保证砂型在铸造过程中不易损坏和变形，但强度太高又会使铸型太硬，透气性太差，阻碍铸件的收缩而使铸件中形成气孔、过大的内应力和裂纹等缺陷。

型（芯）砂的强度是由黏结剂的性能、紧实程度、砂粒的形状和粗细等因素决定的。

（3）耐火性

型（芯）砂抵抗高温热作用的能力称为耐火性。若耐火性差，铸件表面将产生黏砂，使切削加工困难，甚至造成废品。

耐火性主要取决于砂中 SiO_2 的含量。SiO_2 的含量愈高，型砂的耐火性愈好。

（4）退让性

铸件在冷却收缩过程中，型（芯）砂可以被压缩的能力称为退让性。型砂的退让性不好，铸件收缩时受到的阻力增大，易使铸件内应力增大，甚至产生变形和裂纹。

用黏土和水玻璃做黏结剂的型砂，高温时发生烧结，退让性差，用有机黏结剂的型砂的退让性最好。

此外，还必须考虑型砂的回用性，回用性好的型砂，便于重复使用，型砂消耗量低。由于型芯多处于被金属液包围之中，工作条件更差，故芯砂除具备上述性能外，还要求其吸湿性低，发气量小以及落砂性好。

　　为了保证型砂的质量，在大量生产的铸造车间内设有型砂试验室，及时测定性能。单件小批量生产时一般靠经验判断，采用手捏法检验型砂，如图 4 - 2 所示。用手捏一把型砂，感到柔软容易变形，不沾手，手放开后可看出清晰的手纹，折断时断面没有裂纹，同时有足够强度，就说明型砂的性能合格。

　　型砂的性能由型砂的组成、原材料的性质和配砂工艺操作等因素决定。

　　2. 潮模型砂的组成

　　潮模型砂主要由砂子、膨润土、煤粉和水等材料组成，型砂的结构如图 4 - 3 所示。砂子是型砂的主体，主要成分是 SiO_2，它是耐高温物质。图 4 - 3 型砂结构示意图膨润土是黏土的一种，用作黏结剂，和水混合后形成均匀的黏土膜，包在砂粒表面，把单个砂粒黏结起来，使其具有一定强度。砂粒之间的空隙可使型砂具有一定的透气性。煤粉是附加物质，可使铸件表面光洁。水的加入量对型砂性能有很大影响，一般用手捏法加以控制。

型砂湿度适当时　　手放开后可看出
可用手攥成砂团　　清晰的手纹

折断时断面没有碎裂状，同时有足够的强度

图 4 - 2　手捏法检验型砂

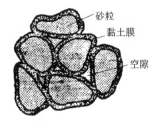

砂粒

黏土膜

空隙

图 4 - 3　砂型结构示意图

　　生产中为节约原材料，合理使用型砂，往往把型砂分为面砂和背砂。与铸件接触的那一层型砂的强度、耐火性等要求较高，称为面砂，需专门配制。不与铸件接触，只作为填充用的型砂称为背砂，一般用旧砂。常用的型砂配方如下：

　　面砂：旧砂 90% ~ 95%，新砂 10% ~ 5%，膨润土 4% ~ 6%，煤粉 6% ~ 8%，水 5% ~ 7%。

　　背砂：旧砂 100% 加适量水。

　　在实际生产中，为了提高生产率，往往不分面砂和背砂，而只用一种砂。

　　3. 型砂的制备

　　型砂的配制工艺对型砂的性能有很大的影响。浇注时型砂表面受高温铁水的作用，砂粒粉碎变细，煤粉燃烧分解，型砂中灰分增多，透气性降低，部分黏土会丧失黏结力，使型砂性能变坏。所以，落砂后的旧砂，一般不直接用于造型，需掺入新材料，经过混制恢复型砂所要求性能后再重新使用。

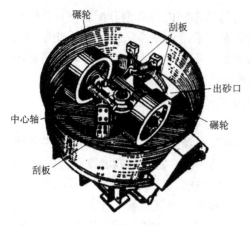

碾轮

刮板

出砂口

中心轴

碾轮

刮板

图 4-4　碾轮式混砂机

旧砂混制前要除掉铁屑和砂团。混制是在混砂机（图4-4）中进行的，在碾轮的碾压及搓揉作用下，各种原材料混合均匀并形成如图 4-3 所示的型砂结构。

型砂的混制过程是：按比例加入新砂、旧砂、膨润土和煤粉等材料。先干混 2~3 分钟，再加水湿混 5~12 分钟，等到性能符合要求时从出砂口卸砂。混好的型砂应堆放 4~5 小时，使黏土膜中水分均匀。使用前还要过筛或经过松砂机，使型砂松散好用。

4.1.2　造型

1. 造型工具

图 4-5、图 4-6 为各种砂箱及造型工具。

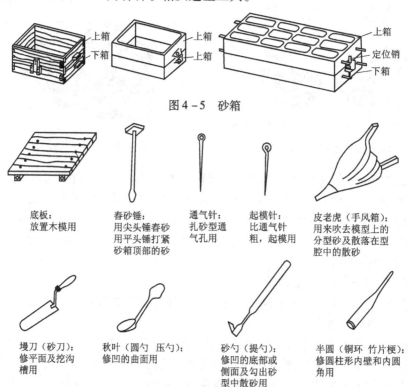

上箱

下箱

上箱

上箱

上箱

定位销

下箱

图 4-5　砂箱

底板：
放置木模用

春砂锤：
用尖头锤春砂
用平头锤打紧
砂箱顶部的砂

通气针：
扎砂型通气
孔用

起模针：
比通气针
粗，起模用

皮老虎（手风箱）：
用来吹去模型上的
分型砂及散落在型
腔中的散砂

墁刀（砂刀）：
修平面及挖沟
槽用

秋叶（圆勺　压勺）：
修凹的曲面用

砂勺（提勺）：
修凹的底部或
侧面或勾出砂
型中散砂用

半圆（铜环　竹片梗）：
修圆柱形内壁和内圆
角用

图 4-6　造型工具

2. 造型基本操作

砂箱造型操作的一般顺序如图4-7所示。

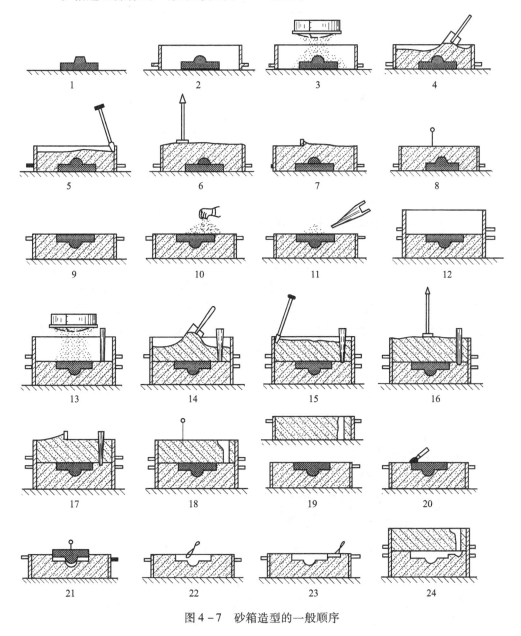

图4-7 砂箱造型的一般顺序

① 放稳底板，清除板上的散砂，将木模放在底板上的适当位置。注意木模斜度方向，不要放错（图4-8）。

② 放好下箱，并使木模在箱内位置适当，一般木模与砂箱内壁及顶部之

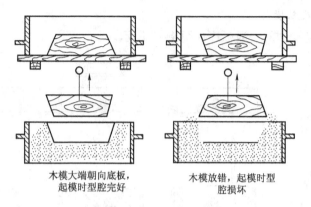

木模大端朝向底板，　　　　　木模放错，起模时型
起模时型腔完好　　　　　　　腔损坏

图 4 - 8　安放木模应注意斜度

间须留有 30 ~ 100 mm 距离。

　　③ 在木模的表面筛上或铲上一层面砂。

　　④ 在砂箱内铲入一层背砂。

　　⑤ 用舂砂锤逐层舂实填入的型砂，对小砂箱每层加砂厚 50 ~ 70 mm，第一次加砂时须用手将木模按住，并用手将木模周围的砂塞紧（图 4 - 9）。舂砂时应均匀地按一定路线进行（图 4 - 10），以保证砂型各处紧实度均匀，注意不要舂到木模上，舂砂用力的大小应适当，且注意各处的紧实度，靠近砂箱内壁应舂紧，以免塌箱；靠近木模砂层稍紧些，以承受液体金属压力；其他部分紧实度适当减小以利透气。

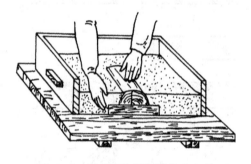

图 4 - 9　用手将木模周围的砂塞紧

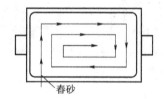

舂砂

图 4 - 10　要按一定的路线舂砂

　　⑥ 填入最后一层背砂，用平头舂砂锤舂实。

　　⑦ 用刮板刮去高出箱面的型砂，使砂型表面和砂箱的上边缘平齐。

　　⑧ 必要时在砂型上用通气针扎出通气孔（气眼）。

　　⑨ 翻转下型。

　　⑩ 用墁刀将木模四周的砂型表面（分型面）光平，撒上一层分型砂。撒砂时手应距砂箱稍高，一边转圈一边摆动，使砂缓慢而均匀地散落下来，薄

薄地覆盖在分型面上。

⑪ 吹去木模上的分型砂。

⑫ 将木箱放在下箱上。

⑬ 放好浇口棒，加入面砂。

⑭ 填入背砂。

⑮ 用扁头舂砂锤舂实。

⑯ 最后一层型砂，用平头舂砂锤舂实。

⑰ 用刮板刮去高出箱面的型砂，用刮刀光平浇口棒周围的型砂。

⑱ 用通气针扎出通气孔，取出浇口棒并开外浇口。在木模投影面的上方，用直径 2~3 mm 的通气针扎出通气孔，以利于浇注时气体逸出。通气孔分布要均匀（图 4-11）。外浇口如图 4-12 所示，应挖成约 60°的锥形，大端直径 60~80 mm，浇口面应修光，与直浇口连接处应修成圆滑过渡，避免外浇口挖得太浅成碟形。

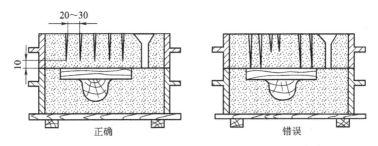

图 4-11 通气孔要分布均匀、深度适当

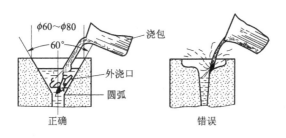

图 4-12 漏斗形外浇口

⑲ 取去上砂箱，翻转放好。如砂箱无定位装置，要在取去上箱前在砂箱的外壁上做出合箱定位记号（图 4-13）。

⑳ 扫除分型砂，用水笔润湿木模四周近旁的型砂（图 4-14）。

㉑ 起模。起模针位置要尽量与木模的重心铅垂线重合（图 4-15）。起模前要用小锤轻轻敲打起模针下部，使模型松动，以利起模（图 4-16）。

㉒ 起模后行腔如有损坏，应根据型腔形状和损坏程度，使用各种修整工

具进行修补（图4−17、图4−18）。

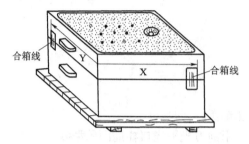

图4−13　沿砂箱两直角边最远处做合箱定位线　　　图4−14　起模前应刷水

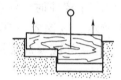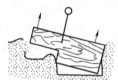

起模针钉在木模重心上　　　起模针离木模重心太远
起模平直，型腔完好　　　　起模倾斜，碰环型腔
正确　　　　　　　　　　　　错误

图4−15　起模针要尽量针在木模重心上

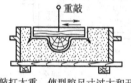

轻轻敲打，使木模松动　　　敲打太重，使型腔尺寸过大和开裂
正确　　　　　　　　　　　　错误

图4−16　起模前要松动木模

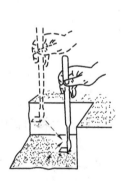

用砂钩底面粘砂，　　　用砂钩修补较窄的　　　用秋叶修光圆角
填补型腔底面，　　　　　铅垂面
然后抹平

图4−17　用砂钩和秋叶修型示例

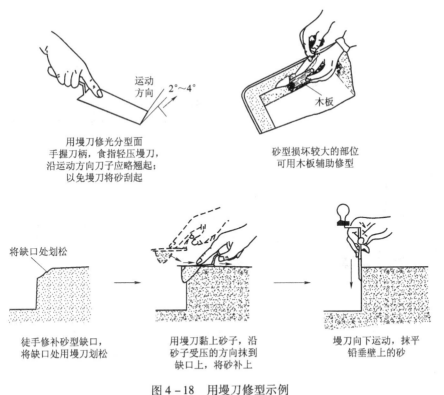

用墁刀修光分型面
手握刀柄，食指轻压墁刀，
沿运动方向刀子应略翘起；
以免墁刀将砂刮起

砂型损坏较大的部位
可用木板辅助修型

将缺口处划松

徒手修补砂型缺口，
将缺口处用墁刀划松

用墁刀黏上砂子，沿
砂子受压的方向抹到
缺口上，将砂补上

墁刀向下运动，抹平
铅垂壁上的砂

图 4-18　用墁刀修型示例

㉓ 开挖浇口。

㉔ 合箱、紧固、准备浇注。

3. 造型方法

按造型的方式可分为手工造型和机器造型两大类。手工造型的方法很多，要根据铸件的形状、大小和生产批量的不同进行选择。

（1）整模造型

整模造型的模型是一个整体，造型时模型全部放在一个砂箱内，分型面（上型和下型的接触面）是平面。这类零件的最大截面一般是在端部，而且是一个平面。整模造型过程如图 4-19 所示。这种造型方法操作简便，适用于形状简单的铸件生产。

（2）分模造型

分模造型的模型是分成两半的，造型时分别放在上、下箱内，分型面也是平面。这类零件的最大截面不在端部，如果采用整模造型，木模就取不出来。套筒的分模造型过程如图 4-20 所示，其分模面（分开模型的面）也是平面。这种方法操作简便，适用于筒、管、阀体类形状较复杂的铸件，应用较广泛。

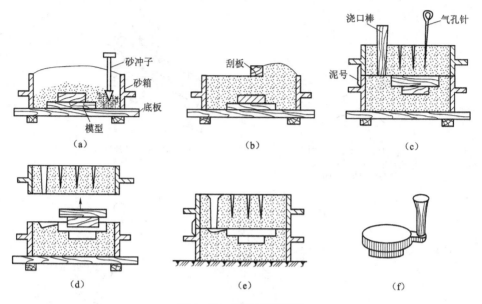

图 4-19　整模造型过程

（a）造下型：填砂、舂砂；（b）刮平、翻箱；（c）翻转下型，造上型，扎气孔；

（d）敞箱、起模、开浇口；（e）合箱；（f）带浇口的铸件

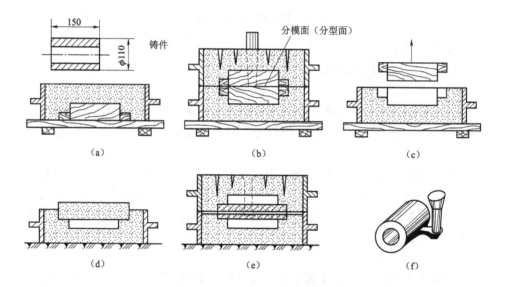

图 4-20　套筒的分模造型过程

（a）造下型；（b）造上型；（c）敞箱、起模、开浇口；

（d）下芯；（e）合箱；（f）落砂后带浇口的铸件图

（3）挖砂造型和假箱造型

若按铸件的结构、形状来看，要采用分模造型法，但为了制造模型的方便，或者如将模型做成分开容易损坏或变形，故仍将模型做成整体。此时，为了使模型能从砂型中取出可采用挖砂造型。挖砂造型的原理如图 4-21 所示。挖修分型面时应注意：一定要挖到模型的最大断面处；分型面应平整光滑，坡度应尽量小，以减少上箱吊砂；不阻碍取模的砂子不必挖掉。

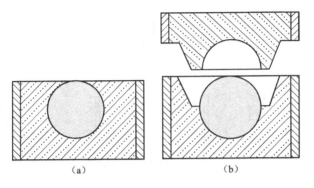

图 4-21 挖砂造型原理

（a）挖砂前的下型；（b）挖砂造型后的上、下型

挖砂造型操作技术要求较高，生产率较低，只适用于单件生产。生产数量较多时，一般采用假箱造型，其原理如图 4-22 所示。先制出一个假箱代替底板，再在假箱上造下型。用假箱造型时不必挖砂就可以使模型露出最大截面。假箱只用于造型，不参与浇注。

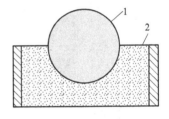

图 4-22 假箱造型原理

1—模样；2—假箱

假箱一般是用强度较高的型砂舂制成的，要求能多次使用，分型面应光滑平整，位置准确，当生产量很大时，可用木制的成形底板代替假箱。假箱造型比挖砂造型效率高、质量好。

（4）活块造型

模型上有小凸台时，取模时不能与模型主体同时取出，故凸台做成活动的，称为活块，如图 4-23 所示。取模时，先取出模型主体再单独取出活块。在用钉子连接的活块模型中应注意活块四周的型砂塞紧后，要拔出钉子，否则模型取不出。舂砂时不要使活块移动，钉子不要过早拔出，以免活块错位。

从图 4-23 中可以看出，凸台的厚度应小于凸台处模型壁厚的二分之一，否则活块会取不出来。

如果活块厚度过大，可以用一个外砂芯做出凸台，如图 4-24 所示。

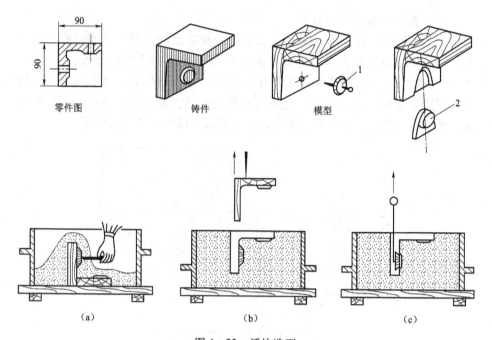

图4-23 活块造型

（a）造下型，拔出钉子；（b）取出模型主体；（c）取出活块

1—用钉子连接的活块；2—用燕尾榫连接的活块

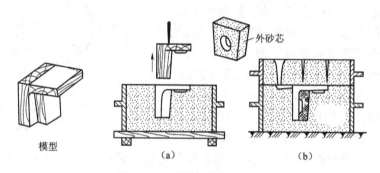

图4-24 用外砂芯做出活块

（a）取模、下芯；（b）合箱

活块造型要求具有较高的操作技术，而且生产率较低，故只适用于单件小批量生产。若产量较大时，可采用外砂芯做出活块的方法。

（5）三箱造型

有些形状较复杂的铸件，往往具有两头截面大而中间截面小的特点，用一个分型面取不出模型。需要从小截面处分开模型，用两个分型面、三个砂箱造型，这种方法称三箱造型。造型过程见图4-25。

从图4-25中可以看出，三箱造型的特点是中箱的上、下两面都是分型

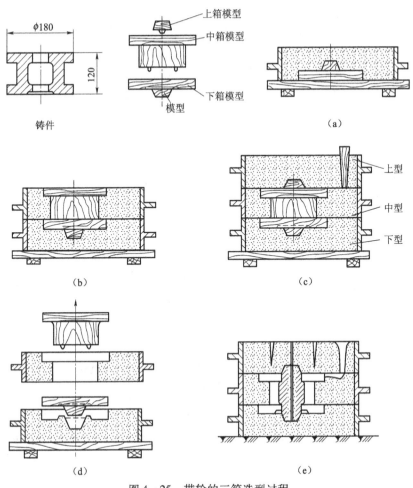

图 4 – 25 带轮的三箱造型过程

（a）造下型；（b）造中型；（c）造上型；（d）取模；（e）合箱

面，都要光滑平整；中箱的高度应与中箱中的模型高度相近，必须采用分模。

三箱造型比较复杂，且生产效率低，适用于单件小批量生产。当用机器造型时，可采用外砂芯，改为两箱造型，如图 4 – 26 所示。

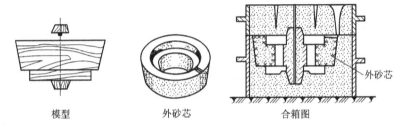

图 4 – 26 用外砂芯法将三箱造型改为两箱造型

（6）刮板造型

有些尺寸大于 500 mm 的旋转体铸件，如带轮、飞轮、大齿轮等，当生产数量较小时，为了节省制造模型的费用，缩短加工时间，可采用刮板造型。刮板是一块和铸件断面形状相适应的木板。造型时将刮板绕着固定中心轴旋转，在砂型中刮制出所需要的型腔。其过程如图 4 - 27 所示。

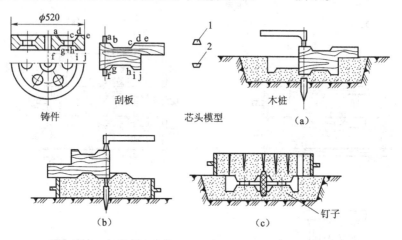

图 4 - 27　带轮的刮板造型过程

（a）刮制下型，用芯头模型 2 压出下芯头；（b）刮制上型，用芯头模型 1 压出上芯头；
（c）下芯、合箱

刮板装好后，应当用水平仪校正，以保证刮板轴与分型面垂直。

刮板造型可以在砂箱内进行，下型也可利用地面进行刮制。后一种方法称地面造型（或地坑造型），大型铸件可用地面造型法。

（7）机器造型

成批、大量生产铸件时，为了提高生产效率，减轻劳动强度，应采用机器造型。

造型机的种类很多，这里只介绍最基本的震压式造型机及其生产过程，如图 4 - 28 所示。

① 放模型、填砂。

② 震动紧砂。先使压缩空气从进气口 1 进入震击活塞底部，顶起震击活塞、模板、砂箱等，并将进气口过道关闭。当活塞上升到排气口以上时，压缩空气被排出。由于底部压力下降，震击活塞等自由下降，与压实活塞（即震击气缸）顶面发生一次撞击。如此反复多次，将砂型逐渐紧实。但震动紧实后的砂型上松下紧，还需将上部型砂压实。

③ 压实。压缩空气由进气口 2 通入压实气缸的底部，顶起压实活塞、震击活塞、模板和砂型，使砂型压在已经移到造型机正上方的压板上面，将上

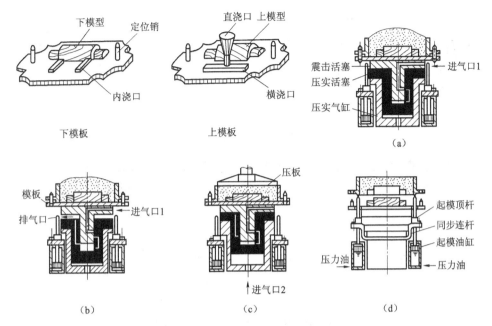

图 4 - 28 震压式造型机工作过程示意图
(a) 填砂；(b) 震动紧砂；(c) 压实顶部型砂；(d) 起模

部型砂压实。然后转动控制阀进行排气，使砂型下降。

④ 起模。压力油进入下面两个起模油缸内，使 4 根起模顶杆平稳上升，顶起砂型，同时震动器产生震动使模型易于和砂型分离。为使顶杆同步上升，两侧的顶杆是由同步连杆连接在一起。

机器造型应用模板造型。固定着模型、浇口的底板称为模板。模板上有定位销，用于固定砂箱的位置。通常使用两台造型机分别造出上、下型，再进行合箱。

近年来出现了噪音小的低压微震造型机、高压造型机、射压造型机等更先进的设备，使铸造生产发生了很大的变化。

4. 造型工艺

造型工艺主要指分型面、浇注位置的选择和浇注系统的设置，它们直接影响着铸件的质量和生产率。

(1) 分型面的确定

分型面是指上、下砂型的接触表面，表示方法如图 4 - 29 所示。短线表示分型面的位置，箭头和"上""下"两字表示上型和下型的位置。分型面的确定原则如下。

① 分型面应选在模型的最大截面处，以便取模。

② 成批大量生产时尽量避免活块造型和三箱造型。

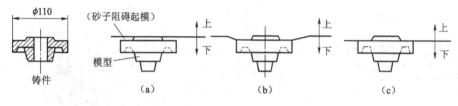

图 4 - 29　分型面应选在最大截面处

（a）不正确；（b）正确；（c）正确

③ 应使铸件中重要的机加工面朝下或垂直于分型面，以保证铸件质量。

④ 使铸件大部分在同一砂型内，以减少错箱和提高铸件精度，如图 4 - 30 所示。

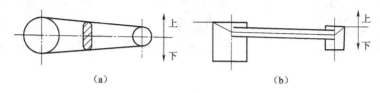

图 4 - 30　分型面的选择应能减少错箱

（a）不够合理；（b）合理

（2）浇注系统

浇注系统是指液体金属流入型腔所经过的一系列通道。正确设置浇注系统，对保证铸件质量降低金属消耗，提高生产率有很重要的意义。

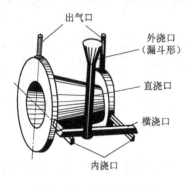

图 4 - 31　典型浇注系统

1）浇注系统的组成及其作用

典型的浇注系统由外浇口、直浇口、横浇口和内浇口 4 部分组成，如图 4 - 31 所示。对形状简单的小铸件可以省掉横浇口。

外浇口的作用是缓和液体金属浇入的冲力，使之平稳地流入直浇口。中、小铸件常用漏斗形外浇口，大铸件常用盆形外浇口。

直浇口的作用是使液体金属产生一定的静压力以迅速地充满型腔。直浇口的高度，中小铸件一般是高出型腔内铸件的最高点 100 ~ 200 mm，大铸件则要高出 300 ~ 500 mm。形状为带锥度的圆柱体，锥度为 2% ~ 4%。

横浇口的主要作用是挡渣。此外，还将液体金属分配给各个内浇口。截面形状一般为高梯形，位于内浇口的上面，它的末端应超出内浇口。

内浇口的作用是控制液体金属的流速和方向。截面形状一般为扁平梯形和月牙形。

2）浇注系统的类型

浇口按其引注金属液进入型腔高度的不同可分为顶注式、底注式、中注式和多层式等几种型式，如图4-32所示。

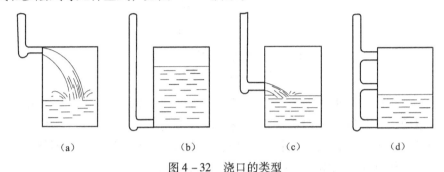

图4-32 浇口的类型

（a）顶注式；（b）底注式；（c）中注式；（d）多层式

① 顶注式浇口金属液容易充满薄壁铸件型腔，补缩作用好，金属消耗少，但易冲坏铸型和产生飞溅，主要用于不太高而形状简单的中、薄壁铸件。

② 底注式浇口金属液流动平稳，不易冲砂，但补缩作用较差，对薄壁铸件不易充满，主要用于厚壁、形状复杂、高度较高的大中型铸件和易氧化的合金铸件（如铝、镁合金等）。

③ 中注式浇口是一种介于顶注式与底注式之间的浇口，开设方便，应用最普遍。多用于不很高，水平尺寸较大的中型铸件。

④ 多层式浇口金属液能自下而上地进入型腔，兼有顶注式和底注式的优点，多用于高大铸件（一般高度大于800 mm）。

3）开设内浇口的原则

内浇口的位置、截面大小及形状对铸件质量有极大的影响，开设时应注意以下几点：

① 一般不开在铸件重要部位（如重要加工面）。因为内浇口附近的金属冷却慢，组织粗大，机械性能较差。

② 使液体金属顺着型壁流动，避免直接冲击砂芯或砂型的突出部分（如图4-33所示）。

③ 内浇口的形状应考虑清理方便。内浇口和铸型的接合处应带有缩颈，如图4-34所示。

④ 应考虑对铸件凝固顺序的

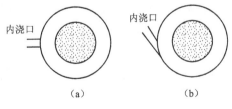

图4-33 内浇口位置安放

（a）冲台砂不合理；（b）切向进入合理

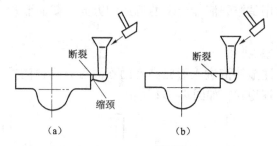

图 4 – 34 内浇口的形状应带缩颈
(a) 正确；(b) 错误

要求。若铸件壁厚差别不大、收缩不大（如灰口铸铁），内浇口多开在薄壁处，以便铸件各部分同时凝固和收缩，减小内应力。若铸件壁厚差别较大，收缩较大（如球墨铸铁、合金铸铁等），内浇口应开在厚壁处，以便使铸件由薄到厚顺序凝固和收缩，有利于防止缩孔，如图 4 – 35 所示。

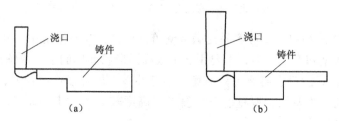

图 4 – 35 内浇口位置的确定
(a) 内浇口开在薄壁处；(b) 内浇口开在厚壁处

4.2 造芯

砂芯用来形成铸件的内腔，有时也用于组成铸件的外形，由于砂芯工作条件比砂型苛刻，故对配制芯砂和造芯工艺要求较高。

4.2.1 芯砂

一般砂芯可以用黏土芯砂来制作，但加入黏土量要比型砂中的高。形状复杂要求强度较高的砂芯要用桐油砂、合脂砂或树脂砂等制作。为了保证足够的耐火度、透气性，芯砂中应多加新砂或全部用新砂。对于复杂的砂芯，往往要加入锯末等以提高退让性。常用芯砂配方有以下几种。

黏土芯砂：旧砂 70% ~ 80%，新砂 20% ~ 30%，黏土 3% ~ 14%，膨润土 0% ~ 4%，水 7% ~ 10%。

合脂砂：新砂 100%，合脂 2% ~ 5.5%，膨润土 1.5% ~ 5%，水 1% ~ 3%。

4.2.2　造芯工艺

1. 造芯步骤

为满足砂芯性能要求，采取以下工艺措施。

（1）放芯骨

为提高砂芯的强度与刚度，砂芯中放入芯骨，如图 4 - 36 所示。

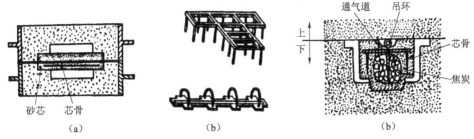

图 4 - 36　芯骨和通气道图

（a）铁丝芯骨；（b）铸铁芯骨；（c）带吊环的芯骨

（2）开通气孔

为使砂芯中气体能顺利迅速地通过芯头排出，需要在砂芯中做出通气孔道，如图 4 - 36（c）及图 4 - 37 所示。

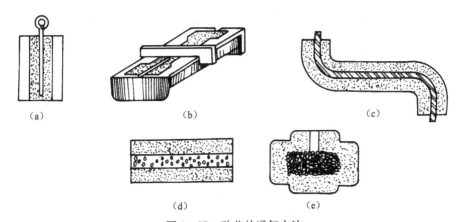

图 4 - 37　砂芯的通气方法

（a）通气针；（b）用刮板；（c）用蜡线；（d）用铁管；（e）用焦炭

（3）刷涂料

砂芯表面刷一层涂料，以提高耐火度并防止铸件黏砂。铸铁件常用石墨粉作涂料。

（4）烘干

砂芯烘干后，强度、透气性都有所提高。烘干工艺主要决定于砂芯的大小与所用的黏结剂。如中小型砂芯的烘干温度，黏土砂芯为 250 ℃~350 ℃，油砂芯为 200 ℃~240 ℃，保温 3~6 小时后缓慢冷却，出炉温度低于 150 ℃。

2. 制芯方法

按造型方法的不同，制芯可分为芯盒制芯和刮板制芯两大类。

芯盒制芯中按芯盒的结构，制芯方法可分为整体式芯盒制芯、对开式芯盒制芯、可拆式芯盒制芯 3 种，如图 4-38 所示。

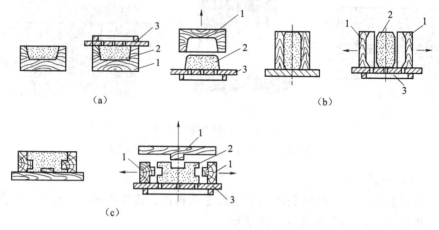

图 4-38　在芯盒中制芯

（a）整体式芯盒制芯；（b）对开式芯盒制芯；（c）可拆式芯盒制芯

1—芯盒；2—砂芯；3—烘干板

对于内径大于 200 mm 的弯管砂芯，可用刮板制芯，如图 4-39 所示。

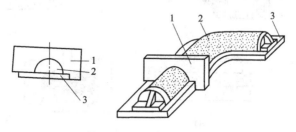

图 4-39　导向刮板制芯

1—刮板；2—砂芯；3—靠山

制芯的过程包括填砂、舂砂、放芯骨、刮去芯盒上多余的芯砂、扎通气道、把芯盒放在烘干板上，取下芯盒、烘干砂芯、检验。

4.2.3　砂芯的固定

砂芯在型腔中的定位主要靠芯头，因此，芯头必须有足够的尺寸和合适的形状，才能使砂芯固定牢固。

芯头按其固定方式可分为图 4 - 40 所示的几种，其中以垂直式和水平式应用最广。

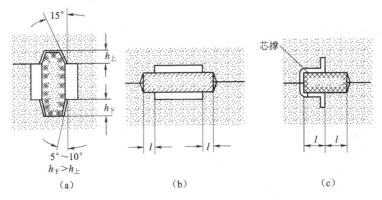

15°

$h_上$

5°～10°
$h_下 > h_上$

(a)

l　l

(b)

芯撑

l　l

(c)

图 4 - 40　砂芯的固定方式
(a) 垂直式；(b) 水平式；(c) 特殊式（悬臂芯头）

如果铸件的形状特殊，只用芯头固定定位有困难时，可用各种金属材料制成的芯撑加以固定，如图 4 - 40 (c) 所示。但对承压和密封性要求高的铸件，在生产中不允许采用芯撑。

4.3　铸铁的熔化

在铸造生产中，熔化操作对于铸件质量有很大的影响。铸造金属的熔炼并不是单纯把固态金属熔化成液态，而是还要使金属液具有足够高的温度，符合要求的化学成分，尽可能少的气体和夹杂物，并在保证质量的前提下提高熔化速率及降低燃料消耗。

铸铁的熔炼在化铁炉中进行，常用的化铁炉有三节炉、冲天炉、工频感应电炉，其中以冲天炉使用最广泛。三节炉因热效率低，只适用于单件小批量生产。用冲天炉熔化的铁水质量虽不及工频电炉好，但冲天炉的结构简单，操作方便，燃料消耗少，熔化速率较高。

4.3.1　冲天炉的结构

冲天炉的构造如图 4 - 41 所示。由后炉、前炉、加料系统、送风系统、检测系统等部分组成。

(1) 后炉

后炉是冲天炉的主体部分，包括炉身、烟囱、炉顶、加料口、炉底、支

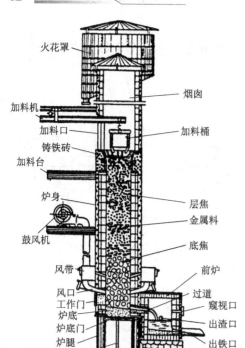

柱、炉缸等部分组成。它的作用主要是完成炉料的预热、熔化和过热铁水。

（2）前炉

前炉用来积存铁水。它还可使铁水的成分和温度更加均匀。前炉上设有出铁口、出渣口和窥视口。

（3）加料系统

加料系统包括加料吊车，送料机和加料桶。它是根据铸造金属的要求，使炉料按一定的配比和重量，按次序分批从加料口中送进炉内。

（4）送风系统

送风系统包括鼓风机、风管、风带和风口。其作用是把足够量的空气均匀地送到炉内，使焦炭充分燃烧。

（5）检测系统

检测系统包括风压计和风量计。

图4-41 冲天炉的构造

冲天炉的大小是以每小时熔化多少铁水来表示的。常用的冲天炉为2～10 t/h。

4.3.2 炉料

冲天炉熔化用的炉料有金属炉料、燃料和熔剂。

（1）金属炉料

金属炉料包括新生铁、回炉料（浇冒口及废铸件）、废钢和铁合金。新生铁是炉料的主要成分，充分利用回炉料可以降低铸件成本。加入废钢的主要作用是降低铁水的含碳量，加入铁合金的目的在于调整铁水的化学成分。

（2）燃料

燃料主要是焦炭。在冲天炉中，焦炭的燃烧情况直接影响铁水的成分和温度。因此，在熔化过程中，要保持一定的底焦高度。为此，加料时保持一定的铁焦比，一般为10:1。

（3）熔剂

熔剂为使炉渣稀释、降低熔点，便于与铁水分离并从渣口排出，常用石灰石（$CaCO_3$）或萤石（CaF_2）作为熔剂。通常石灰石加入量为金属炉料的3%~4%。

4.3.3 冲天炉的操作过程

冲天炉是间歇工作的，每次连续熔化时间为 4~8 小时，具体操作如下。

（1）备料

按铁水的质量要求，准备好化学成分和块度合格的炉料。

（2）修炉

用耐火材料将冲天炉及前炉内壁损坏的地方修好，关闭炉底门，在炉底门上用旧砂捣实，炉底面应向过道方向倾斜5°~7°。

（3）点火烘干

从炉后工作门放入刨花、木屑、点火、关闭工作门，再从加料口加入木材烘炉。

（4）加底焦

先从加料口加入 2/3 的底焦，焖火一段时间后，再加入剩余的底焦并鼓风燃烧。底焦的高度一般为主风口以上 0.8~1.5 m 处。

（5）加料

底焦加好并燃着后，先鼓风 2~3 分钟除灰，随后加料。每批炉料应按熔剂、金属炉料和层焦的次序加入，直到接近加料口为止。

（6）熔化

打开风口放出 CO，待炉料预热 15~30 分钟后鼓风，半分钟后关闭风口。鼓风 5~10 分钟后从主风口可看到铁水滴下。熔炼正常时，风口发亮。主风口发暗时及时补充焦炭。熔化过程要做到勤通风口、勤看加料口、出铁口、出渣口、风量、风压表。

（7）出铁、出渣

半小时左右可出第一包铁水。但开始铁水温度不高，只能用来烫浇包或浇芯骨等不重要的铸件。以后每隔一定时间出一次铁水，铁水温度也逐渐升高，到熔化快结束时温度又逐渐降低。

（8）停风、打炉

估计炉内铁水量够用时即停止加料、停止鼓风、出清铁水和渣子，打开炉底门，使残余炉料落下，喷水灭余火。

4.4 有色合金的熔炼

常用的铸造有色合金包括铜、铝合金。一般来说，有色合金的铸造特性表现为流动性较好，收缩率较大，热裂倾向随收缩率增加而增大，易氧化，易产生偏析以及吸气较严重等。因此，有色合金熔炼有其特点。

4.4.1　熔炼用炉

1. 坩埚炉

坩埚炉是目前熔炼有色合金使用最广泛的一种熔炉。坩埚内装入金属，外面加热使金属熔化和过热。由于热源不同，可分为焦炭、煤气、电阻坩埚炉。

由于材质不同，坩埚又可分为石墨坩埚和铁质坩埚两种。石墨坩埚是用以石墨为主体的耐火材料烧结而成的，它常用来熔化铜及铜合金。铁质坩埚是由铸铁或铸钢铸成，也可用钢板焊成，它大多用来熔化低熔点合金，如铝合金等。

石墨坩埚的大小是依其容量确定的。如 100 号坩埚，表示青铜熔化后充满坩埚体积 95% 的金属液为 100 kg。若要确定其他合金液的容量，可根据各种合金密度的不同，将坩埚号数乘以下列系数确定：黄铜 0.96，铝 0.325。

石墨坩埚的使用寿命与操作方法关系很大。正确使用，寿命一般可达 30 余炉次；使用不当坩埚很易碎裂，所以使用时要注意以下几点。

① 坩埚要放在干燥的地方，使用前要在 120 ℃ ~ 150 ℃ 温度下烘干，然后再放入炉膛内加热。

② 炉料不能装得过紧，以免加热时由于金属块料膨胀而使坩埚胀裂。

③ 不得向红热的坩埚中加入冷料。

2. 感应电炉

按电源频率的不同，感应电炉可分为高频炉、中频炉及工频炉 3 种。中频炉电源频率在 500 ~ 10 000 Hz 范围，一般使用频率为 2 500 Hz。

4.4.2　铜合金熔炼

1. 熔炼材料

（1）炉料

铸造铜合金的炉料包括电解铜、中间合金及回炉料。

选择炉料的原则是：在保证质量的前提下应少用昂贵的电解铜，尽量用各种铜合金的浇冒口及废料，以便降低成本。

采用中间合金能降低难熔元素的熔点，避免某些元素（如 Al、Si）与铜引起放热反应而使合金过热，并起调节合金成分的作用。常用的中间合金有铜镍、铜铝、铜铁、铜锰及磷铜等。其中磷铜是很好的脱氧剂。

（2）辅助材料

辅助材料包括覆盖剂、熔剂、精炼剂。

覆盖剂起防止氧化和造渣作用。常用木炭粉、碎玻璃及苏打混合料，苏打及硼砂混合料，硼砂与长石混合料等。覆盖剂用量以盖满金属液表面为原则。采用坩埚炉时，覆盖剂一般为炉料重量的 0.7% ~ 1.5%。

氧化熔剂起除气作用。它由氧化物与造渣剂两部分组成。如 50% 的氧化铜与 50% 的碎玻璃；50% 的氧化铜、25% 的石英砂及 25% 硼砂等。

精炼剂具有吸附或溶解氧化物，并使其聚集成渣的作用。在生产中有时对含铝的铜合金进行精炼，以去除 Al_2O_3 夹杂物和气体。常用的精炼剂为 60% 食盐和 40% 冰晶石；20% 冰晶石、20% 萤石和 60% 氟化钠等。

2. 熔炼工艺

铜合金的熔点在 1 000 ℃ ~ 1 060 ℃，浇注温度通常在 1 060 ℃ ~ 1 200 ℃。铜合金在加热熔化时容易吸收气体，在冷凝时析出，因此，铸件易产生气孔。金属液温度越高，暴露的表面积越大，停留的时间越长，则金属吸入气体越多。所以，熔炼时必须注意勿使金属液的温度过高，金属液表面要用覆盖剂保护好，并及时浇注。

加料顺序一般是先加占炉料重量最多的铜及难熔金属，然后再加入易熔、易氧化或易挥发的元素。对占炉料重量很少的难熔、易氧化或易挥发的元素，最好以中间合金形式加入。

熔炼温度一般用热电偶来测定。

现以 ZQSn6 - 6 - 3 锡青铜为例，介绍在坩埚中的熔炼工艺过程。

原材料：电解铜、锡锭、锌锭、铅锭及回炉料。

配料（%）：Cu84.2、Sn6.3、Zn6.5、Pb3。

加料顺序：铜→磷铜→回炉料→锌→锡→铅→磷铜。

熔炼过程：

① 将坩埚放入炉内，预热至暗红色，升温时应缓慢加热，以防坩埚炸热。

② 根据配料，先将电解铜装入坩埚中快速熔化。

③ 待铜全部熔化，温度达 1 150 ℃ 时，加入一半磷铜进行脱氧。磷铜的总加入量为铜合金重量的 0.2% ~ 0.4%。

④ 铜液脱氧后加入经预热的回炉料，继续加热。如一次装不完可分为二、三次加入，回炉料熔化后须搅拌均匀。

（5）在 1 200 ℃ 以下加入经预热的锌锭，锌熔化后加锡锭和铅锭，最后加入剩余的磷铜进一步脱氧精炼，并充分搅拌。静置几分钟，扒渣后即可进行浇注。

4.4.3　铸造铝合金的熔炼

1. 熔炼材料

（1）炉料

炉料由新金属料、中间合金及回炉料组成。中间合金常用铝硅合金、铝镁合金及铝锰合金等。回炉料是指废旧料（如报废铸件、浇冒口、切屑等）的重熔锭和其他料（如轧、挤过程中的料头）。

（2）辅助材料

辅助材料包括熔剂、变质剂及精炼剂。

熔剂可以熔解和吸附铝液中的氧化物，并使铝液与炉气隔开，减少合金的吸气和氧化作用。常用熔剂为 50% KCl、50% NaCl 的混合物。

对含硅量较高的铝合金，为了细化组织以提高机械性能，需进行变质处理。变质剂为 NaF、NaCl、KCl 等盐类的混合物。常用的为 67% NaF、33% NaCl 及 25% NaF、62.5% NaCl 及 12.5% KCl 两种。

除气精炼剂的作用在于去除铝合金熔液中处于悬浮状态的非金属夹杂物、金属氧化物及溶解于合金中的气体。常用的精炼剂有 $ZnCl_2$、$MnCl_2$、$TiCl_4$ 等。另外，也可通入氮气、氯气来进行除气精炼。

2. 熔炼工艺

铝合金的熔点在 550 ℃ ~ 630 ℃，浇注温度通常为 650 ℃ ~ 750 ℃。随着温度的不断升高，铝合金的吸气与氧化也不断增加，因此，在熔炼过程中金属液温度最好不超过 800 ℃，同时，避免经常搅动，以减少金属液的氧化。

铝合金熔炼的装料顺序如下：

① 当用铝锭和中间合金进行熔炼时，首先装入铝，然后加入中间合金。

② 当用预制合金锭进行熔炼时，首先装入预制合金锭，然后补加所缺数量的铝和中间合金。

③ 当炉料由回炉料和铝锭组成时，首先装入炉料中最多的那一部分进行熔化。

④ 当熔炉的容量足以同时装入几种炉料时，则首先装入熔点相近的部分一起熔化。

⑤ 容易烧损和低熔点的炉料，如镁和锌应最后装入。

⑥ 在连续熔炼时，坩埚内应剩余部分铝液，以加速下一炉熔化。

⑦ 采用覆盖熔剂时，应在炉料开始熔化时就加入熔剂。

现以 ZL104 铝合金为例，简述熔炼工艺过程。

① 将坩埚预热到暗红色（约 500 ℃），并将工具烘干。

② 在坩埚底部先放部分回炉料，然后将铝锭、铝硅中间合金、回炉料、铝锰中间合金加入坩埚内，然后升温熔化。熔化后进行搅拌并用钟罩将镁锭压入。

③ 用六氯乙烷进行除气精炼，加入量为 0.5% ~ 0.6%，处理温度为 730 ℃ ~ 750 ℃，分数次用钟罩压入。

④ 用 2% 的三元变质剂（NaF、NaCl、KCl）进行变质处理，处理温度为

730 ℃左右。

⑤ 达到浇注温度（700 ℃~750 ℃）后，扒渣并进行炉前检查，合格后即可浇注。

4.5　浇注、落砂、清理和铸件缺陷分析

4.5.1　浇注

把液态金属浇入砂型的过程称为浇注。由于浇注操作不当，常使铸件产生气孔、冷隔、浇不足、缩孔、夹渣等缺陷。

1. 浇注前的准备工作

① 准备浇包。浇注前必须准备好数量足够的浇包。浇包按容量与结构不同可分为3类：15~20 kg的手提包，25~100 kg的抬包及容量更大的吊包。浇包的外壳用钢板焊成，内壁搪有耐火材料。浇包使用前必须烘干烘透，否则，会引起铁水沸腾和飞溅。

② 整理场地。浇注场地要有通畅的走道并且无积水。炉子出铁口和出渣口下的地面不得有积水，一般应铺干砂。

③ 浇注前应了解铸件的种类、牌号和重量，同牌号金属液的铸型应集中在一起，以便于浇注。

2. 浇注技术

① 浇包内金属液不能太满，以免抬送时溅出伤人。浇注前清除包内溶渣，液面上盖些干砂或草灰。

② 浇注时对准浇口，铁水不可断流，以免铸件产生冷隔。浇注时若砂型内铁水沸腾，应立即停止浇注，并用砂子盖住浇口。

③ 控制好浇注温度和浇注速度。浇注速度与合金种类、铸件大小和壁厚有关。一般中小铸铁件浇注温度为1 260 ℃~1 350 ℃，薄壁件为1 350 ℃~1 400 ℃。浇注速度应适中，太慢会充不满型腔，太快会冲刷砂型，且易产生气泡。

④ 浇注时应将砂型中冒出的气体点燃，以防CO等有害气体弥散，同时，也可更好地将砂型中的气体引出。

4.5.2　铸件的落砂和清理

1. 铸件的落砂

从砂型中取出铸件的过程称为落砂。落砂时应注意开箱时间，开箱时间过早，铸件未凝固，即使铸件已凝固，落砂过早，冷却速度加快，会使铸件

表面产生硬皮，造成机械加工困难，或使铸件产生变形、裂纹等缺陷。落砂过晚，占用生产场地及砂箱，降低生产率。铸件在砂型中的冷却时间主要取决于铸件的材质、铸件形状、大小、重量、壁厚等因素。一般黑色金属铸件在 200 ℃ ~400 ℃时落砂比较合适；而有色金属铸件为 100 ℃ ~150 ℃。通常小于 10 kg 的铸件，浇注后 1 小时左右即可开箱。单件生产时，落砂用手工进行；成批生产时，可在震动落砂机上进行。

落砂后应对铸件进行初步检验，有明显缺陷的进行修补或报废，初步合格的铸件进入下步工序——清理。

2. 清理

铸件清理包括打掉浇冒口，清理型芯，清除表面黏砂，除掉表面毛刺、飞边等。

（1）打掉浇冒口

铸铁件性脆，可用铁锤打掉浇冒口；铸钢件要用气割切除；有色合金铸件要用铁锯锯除。

（2）清理型芯

铸件内腔的砂芯和芯骨可用手工或震动取出砂机。

（3）清除黏砂

铸件表面往往黏结着一层被烧焦的砂子，需要清理干净。生产量不大时用手工清理，小型铸件广泛采用清理滚筒、喷砂器来清理，大、中型铸件可用抛丸室等机器清理。

（4）铸件的修整

最后磨掉在分型面或芯头处产生的飞边、毛刺和残留的浇冒口痕迹。这些工作一般是采用各种砂轮机、手凿、风铲等工具来进行。

（5）铸铁件的热处理

许多铸铁件在清理以后要进行热处理，常用的方法有以下两种。

① 消除内应力退火：一般形状较复杂的铸件需进行消除内应力退火，即把铸件加热至 550 ℃ ~660 ℃，保温 2 ~4 小时后，随炉冷却。

② 消除白口退火：有的铸件表面出现又硬又脆的白口组织，使加工困难，为消除白口组织，可进行高温退火。退火温度为 900 ℃ ~950 ℃，保温 2 ~5 小时，随炉冷却。

清理完的铸件要进行质量检验，合格的验收入库，次品酌情修补，废品进行分析，找出原因并提出预防措施。

4.5.3　铸件的主要缺陷及产生原因

由于铸件生产的工序较多，影响铸件质量的因素繁多，产生缺陷的原因相当复杂。下面就常见铸件缺陷的特征及产生的主要原因进行分析。

1. 孔眼缺陷

孔眼缺陷包括气孔、缩孔、砂眼、渣眼等，如图 4 - 42 所示。

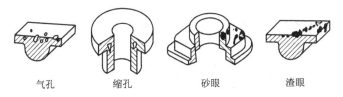

气孔　　　缩孔　　　砂眼　　　渣眼

图 4 - 42　孔眼缺陷示意图

（1）气孔

气孔是在铸件内部或表面形成大小不等的孔眼，孔的内壁光滑，多呈圆形。产生原因为产生气体的来源多或排气不良。产生气体的来源主要是型砂太湿，起模修型时刷水过多或砂芯未烘干。排气不良多半为春砂太紧，型砂透气性差，型芯通气孔堵塞或者浇注系统不合理造成。

（2）缩孔

金属液在冷却及凝固时由于体积收缩，常在铸件厚断面处出现形状不规则内壁粗糙的孔眼。它是由铸造工艺、铸件设计不合理及操作不当造成的。如铸件设计不合理，无法进行补缩；冒口设置不合理或太小；浇注温度过高或合金成分不合格等。

（3）砂眼

砂眼是在铸件内部或表面，孔形不规则并充满砂粒的孔眼。砂眼是由于浇注系统设计不合理或操作不当造成的。如浇注系统不合理，冲坏砂型；型砂强度不够或局部没有春紧而掉砂；型腔、浇口内散砂未吹净；合箱时砂型局部破坏等。

（4）渣眼

渣眼是在铸件内部或表面，孔形不规则的充满熔渣的孔眼。渣眼是浇注系统不合理，挡渣作用差或操作不当造成的。如浇注温度太低，渣不易上浮；浇注时挡渣不良等。

2. 表面缺陷

（1）冷隔

此缺陷是在铸件表面有未完全融合的缝隙和洼坑，其交接边缘圆滑，如图 4 - 43 所示。此缺陷是由于浇注温度太低、浇注速度太慢或浇注时中断、浇口位置开设不当或浇口太小等原因造成。

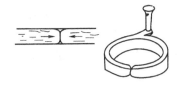

图 4 - 43　冷隔示意图

（2）粘砂

此缺陷是铸件表面粗糙、粘有烧结砂粒。它是由于浇注温度过高、未刷涂料或涂料太薄、砂型春得太松等原因造成。

（3）夹砂

夹砂是在铸件表面上有一层金属片状物，在金属片和铸件之间夹有一层型砂。它是由于型砂温度太大，黏土太多，型砂受热膨胀，表面鼓起或开裂。另外，内浇口过于集中，使局部砂型烘烤厉害。浇注温度太高，浇注速度太慢等原因也会造成夹砂。

3. 外形缺陷

（1）错箱

它的形态是铸件沿分型面有相对位置错移。它是由合箱时上、下箱未对准；定位销或合箱定位线不准；造型时上、下模未对准等原因造成。

（2）偏心

它的形态是铸件局部形状和尺寸由于砂芯位置偏移而变动。产生原因主要是砂芯变形，下芯时放偏，砂芯没固定好，浇注时被冲偏等。

（3）浇不足

它的形态是铸件未浇满，形状不完整。产生原因主要是浇注温度太低，浇注时液体金属量不够，浇口太小或未开出气口等。

4. 裂纹

裂纹可分为热裂与冷裂。热裂时铸件开裂处表面氧化，呈蓝褐色；冷裂时裂纹处未被氧化，因此发亮。产生裂纹的主要原因是铸件设计不合理，薄厚差别大，合金化学成分不当，收缩大；砂型退让性差；浇注系统开设不当，使铸件各部分冷却及收缩不均匀，造成过大的内应力等。

除此以外，还有由于化学成分、组织和性能不合格等造成废品。

4.6　模型

压盖零件、铸件、木模之间的关系，如图4-44所示。零件与铸件相比，在零件的加工部位上，铸件的尺寸比零件尺寸大而且在形状上也比零件增加了起模斜度和圆角。木模与零件相比，不仅尺寸要大些，而且零件图上有孔的部位，木模上不仅是实心无孔，甚至凸出一块——型芯头。因此，木模一般不直接按照零件图纸来制造，但须以零件图为基础，考虑木模制造的工艺因素，对零件进行铸造工艺设计，并绘制出铸造工艺图后，再制造木模和型芯盒。

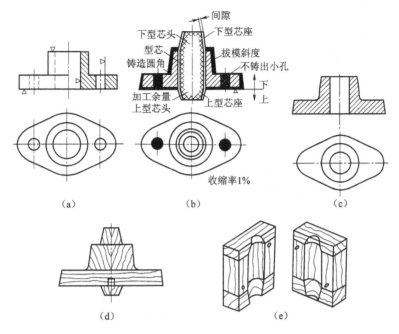

图 4 – 44　压盖的零件图、铸造工艺图、铸件图、木模及型芯盒
(a) 压盖零件；(b) 铸造工艺图；(c) 铸件；(d) 木模图；(e) 型芯盒

4.6.1　绘制铸造工艺图

铸造工艺图是用彩色铅笔将分型面、加工余量、起模斜度、铸造圆角、型芯头、型芯座等绘制在零件图上，并在图旁注出收缩率。具体步骤如下：

(1) 标出分型面

分型面的位置在图中用蓝色线加箭头表示，并注明上箱和下箱。

(2) 确定加工余量

切削加工时从铸件上切去的金属层称加工余量。加工余量的大小与铸件的尺寸、铸造合金的性质、造型方法、生产规模以及在砂型中的位置等因素有关。一般灰口铸铁小件的加工余量为 3 ~ 5 mm。加工余量在工艺图中用红色线条标出，剖面线可用红色线标出或全部填红。

(3) 标出拔模斜度

在垂直于分型面的木模表面上应绘制拔模斜度。如设计者在零件上已设计出结构斜度，则制模时即可照图施工，而不需另加拔模斜度。木模外表面的斜度要比内表面小。木模一般拔模斜度为 1.5° ~ 3°。此外拔模斜度与模型高度有关，模型越高，斜度值应取小些，以免使铸件一端过分增大。拔模斜度用红色线表示。

（4）绘出铸造圆角

为了便于造型和有利于增加铸件强度，在零件图上凡两壁相交处的内角做成圆角，称为铸造圆角。圆角半径 $R = \left(\dfrac{1}{3} \sim \dfrac{1}{5} \right) \left(\dfrac{a+b}{2} \right)$（式中 a 与 b 为圆角相邻两边壁厚）。圆角用红线表示。

（5）绘出型芯头及型芯座

一般零件图上直径小于 25 mm 以下的加工孔可不铸出，留待以后钻孔；凡图纸上不加工孔原则上一律铸出。直径大于 25 mm 高度较高的孔。或妨碍起模的凹槽均需用型芯做出，此时应在模型和芯盒上分别做出型芯座与型芯头。型芯座应比型芯盒上的型芯头稍大，两者之差即为下型芯时所需的间隙（图 4 - 44 所示）。对于一般中小型芯，此间隙为 0.25 ~ 1.5 mm。型芯头与型芯座用蓝色线标出。

（6）标注收缩率

液体金属凝固、冷却后要收缩，所以制造木模时应比铸件尺寸大一些。放大的尺寸称为收缩量（或缩尺）。收缩量主要根据铸造合金的线收缩率来确定。灰口铸铁的收缩率约为 1%。制造木模时常用已考虑了收缩率的缩尺来进行度量，以简化制造木模时尺寸的换算。

4.6.2 木模结构、检验及上漆

木模和型芯盒都是由多块木料胶合，或用钉子钉合而装配成的。制造木模和型芯盒的木材应干燥、木质硬、强度高、变形小。

装配好的木模必须按图纸仔细检验尺寸、表面质量与装配情况。检验合格后在模型上打上标记，特别是在型芯头、型芯座及活块处标上记号，必要时可着色区别。最后在木模表面涂漆，使其表面光滑且防止吸水。

4.7 特种铸造

除砂型铸造法以外的其他铸造方法统称为特种铸造。特种铸造常用方法有金属型铸造、压力铸造、熔模精密铸造和消失模铸造等。

4.7.1 金属型铸造

把液体金属浇入用金属制成的铸型中而获得铸件的方法称为金属型铸造。一般金属型用铸铁或耐热钢制造，结构如图 4 - 45 所示。

金属型具有下列优点：

① 一型多铸，一个金属型可以铸出几百个甚至几万个铸件。

② 铸件表面光洁、尺寸准确，可以减少机加工余量。

③ 因冷却速度较快，使铸件组织致密、机械性能较好。

④ 生产率高，适合大批量生产。

但金属型铸造也存在如下缺点：

① 加工费用大，成本高。

② 几乎没有退让性，不宜生产形状复杂的铸件。

③ 冷却速度快，铸件易产生裂纹。

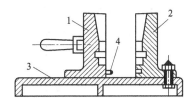

图 4 - 45　金属型
1—活动半型；2—固定半型；
3—底座；4—定位销

金属型铸造常用于有色金属铸件，如铝、铜合金铸件，也可浇注铸铁件。

4.7.2　压力铸造

压力铸造是将金属液体在高压下注入铸型中，经冷却凝固后，获得铸件的方法。常用的压力从几个到几十个兆帕（MPa）。铸型材料一般采用耐热合金钢。用于压力铸造的机器称为压铸机，应用较多的是卧式冷压室压铸机，其生产工艺过程如图 4 - 46 所示。

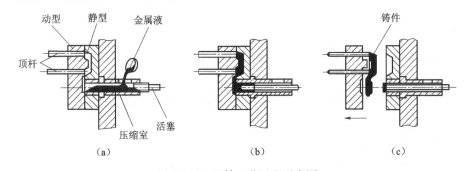

图 4 - 46　压铸工艺过程示意图
（a）合型，浇入金属液；（b）加高压；（c）开型，顶出铸件

压力铸造的优点是：

① 由于液体金属是在高压下成形，因此可铸出壁很薄，形状很复杂的铸件。

② 铸件是在高压下结晶的，因此组织致密，机械性能比砂型铸件提高 20% ~ 40%。

③ 表面粗糙度值较低，尺寸精度较高，一般不需再进行机械加工。

④ 生产率高，易实现半自动化、自动化生产。

缺点是：

① 压铸型结构复杂，必须用昂贵且难加工的合金工具钢来制造，加工精度要求很高，粗糙度值要求很小，因此成本很高。

② 浇注温度高，压铸型的寿命短。

③ 铸件易产生小气孔和缩松。

压铸适用于生产熔点低的有色金属及其合金的薄壁小型铸件。

4.7.3　熔模精密铸造

熔模铸造又称失蜡铸造。其过程是先做一个与铸件形状相同的蜡模；把蜡模焊到浇注系统上组成蜡树；在蜡树上涂挂几层涂料和石英砂，并使其结成硬壳；把蜡模熔化倾倒出来后，得到中空的硬壳型；把硬壳型烘干、焙烧去掉杂质，最后浇注液体金属，其工艺过程如图4-47所示。

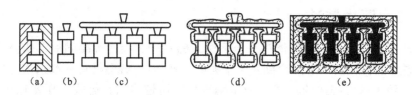

图4-47　熔模铸造工艺过程

(a) 制蜡模的压型；(b) 单个蜡模；(c) 焊成蜡树；
(d) 化蜡后的壳型；(e) 填砂、浇注

熔模铸造的优点是：

① 铸件精度较高，表面粗糙度值较小，可不再进行机加工。

② 适用于各种铸造合金，特别适用于形状复杂的耐热合金铸件。

缺点是：

① 工艺过程复杂，生产成本高。

② 不适于大型铸件的生产。

熔模精密铸造的几种典型零件如图4-48所示。

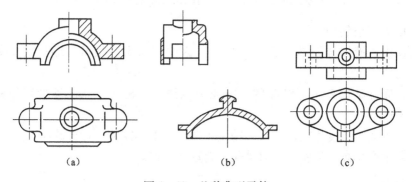

(a)　　　　　　　　　(b)　　　　　　　　　(c)

图4-48　几种典型零件

(a) 轴承盖；(b) 圆盖；(c) 轴承

4.7.4　消失模铸造

消失模铸造是将高温金属液浇入包含泡沫塑料模样在内的铸型内，模样受热逐渐氧化燃烧，从铸型中消失，金属液逐渐取代所占型腔的位置，从而获得铸件的方法，也称为实型铸造。

消失模铸造与传统的砂型铸造相比，主要区别为：一是模样采用特制的可发泡聚苯乙烯（EPS）珠粒制成，这种泡沫塑料密度小，570 ℃左右气化、燃烧，气化速度快、残留物少；二是模样埋入铸型内不取出，型腔由模样占据；三是铸型一般采用无黏结剂和附加物质的干态石英砂振动紧实而成，对于单件生产的中大型铸件可以采用树脂砂或水玻璃砂按常规方法造型。消失模铸造工艺，如图 4 - 49 所示。

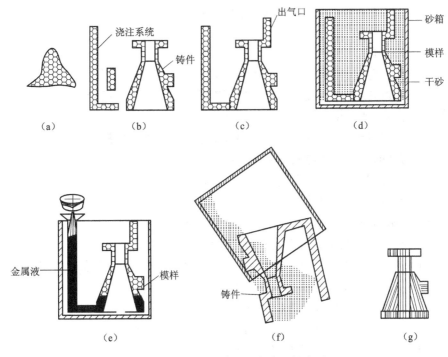

图 4 - 49　消失模铸造工艺过程示意图

(a) 制备 EPS 珠粒；(b) 制模样；(c) 黏合模样组，刷涂料；(d) 加干砂，振紧；
(e) 放浇口杯，浇铸；(f) 落砂；(g) 铸件

消失模铸造的优点是：

① 铸件质量好。无拔模、下芯、合型等导致尺寸偏差的工序，使铸件尺寸精度高；由于模样表面覆盖有涂料，使铸件表面粗糙度低。

② 生产效率高。简化了制模、造型、落砂、清理等工序，使生产周期

缩短。

③ 生产成本低。省去木材、型砂黏结剂等原辅材料和相应设备制造费用。

④ 适用范围广。对合金种类、铸件尺寸及重装数量几乎没有限制。

消失模铸造的缺点是：

① 泡沫塑料模是一次性的，报废一个铸件就会提高成本。

② 铸件易产生与泡沫塑料模有关的缺陷，如黑渣、皱纹、增炭、气孔等。

③ 泡沫塑料模气化形成的烟雾、气体对环境有一定的污染。

与其他特种铸造方法相比，消失模铸造应用范围广泛，如压缩缸体、水轮机转轮体、大型机床床身、冲压和热锻模具以及铝合金汽车发动机缸体、缸盖、进气管等。铸件重量可从 1 kg 到几十吨。

复习思考题

1. 铸型由哪几部分组成？

2. 型砂应具备哪些性能？这些性能如何影响铸件的质量？

3. 型砂由哪些材料混拌制成？如何判断型砂性能是否符合要求？

4. 型砂中加入锯木屑、煤粉起什么作用？

5. 常用的造型工具有哪些？简要说明砂箱造型的一般顺序。

6. 铸件的造型方法应根据哪些条件选择？

7. 什么是分模面？分模造型时模型应在何处分开？

8. 活块造型时，春砂应注意什么？

9. 说明用外砂芯成形的方法在什么情况下适用？

10. 在图 4 - 48 中，铸件的分型面在什么位置？怎么造型？

11. 什么是分型面？表示符号是什么？选择分型面时应考虑哪些问题？

12. 浇注系统由哪几部分组成？各部分的作用是什么？

13. 开设内浇口时应注意哪些问题？

14. 砂芯的作用是什么？砂芯的工作条件有何特点？

15. 芯砂的成分与型砂有何不同？

16. 为保证砂芯的工作要求，造芯工艺上应采取哪些措施？

17. 芯头的作用是什么？砂芯有几种固定方式？

18. 铸铁的熔化应满足哪些要求？为什么？

19. 说明冲天炉的结构及其作用。

20. 冲天炉的大小用什么来表示？铁焦比是什么意思？

21. 冲天炉是利用什么原理进行熔化的？

22. 说明冲天炉的具体操作过程，指出注意事项。

23. 有色金属熔炼用炉有哪几种？其大小如何表示？

24. 试述铜合金的熔炼工艺要点。

25. 试述铝合金的熔炼工艺要点。

26. 浇注前应做好哪些准备工作。

27. 浇注温度过高和过低有什么不利？

28. 在浇包内金属液面上撒干砂或稻草灰起什么作用？

29. 落砂时铸件的温度过高有什么不利？

30. 铸件清理包括哪几方面内容？

31. 怎样辨别气孔、缩孔、砂眼、渣眼等缺陷？并分析其产生的原因。

32. 用木材制造模型有什么优缺点？

33. 与零件比较，模型结构有何特点？

34. 什么是金属型铸造、压力铸造、熔模铸造？各有何优缺点？应用范围如何？

第5章

锻　　压

【锻造实习安全技术】

1. 操作前要穿好工作服。

2. 不得擅自开动车间所有机械及电气设备。

3. 严禁用手或脚触及加热的金属坯料或清除砧座上的氧化皮，以防烫伤。

4. 随时检查锤柄是否松动，锤头及衬垫工具是否有裂纹或损坏现象，以防锤头或破碎的金属块飞出伤人。

5. 取放坯料或清理炉子，应关闭风门后进行。

6. 严禁用锤头空击下砧铁，以免损坏机器。

7. 掌钳者必须夹牢，放稳工件。切断料头时，人不能站在料头飞出方向。

8. 手钳柄及锤柄不可正对人体，以防受力后退，伤害身体。

9. 不得锻打过烧或温度低的锻件，以免金属飞溅或工件飞出伤人。

10. 踏空气锤踏杆时，脚跟不准悬空，以保证稳定、可靠、安全地操作。

11. 严禁将手或身体伸入上、下砧铁或模具之间。

【剪板、弯板实习安全技术】

1. 操作者必须熟悉本机器的结构与性能，本机器在多人同时操作时必须有专人负责指挥生产。

2. 开机前应先观察设备各操作手柄位置，使其处于正常位置上。检查润滑油箱，必须保证油量充足、油路畅通。

3. 切勿将手伸入上下刀片之间，以免发生事故。

4. 一切杂物工具切勿放在工作台上，以免轧入刃口造成事故。

5. 应定期检查上下刃口锋利情况，如发现刃口用钝，应及时磨锐或调换，研磨刀片时，只须研磨刀片的厚度。

6. 装于油箱内的网式滤油器应经常清洗，使滤油器保持应有的通油量。

7. 如发现刀架回程很慢或回不去，说明氮气缸压力太低，可对氮气缸进行充气。

8. 根据润滑表要求按时在各润滑部位加油。

9. 操作完毕后，关闭电动机，并切断电源。

【冲压实习安全技术】

1. 工作前，操作者应穿戴好防护用品，如工作服、眼镜、手套。

2. 开车前应检查设备主要紧固螺钉有无松动，模具有无裂纹与操纵机构、自动停止装置、离合器、制动器是否正常，润滑系统有无堵塞或缺油，必要时可开空车试验。

3. 暴露于冲床之外的传动部件，必须安装有防护罩。禁止在卸下防护罩的情况下开车或试车。

4. 安装模具必须将滑块开到下死点，闭合高度必须正确，尽量避免偏心载荷；模具必须紧固牢靠，并通过试压检查。

5. 工作中注意力要集中，严禁将手和工具等物件伸进危险区内。小件一定要用专门工具（镊子或送料机构）进行操作。模具卡住坯料时，只准用工具去解脱。

6. 发现压力机运转异常或有异常声音（如连击声、爆裂声）应停止送料，检查原因。如是转动部件松动，操纵装置失灵，或模具松动及缺损，应停车修理。

7. 每冲完一个工件时，手或脚必须离开按钮或踏板，防止误操作。

8. 两人以上操作时，应定人开车，注意协调配合。

9. 下课前应将模具落靠，断开电源（或水源），并进行必要的清扫。

锻压是在外力作用下使金属材料产生永久变形（塑性变形），从而获得所需形状和尺寸零件的一种加工方法。

锻压生产包括锻造和冲压两个工种。按照成形方式不同锻造又可分为自由锻造和模型锻造两大类。自由锻造按其设备和操作方式，又可分为手工自由锻和机器自由锻。在现代工业生产中手工自由锻逐步为机器自由锻所取代。

用于锻压的金属材料必须具有良好的塑性，以便锻压时容易产生永久变形而不破坏。常用金属材料中，钢、铜和铝等均具有良好的塑性，故可以进行锻压；铸铁的塑性很差，在外力作用下易破裂，因此不能用于锻造。

在锻压时，最常用的金属材料是碳素钢。碳素钢由于含碳量的不同又可以分为低碳钢、中碳钢、高碳钢 3 种。这些钢通常轧制成一定形状的型材和板材，供用户挑选使用。锻造中小型锻件常用圆钢或方钢做原料，冲压则以低碳钢轧成的薄板为原料。

合金钢常被用于制造受力大或有特殊物理或化学性能要求的零件，合金钢比碳素钢容易出现锻造缺陷。

不同化学成分的钢材，存放在一起不加区别的话就会混淆，所以一般要用标记加以区别，并且分别存放。

如果一种钢材我们不知道它的成分怎么办呢？就用火花鉴别法。所谓火花鉴别法就是将钢铁材料在砂轮机上与砂轮接触会磨出火花，火花的形态与材料的化学成分有关，通过观察火花就可以大致地确定钢材的成分。

金属材料经过锻造后，其内部组织更加致密、均匀，承受载荷能力（强度）及耐冲击能力（冲击韧性）都有所提高。所以，承受重载荷的重要零件，多以锻件为毛坯。冲压件则具有强度高、刚度好、结构轻等优点。锻压加工是机械制造中的重要加工方法。

锻压前，将金属原材料按需要的大小切成坯料，这个过程为下料。下料可用锯、切、剪等方法。

锻造时金属材料需要加热，而薄板冲压不需加热。

5.1 坯料的加热和锻件的冷却

5.1.1 加热的目的和锻造的温度范围

加热的目的是提高坯料的塑性和降低变形抗力。一般来说，随着温度的升高，金属材料的强度降低而塑性提高。所以，加热后，可以用较小锻打力量使坯料产生较大的变形而不断裂。

但是，加热温度太高，也会使锻件质量下降，出现过热或过烧现象，造成废品。各种材料在锻造时，允许加热的最高温度称为始锻温度。低碳钢的始锻温度为 1 200 ℃ ～ 1 250 ℃，中碳钢的终锻温度为 1 150 ℃ ～ 1 200 ℃。

坯料在加热过程中，热量渐渐散失，温度下降。金属的温度降低到一定程度，不仅锻造费力，而且很易断裂，必须停止锻造，重新加热。各种材料不宜再锻的温度称为终锻温度。低碳钢的始锻温度为 800 ℃左右。

锻造时金属的温度可用仪表来测量，但锻工一般用观察金属颜色的方法（简称火色法）来判断。

5.1.2 加热炉及操作

1. 反射炉

在中小批量生产的锻造车间经常采用煤为燃料的火焰加热炉，其结构如图 5 – 1 所示。图 5 – 1 反射炉结构示意图燃烧室中产生的高温炉气，越过火墙进入加热室加热坯料。加热温度可达 1 350 ℃左右，废气经烟道排出。燃烧所需的空气由鼓风机供给，经换热器预热后送入燃烧室。坯料从炉门装入和取出。

反射炉的操作注意事项如下：

① 点火时，一般用木柴引火，先小风门，燃旺后再加煤焦，煤焦着透后再加新煤，此时加大风门使煤充分燃烧。

② 坯料在加热时应依次放入，排好先后顺序，加热好后依次取出，以免加热时间不够或过长，造成坯料加热缺陷，产生过热或过烧现象。

③ 装取坯料要穿戴护具，先关风门，后开炉门，以免炉内风压过大，炉口冒烟，污染环境，妨碍操作。

④ 炉口周围不得有积水和杂物，以免与炽热的工件接触引起爆溅或着火。

⑤ 传递工件要小心，工件的路径要靠近地面，不要高举以免伤人。

⑥ 及时清除炉渣并及时加煤，保持炉火旺盛，及时清除炉内氧化皮，以免腐蚀炉底。

2. 重油炉及煤气炉

室式重油炉的结构图如图 5 - 2 所示。压缩空气和重油分别由两个管道送入喷嘴，压缩空气从喷嘴喷出时，所造成的负压能将重油带出并喷成雾状，进行燃烧。

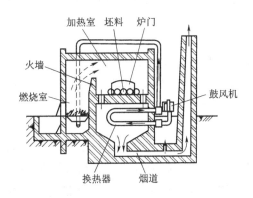

图 5 - 1　反射炉结构示意图

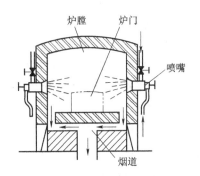

图 5 - 2　室式重油炉示意图

煤气炉的构造与重油炉基本相同，主要的区别是喷嘴的结构不同。

3. 电热炉

主要有电阻加热、接触电加热和感应电加热 3 种方式，如图 5 - 3 所示。

电阻加热炉是利用电阻元件作为热源来加热金属。特点是结构简单，操作方便，可以通入保护气控制炉内气氛，升温慢，炉内温度易于控制。主要用于精密锻造及有色合金、耐热合金及合金钢的加热，加热的温度最高可达 1 600 ℃。

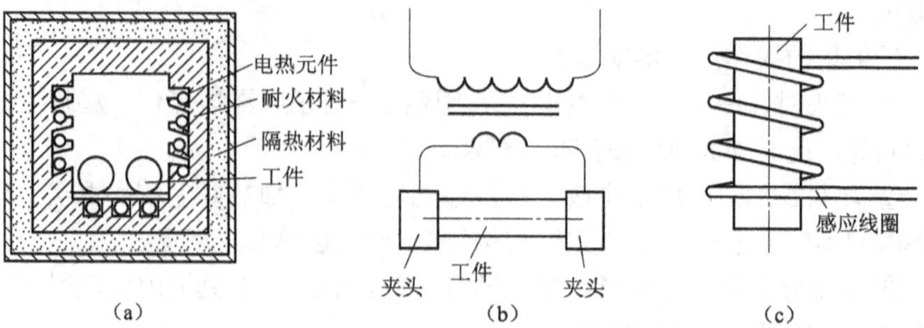

图 5 - 3   电加热的方式

(a) 电阻加热；(b) 接触加热；(c) 感应加热

5.1.3   加热缺陷

1. 氧化

由于钢是由铁和碳组成的，在高温下不可避免地要与氧气、二氧化碳和水蒸气发生反应，使坯料的表面产生一层氧化皮，造成金属烧损。减少氧化的方法是在保证加热质量的前提下，尽量减少加热时间，并避免金属坯料在高温下停留时间过长；在使燃料完全燃烧的前提下，尽量减少送进的空气量。

金属在燃烧炉中加热，一般氧化烧损为坯料重量的 2.5% ~ 4% 。在计算坯料时应加以考虑。

2. 脱碳

碳素钢的性质一般取决于碳的含量。工件在高温下长时间与氧化性炉气接触会造成表面碳元素的烧损，性能下降，称为脱碳。脱碳层小于加工余量，对工件无影响，否则降低零件表面的硬度和强度。

3. 过烧

金属长时间在过高的炉温下加热，虽未熔化，但炉中的氧已渗入金属的内部使晶界氧化，晶粒之间失去连接力，一经锻造即会碎裂，这种现象称为过烧，如图 5 - 4 所示。过烧是无法挽救的缺陷，只有报废，避免金属过烧的方法是注意加热温度，加热时间和控制炉气的成分。

图 5 - 4   过烧现象

4. 过热

金属在稍低于过烧温度的高温下长期停留，使晶粒过分长大，这种现象称为过热。过热的金属在锻造时容易开裂，机械性能变坏。锻造后金属晶粒过大的现象，可以通过热处理使之细化。

5. 内部裂纹

金属受热后使体积膨胀，温度越高膨胀越大，若金属加热过快，内、外温差过大，膨胀不一致，就容易在金属内部产生裂纹。为此，应控制加热速度，使内部均匀受热。

5.1.4 锻件的冷却

金属坯料锻后的冷却有以下几种。

（1）空冷

坯料锻后置于空气中冷却，但不应放在潮湿或有强烈气流的地方，对低、中碳钢和合金钢的小型锻件一般采用空冷。

（2）坑冷

锻后在坑中或箱中用砂子、炉灰或石灰覆盖冷却，适用于合金工具钢。对碳素工具钢应先空冷至 650 ℃ ~700 ℃然后再坑冷。

（3）炉冷

锻后放入 500 ℃ ~700 ℃ 的加热炉中，随炉缓慢冷却。适用于锻件中的碳及合金元素含量高，锻件体积大，形状复杂，要求冷却速度缓慢的场合，否则将会导致硬化、变形甚至开裂。

5.2 自由锻造

将坯料置于铁砧上或机器的上、下抵铁之间进行锻造，称为自由锻造。前者称为手工自由锻（简称手锻），后者称为机器自由锻（简称机锻）。机锻是利用机器产生的冲击力或压力使金属变形，能锻造各种大小的锻件，效率高，是目前工厂广泛采用的锻造方法。

5.2.1 空气锤

机器自由锻的设备有空气锤、蒸汽空气锤及水压机，其中以空气锤应用最为广泛。

1. 结构

空气锤由锤身、压缩缸、工作缸、传动机构，操纵机构、落下部分及砧座等几个部分组成，如图 5 - 5 所示。

锤身和压缩缸及工作缸铸成一体。

传动机构包括减速机构及曲柄、连杆等。操纵机构包括踏杆（或手柄）、旋阀及其连接杠杆。

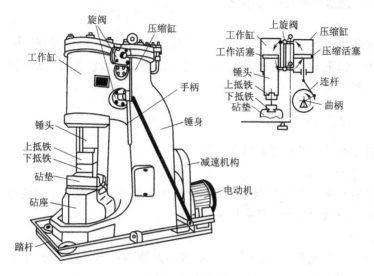

图 5 - 5　空气锤

落下部分包括工作活塞、锤头和上砧铁。空气锤的规格是以落下部分的总重量来表示。锻锤产生的打击力，是落下部分重量的 1 000 倍左右。例如，65 kg 空气锤，就是指它的落下部分重量为 65 kg，打击力大约是 65 000 kgf（~0.64 MN），这是一种小型号的空气锤，能锻打直径小于 50 mm 的圆钢，或重量小于 2 kg 的锻件。

2. 空气锤的基本动作

通过踏杆和手柄，操纵上、下阀，可使空气锤完成以下动作。

（1）锤头上提

压缩空气进入工作缸的下腔，则锤头向上提升并保持在最高位置，此时即可在锤上进行各种辅助工作，例如置放工件或工具，以及在锻造时检查工件的尺寸等。

（2）连续锻打

压缩空气交替进入和流出工作缸的上腔和下腔，锤头便连续锻打工件。

（3）锤头下压

下压时，压缩空气仅进入工作缸的上腔，此时，作用在活塞上面的空气压力，连同活塞、锤头等落下部分的自重，将工件压住，便可对工件进行弯曲等操作。

（4）停锤

压缩空气不进入工作缸而排到大气中去，锤头等即因自重而落下并停在下砧铁上。

3．机锻工具

常用的机锻工具如图5-6所示。

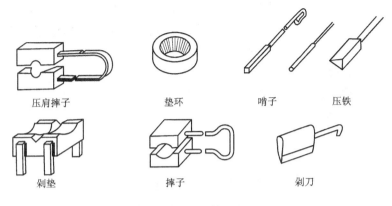

| 压肩摔子 | 垫环 | 哨子 | 压铁 |

| 剁垫 | 摔子 | 剁刀 |

图5-6　机锻工具

5.2.2　自由锻造的基本工序

自由锻造的基本工序有镦粗、技长、冲孔、弯曲、切割、错移、转接等，前5种应用较多。

1．镦粗

沿坯料轴线锻打，使坯料长度减小，横截面积增加的操作。镦粗可分为全镦粗［图5-7（a）］和局部镦粗［图5-7（b）］两种。

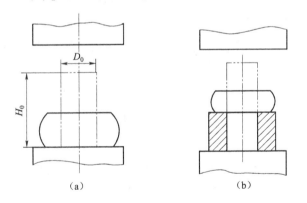

（a）　　　　　　　　　（b）

图5-7　镦粗

（a）全镦粗；（b）局部镦粗

镦粗的一般规则、操作方法及注意事项如下。

（1）坯料尺寸

墩粗部分原长度和原宽度之比应小于2.5，否则会镦弯（如图5-8所示），镦弯的，应将坯料放平，轻轻锤击矫正。

（2）局部镦粗

图5-7（a）所示的镦粗方法为完全镦粗。如果将坯料的一部分放在漏盘内，限制其变形，仅使不受限制的部分镦粗，就称为局部镦粗［图5-7（b）］。漏盘的孔壁有5°~7°的斜度，以便于取出工件。

（3）坯料加热时要均匀

如果坯料加热不均匀，镦粗时工件变形不均匀（图5-9），对于某些材料还有可能产生断裂。

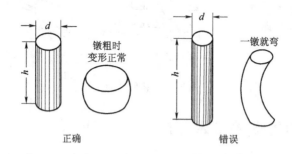

图5-8　坯料长度与直径之比应小于2.5

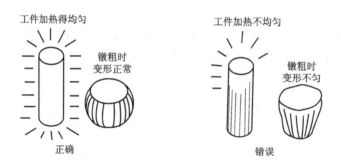

图5-9　坯料加热时要均匀

（4）镦歪的防止及矫正

坯料的端面往往切断时不平，开始时应用锤头轻击端面，使其平整并与轴线垂直，否则镦粗时即会镦歪［图5-10（a）］。

矫正的方法：将坯料斜立、轻打镦歪的斜角［图5-10（b）］，然后放正，继续锻打。矫正时应在高温下进行，并注意夹紧，以免伤人。

（5）防止折叠

若坯料的高度和直径之比较大，或锤击力量不足，就可能产生双鼓形［图5-11（a）］，如不及时纠正，继续锻打可能形成折叠，使坯料报废［图5-11（b）］。

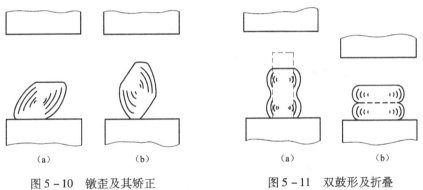

图 5 - 10 镦歪及其矫正　　　　图 5 - 11　双鼓形及折叠
　　　　　　　　　　　　　　　　　（a）双鼓形；（b）折叠

2. 拔长

拔长是指使坯料长度增加、横截面减小的锻造工序，又称延伸。

拔长的一般规则，操作方法及注意事项如下。

（1）送进

锻打时，工件沿抵铁的宽度方向送进，每次的送进量应为抵铁宽度 B 的 0.3～0.7 倍 ［图 5 - 12 （a）］。送进量太大，锻件主要向宽度方向流动，反而降低延伸率 ［图 5 - 12 （b）］，送进量太小又容易产生夹层 ［图 5 - 12 （c）］。每次的压下量也不宜过大，否则会产生夹层。

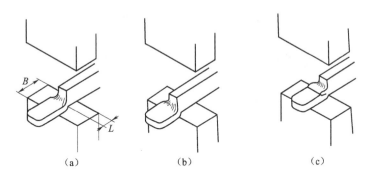

图 5 - 12　拔长时的送进方向和送进量
（a）送进量合适；（b）送进量太大，延伸效率低；（c）送进量太小，产生夹层

（2）锻打

将圆形截面拔长成矩形截面，一般要先锻打一面，然后再翻转 90°进行锻打，如此反复，即可得到所需形状。

将圆形坯料拔长成直径较小的圆截面锻件时，必须先把圆坯料锻成方形截面，在拔长到边长接近锻件的直径时，锻成小角形，然后再滚打成圆形（图 5 - 13）。

（3）翻转

拔长过程中应不断翻转，使截面经常保持近于方形。翻转的方法如图5-14所示。采用图5-14（b）的方法翻转时，应注意工件的宽度与厚度之比不能超过2.5，否则再次翻转继续拔长就可能产生折叠。

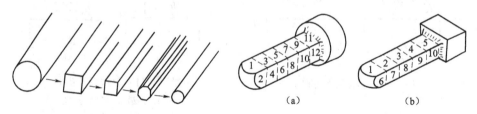

图5-13　圆截面坯料拔长的变形过程　　　　图5-14　拔长时锻件的翻转方法

（4）锻台阶

锻制台阶轴或带有台阶的方形、矩形截面锻件时，要先在截面分界处压出凹槽，称为压肩。方形截面锻件与圆形截面锻件的压肩方法与所用的工具不同，如图5-15所示。圆料也可用摔子压肩。压肩后一端局部拔长，即可将台阶锻出。

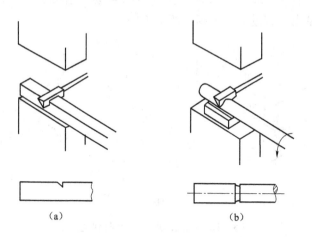

图5-15　压肩
（a）方料的压肩；（b）圆料的压肩

（5）修整

拔长后的锻件需进行修整，以使尺寸准确、表面光洁。方形或矩形截面的锻件修整时，将工件沿下砧铁方向送进［图5-16（a）］以增加锻件与砧铁之间的接触长度。修整时应轻轻锤击，可用钢板尺的侧面检查锻件的平直度及表面是否平整。圆形截面的锻件使用摔子修整［图5-16（b）］。

3. 冲孔

在锻件上锻出通孔或不通孔的
工序称为冲孔。冲孔的一般规则，
操作过程及注意事项如下。

（1）准备

冲孔之前先镦粗，使其高度减
小横截面积增加，以减小冲孔的深
度和避免冲孔时工件膨胀，并尽量
使端面平整。由于冲孔时锻件的局
部变形量很大，为了提高塑性，防
止冲裂，应将工件加热到始锻温度。

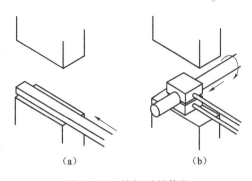

图 5 - 16　拔长后的修整
（a）方形、矩形截面锻件的修整；
（b）圆形截面锻件的修整

（2）试冲

为了保证孔位正确应先试冲，即先用冲子轻轻冲出孔位的凹痕，并检查
孔位是否正确，如有冲歪、重新纠正再次试冲。

（3）冲深

孔位检查或修正无误后，可向凹痕撒放少许煤粉（其作用是便于拔出冲子），
再继续冲深。此时应注意保持冲子与砧面垂直，防止冲歪［图 5 - 17（a）］。

（4）冲透

一般冲孔采用双面冲孔法，即冲到工件厚度的 2/3～3/4 处，翻转工件再
从反面冲［图 5 - 17（b）］，这样可以避免在孔周围冲出许多毛刺。冲孔过程
中，冲子要经常蘸水冷却，以免受热变软。

（5）单面冲孔

较薄的工件可采用单面冲孔（图 5 - 18）。单面冲孔时应将冲子大头朝
下，漏盘孔径不宜过大，且须仔细对正。

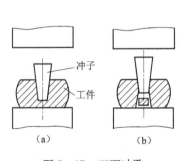

图 5 - 17　双面冲孔

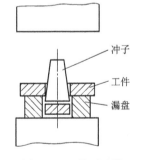

图 5 - 18　单面冲孔

4. 弯曲

使坯料弯曲一定角度或形状的操作工序称为弯曲，如图 5 - 19 所示。

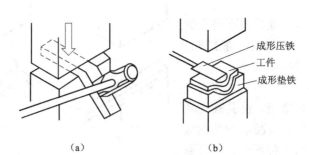

（a）　　　　　　　　　　（b）

图 5 - 19　弯曲

（a）角度弯曲；（b）成形弯曲

5. 扭转

将坯料的一部分相对另一部分旋转一定角度的工序称为扭转，如图 5 - 20 所示。

扭转时，受扭曲变形的部分必须光滑，面与面的相交处过渡得均匀，以防断裂。

6. 错移

将坯料的一部分相对于另一部分平移错开的工序称为错移，如图 5 - 21 所示。先在错移部位压肩，然后加垫板及支撑，锻打错开，最后修整。

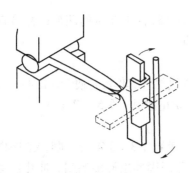

图 5 - 20　扭转

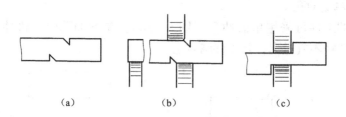

（a）　　　　　　（b）　　　　　　（c）

图 5 - 21　错移

（a）压肩；（b）锻打；（c）修整

7. 切割

它是切割坯料或切除锻件余量的工序。

方形截面锻件的切割如图 5 - 22（a）所示，先将剁刀垂直切入锻件，至快断开时，将锻件翻转再用剁刀或克棍截断。

切圆形截面锻件时，要将锻件放在带有圆凹槽的剁垫中，边切割边旋转锻件，操作方法如图 5 - 22（b）所示。

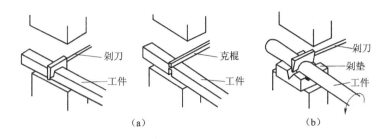

图 5 - 22 切割

（a）方料的切割；（b）圆料的切割

5.2.3 典型工件锻造过程示例

下面以齿轮坯的锻造过程为例，介绍锻造的工艺过程。齿轮的零件图如图 5 - 23 所示。

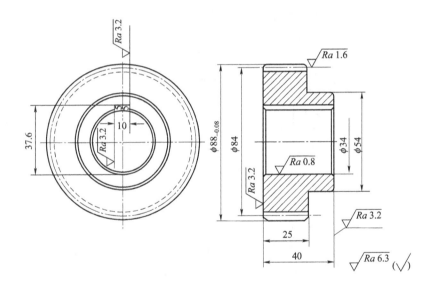

图 5 - 23 齿轮零件图

用自由锻方法锻造毛坯的工艺过程见表 5 - 1。

表 5 - 1 齿轮坯自由锻工艺过程

锻件名称	齿轮坯	工艺类别	自由锻
材　　料	45 钢	设　　备	65 kg 空气锤
加热火次	1	锻造温度范围	800 ℃ ~ 1 200 ℃

续表

锻件图	坯料图

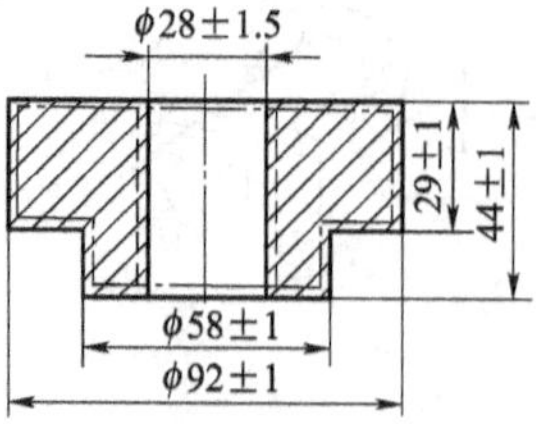

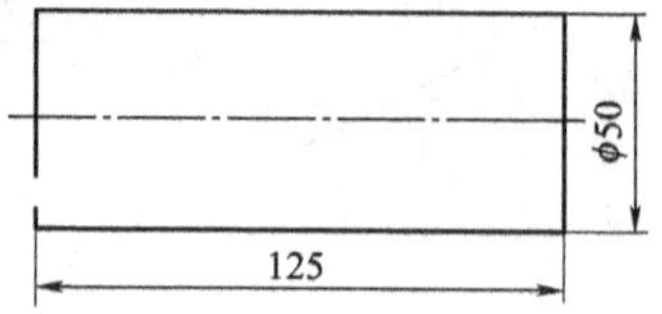

序 号	工序名称	工 序 简 图	使用工具	操 作 要 点
1	镦粗	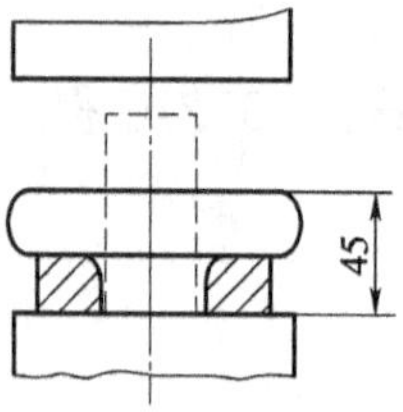	火钳 镦粗 漏盘	控制镦粗后的高度为 45 mm
2	冲孔	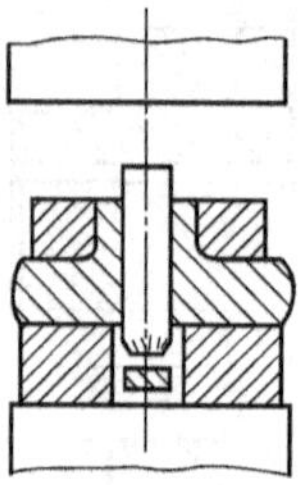	火钳 镦粗 漏盘 冲子 冲孔 漏盘	1. 注意冲子对中 2. 采用双面冲孔，左图为工件翻转后将孔冲透的情况
3	修整外圆	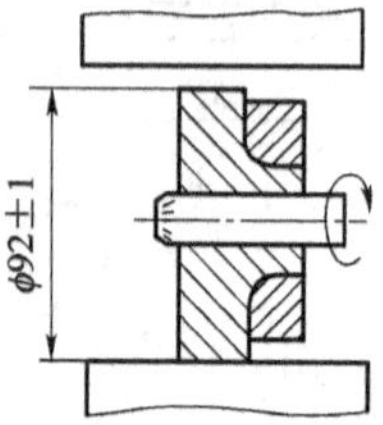	火钳 冲子	边轻打边旋转锻件，使外圆消除鼓形并达到 $\phi92\pm1$ mm
4	修整平面	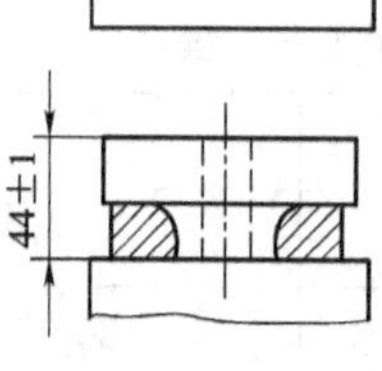	火钳 镦粗 漏盘	轻打（如砧面不平还要边打边转动锻件），使锻件厚度达到 44 ±1 mm

5.2.4 锤上自由锻实习的安全规则

① 工作前必须进行设备及工具检查，如上、下抵铁的锲铁有无松动现象，火钳、摔子、冲子等有无开裂及铆钉松动的现象。

② 选择火钳必须使钳口与锻件的截面形状相适应，以保证夹持牢固。

③ 捏钳时，应捏紧钳的尾部，并将钳把置于体侧。严禁将钳把或其他带柄的工具尾部对准身体正面，或将手指放于钳股之间。

④ 锻打时，锻件应放在下砧铁中部，锻件及垫铁等工具必须放正、放平，防止工具飞出伤人。

⑤ 踩空气锤踏杆时，脚跟不许悬空，以保证操纵的稳定、准确。非锻打时，应立即将脚离开踏杆，以免发生意外。

⑥ 两人或多人配合操作时，必须听从掌钳者的统一指挥。冲孔及剁料时，司锤应听从拿剁刀及冲子者的指挥。

⑦ 严禁用锤头空击下砧铁，也不许锻打未烧或已冷的锻件。

⑧ 放置及取出工具，清除氧化皮时，必须使用火钳、扫帚等工具，不许将手伸入上、下砧铁中间。

5.3 胎模锻

胎模锻是在自由锻设备上使用胎模生产锻件的一种锻造方法。

胎模的结构如图 5 - 24 所示，它是由上、下模块组成。模块上的空腔称为模腔，锻造时金属就在此模腔内变形。模块上的销孔和导销用以使上、下模腔对准；手柄供搬动和掌握模块用。

进行胎模锻时，先把下模放在锤砧的砧铁上，再把加热好的坯料放在模腔内，把上下模合上后用锤锻打至上下模紧密接触时，坯料便在模腔内压成与模腔相同的形状。

用图 5 - 25 所示的胎模进行锻造时，锻件上的孔不冲透，还留有一薄层金属，叫做连皮；锻件的周围亦有一薄层金属，叫做毛边。因此，锻件还要进行冲孔和切边，以冲去连皮和切掉毛边。

用胎模锻造手锤的生产过程如图 5 - 25 所示。

胎模锻的模具制造方法简单，在自由

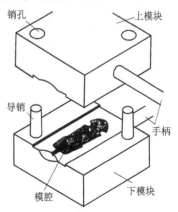

图 5 - 24 胎膜

锻锤上即可进行锻造，不需要模锻锤，生产率和锻件的质量比自由锻高，在中、小批量的锻件生产中应用广泛。但由于劳动强度大，只适用于小锻件生产。

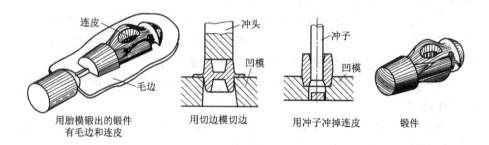

图 5 - 25   胎模锻的生产过程

5.4 钣金加工

5.4.1 剪板机

1. 剪板机的用途

剪板机广泛应用于汽车、造船、化工、家电、板料制作及机械制造行业。

2. 剪板机的种类

剪板机的结构形式很多，按传动方式分机械和液压两种，按工作性质又可分为剪直线和剪曲线的两大类。

（1）剪直线的剪板机

按两个剪刀的相对位置，剪直线的剪板机分为平口剪板机，斜口剪板机和圆盘剪板机 3 种，如图 5 - 26 所示。

平口剪板机上下刀板的刀口是平行的，剪切时下刀板固定，上刀板作上下运动。这种剪板机工作时受力较大，但剪切时间较短，适于剪切窄而厚的条钢。

斜口剪板机的下刀板成水平位置，且固定不动，上刀板倾斜成一定角度作上下运动，由于刀口逐渐与材料接触而发生剪切作用，所以剪切时间较长，但所需要的剪切力远比平口剪床要小，因而这种剪板机应用较广泛。

圆盘剪板机的剪切部分是由一对圆形滚刀组成的称为单滚刀剪板机；由多对滚刀组成的称为多滚刀剪板机。剪切时，上下滚刀作反向运动，材料在两滚刀间，一边剪切，一边送进。所以这种剪板机适用于剪切长度很长的条料。而且剪板机操作方便，生产效率高，所以应用较广泛。

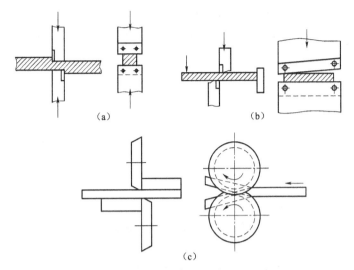

图 5 - 26　剪直线的剪板机

（a）平口剪板机；（b）斜口剪板机；（c）圆盘剪板机

（2）剪曲线的剪板机

剪曲线的剪板机有滚刀斜置式圆盘剪板机和振动式剪板机两种。如图 5 - 27 所示，滚刀斜置式剪板机又分为单斜滚刀和全斜滚刀两种。单斜滚刀的下滚刀是倾斜的，适用于剪切直线、圆、圆环；全斜滚刀剪板机的上下滚刀都是倾斜的，所以适用于剪切圆、圆环及任意曲线。

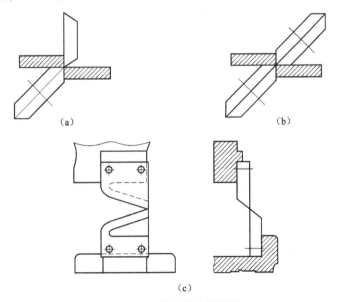

图 5 - 27　剪曲线的剪板机

（a）下滚刀斜置式圆盘剪板机；（b）上下滚刀均斜置式圆盘剪板机；（c）振动式剪板机

振动式剪板机的上下刀板都是倾斜的，其交角大，剪切部分极短，工作时上刀板每分钟的行程数有千次之多，所以工作时上刀板呈震动状，这种剪板机能剪切各种形状复杂的板料，并能在材料中间切割出各种形状的穿孔。

3. 剪切断面

将被剪材料置于剪床的上下两剪刀间，下剪刀固定不动，而上剪刀垂直作向下运动，这样材料便在两刀刃的强大压力下剪开，完成剪切工作。

材料的剪切断面可分为 4 个区域，如图 5 – 28 所示。当上剪刀开始向下动作时，由于材料受上、下剪刀的压力，使金属的纤维产生弯曲和拉伸而造成圆角，行成圆角带 1；当剪刀继续压下时，材料受剪力而开始被剪切，这时剪切所得的表面成为光亮带 2，由于这一平面是受剪力而剪开的，所以比较平整光滑。一般光亮带占板厚的 25% ~ 50%，圆角带占 10% ~ 20%，脆性材料比塑性材料的圆角带和光亮带要小。当剪刀继续向下时，板料在两刃口处出现细微裂纹，随着剪切过程的进行，裂纹不断扩展，当上下裂纹重合时，材料即被剪断，由于裂纹扩展而形成了一个粗糙不平的剪裂带 3，在剪裂带的下端有毛刺 4，毛刺高度与两刀刃之间的间隙有关，一般在板厚的 10% 以下。

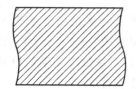
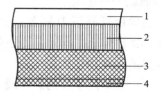

图 5 – 28 剪切材料的断面

1—圆角带；2—光亮带；3—剪裂带；4—毛刺

4. 剪板机的型号

以液压剪板机 QC12Y – 6 × 2500 为例说明。在编号 QC12Y – 6 × 2500 中，QC——剪板机；12——摆式；Y——液压；6——可剪最大板厚 6 mm；2 500——可剪最大宽度。

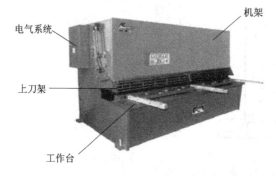

图 5 – 29 剪板机

5. 剪板机的组成部分

QC12Y – 6 × 2500 型剪板机由机架、上刀架、工作台、压料、后挡料、前挡料、液压系统、电气系统及润滑系统组成，如图 5 – 29 所示。

6. 剪板机的工作原理

如图 5 – 30 所示，电动

机 3 启动后,带动轴向柱塞泵 2 旋转,由于电磁溢流阀 4 处于卸荷状态,油泵打出的油流回油箱,系统内无压力。上刀架在氮气缸 11 的作用下停在上死点,机器处在待工作状态。当电磁铁得电后,溢流阀停止溢流,系统压力升高,首先推动压料油缸 7 的柱塞下行将板料压住,当系统压力升至单向顺序阀 8 的调定压力时便将其打开,压力油进入剪切油缸 9 的上腔,通过柱塞的下行推动上刀架克服氮气缸的阻力后向下运动,实现对板料的剪切。当上刀架下行至下死点位置时,触动行程开关使电磁铁失电,整个油路系统卸荷,上刀架在氮气缸的推动下重新回至上死点位置。

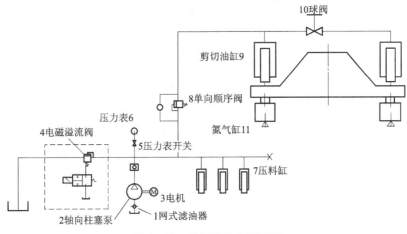

图 5 - 30　剪板机传动原理图

5.4.2　弯板机

1. 弯板机的用途

弯板机是完成板料弯曲成型的专用设备。一般滑块一次行程即可折弯成型,如果经过多次折弯或更换不同形状的模具,还可得到较为复杂的各种截面形状,当配备相应的工艺装备时还可作为剪切冲床之用。

弯板机广泛应用于飞机、汽车、容器、仪表、家电等行业使用且生产效率较高。

2. 弯板机的型号

我们以 WE67Y - 63/2500 型板料折弯机为例说明。在编号 WE67Y - 63/2500 中,WE——折弯机;67——改进型;Y——液压;63——每平方毫米 63 kN 力;2500——最大折弯长度。

3. 弯板机的组成

WE67Y - 63/2500 型板料折弯机为拼装式,由左、右立柱加强梁和工作台组装而成。其主要由机架、工作油缸、扭力轴同步机构、上下模具、前托架、后挡料、电器系统、液压系统等组成，如图 5-31 所示。

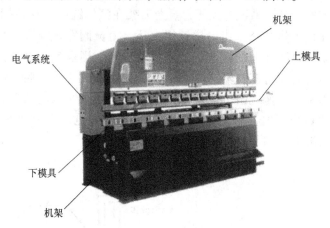

图 5-31 弯板机

4. 弯板机工作原理

如图 5-32，接通电源油泵电机 3 按标示方向旋转，油液从油箱 1 经滤油器 2 吸入油泵。由油泵经电磁换向阀 4 流回油箱，实现负荷启动。

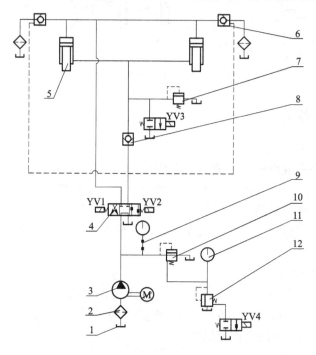

图 5-32 弯板机工作原理图

1—油箱；2—滤油器；3—电机；4—电磁换向阀；5—油缸；6—液控单向阀；
7，10，12—溢流阀；8—单向阀；9，11—压力表

踏下"向下"脚踏开关,(或按下按钮)使电磁铁 YV1 和 YV3 有点,则压力油经流回油箱,靠自重快速下滑,油缸 5 上腔形成负压,主油路的油和液控单向阀 6 从油箱吸入油一起补入油缸 5 的上腔,机器处于快下状态,当滑块碰到工进开关时,YV3 失电,油缸油经溢流阀 7 回油箱,滑块慢下,实现工进工作状态,对工件进行折弯。

折弯工作完成后,由时间继电器 YV4 先行有电 1 s 左右,使油泵经溢流阀 12 卸荷,油缸上腔压力降为零。使电磁铁 YV2 通电,压力油经单向阀 8 至油缸下腔推动滑块回程,油缸上腔已经打开液控单向阀 6 和电磁换向阀 4 回油箱,实现快速回程,滑块至上死点后,撞开行程开关,使所有电磁铁失电,实现上停。

系统压力有点动操作规范,使滑块停在任意位置;系统压力由溢流阀 10 调定本机为 21 MPa,用户可根据所折工件选定机器压力,然后依所需吨位调整溢流阀 12 以便使机器处于最佳工作状态。

5.5 板料冲压

板料冲压是利用装在冲床上的模具,使金属板料变形或分离,从而获得毛坯或零件的加工方法。

板料冲压件的厚度一般很小,只有 1～2 mm,故不需加热就可进行冲压,所以又称薄板冲压或冷冲压。

冲压件尺寸精确,表面光洁,一般不再进行机械加工,只需钳工稍作修整即可。

5.5.1 冲床

冲床是进行冲压的基本设备。常用的开式双柱冲床如图 5-33 所示,各部分工作原理如下。

(1)床身与工作台

小型的冲床床身和工作台常制成一体、床身上有导轨,用以导引滑块的运动。工作台用来安装和固定冲模。工作台台面与导轨垂直,其上有 T 形槽,用以紧固冲模。

(2)传动机构

传动机构包括皮带传动减速系统、曲柄和连杆。电动机带动皮带轮旋转、经离合器传给曲轴,曲轴和连杆把传来的旋转运动变成直线往复运动,以带动滑块上下运动。

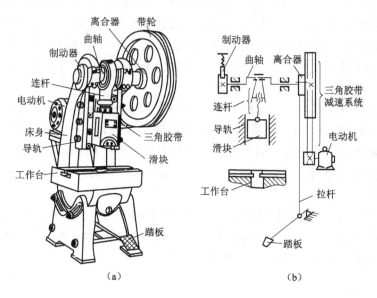

图 5 - 33　冲床

（a）外观图；（b）传动简图

（3）滑块

滑块用以固定上模，模块沿床身的导轴上、下运动，完成冲压动作。

（4）操纵机构

操纵机构包括踏板、拉杆和离合器等。冲床开动后尚未踩踏板时，皮带轮只是空转，曲柄不转。当踏下踏板时，离合器把曲轴和皮带轮连接起来，使曲轴跟着旋转带动滑块动作。踩踏板的脚不抬起，滑块便连续上、下动作，抬起脚后踏板升起，滑块便在制动器的作用下，自动停止在最高位置。

5.5.2　板料冲压的基本工序

1. 冲裁

包括冲孔和落料，它们都是用冲模使材料沿封闭轮廓分离的过程。冲裁所用的模具叫冲裁模如图 5 - 34 所示，冲裁模上的凸模和凹模之间的间隙很小，并有锋利的刃口，故能使材料分离。

冲孔和落料的操作方法和板料分离的过程是相同的，只是作用不同。如图 5 - 35 所示，落料是用冲裁模冲下一块金属作为成品进行进一步加工，即冲下部分为工件，如图 5 - 36 所示，冲孔是用冲裁模在坯料上冲出一个有用的孔，而冲下部分是没有用的废料，如图 5 - 37 所示。

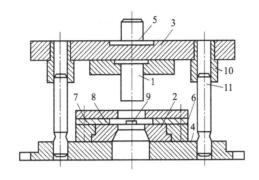

图 5 - 34　简单冲裁模

1—凸模；2—凹模；3—上模板；4—下模板；5—模柄；6—压板；7—卸料板；
8—导料板；9—定位板；10—导套；11—导柱

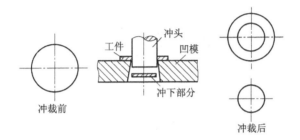

图 5 - 35　冲裁图

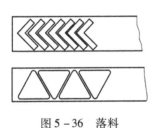

图 5 - 36　落料

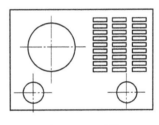

图 5 - 37　冲孔

2. 拉深

拉深是将平板料制成中空形状零件的过程（图 5 - 38）。拉深模的凸模和凹模在边缘上没有刃口，而是光滑的圆角，因此能使金属顺利变形而不致破裂和分离。此外，凸模和凹模之间有如图 5 - 38 所示比板料厚度稍大的间隙（相当于板厚的 1.1～1.2 倍），使拉深时板料能从中间通过。拉深时要在板料或模具上涂润滑剂。

为了防止板料起皱、破坏拉深过程，常用压板将板料压紧。

拉深的变形量有一定限制，拉深后圆筒的直径不应小于板料直径的一半。

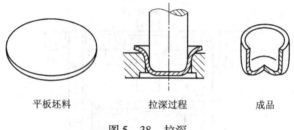

平板坯料　　　　　拉深过程　　　　成品

图 5-38　拉深

如要求的拉深的变形量较大，不能一次完成，可采用多次拉深方法。

3. 弯曲

冲压时可用弯曲模使工件弯曲，弯曲模使工件弯曲的工作部分要做出适当的圆角，以免工件弯裂（图 5-39）。

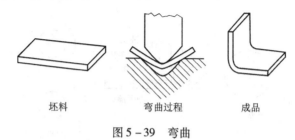

坯料　　　　　弯曲过程　　　　成品

图 5-39　弯曲

复习思考题

1. 什么是锻压？锻压生产有何特点？

2. 所有的金属材料都能锻造吗？为什么？

3. 过热和过烧锻件质量有何影响？如何防止过热和过烧？

4. 什么是完全镦粗和局部镦粗？它们对坯料的几何尺寸有何要求？

5. 拔长时，送进量的大小对拔长的效率和质量有何影响？合适的送进量应该是多少？

6. 胎膜锻和自由锻的差别是什么？

7. 空气锤由哪几部分组成？各有何作用？

8. 剪板机由哪几部分组成？

9. 弯板机如何进行工作？

10. 冲床的组成及各部分的作用是什么？

11. 冲孔和落料有什么相同点和不同点？

12. 冲裁模和拉深模有何不同。

第6章

焊　接

【焊接实习安全技术】

1. 实习前要穿好工作服和工作鞋，焊接时，带好工作帽、手套、防护眼镜或面罩等用品。

2. 焊接前，要检查焊机是否接地，各种用具绝缘是否良好，不要把焊钳放在工作台上，以免短路烧坏焊机。

3. 电焊机后面绝对禁止接近，以防触电。

4. 气焊时，要注意火焰喷出的方向，以防烧伤。

5. 气焊时，不要把刚焊完的热件靠近胶管，以防胶管烫漏引起火灾。

6. 氧气瓶、乙炔瓶旁严禁烟火，氧气瓶不得撞击和触及油物。

7. 焊后清渣时，要防止焊渣崩入眼中。

8. 焊接场地必须通风良好，以防有害气体影响人体健康。

9. 焊接结束时，应切断焊机电源并检查焊接场地有无火种。

10. 回火时，要立即关闭乙炔阀门，并检查原因，以便进行妥善处理。

11. 刚焊完的工件不准用手去摸，以防烫伤。

焊接是将两个分离的金属工件，通过局部加热、加压（或者两者并用），使其达到原子间的结合而连接成一个不可拆卸的整体的加工方法。

目前，在工业生产中，大量的铆接件已被焊接件所代替。这是由于焊接件和铆接件相比焊接具有节省金属、生产率高、质量优良、劳动条件好、易于实现机械化和自动化等优点。因此，焊接已成为制造金属构件和机器零件的一种基本方法。此外焊接还可以用于修补铸锻件的缺陷和磨损的机器零件。

焊接的种类很多，常用的方法有电弧焊、气焊、电阻焊，其中以电弧焊应用最为广泛。

6.1　手工电弧焊

6.1.1　焊接过程

手工电弧焊（简称手弧焊）是利用电弧产生的热量来熔化焊条和母材的

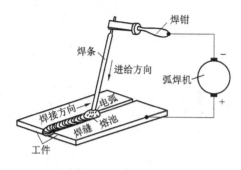

图 6 - 1　手工电弧焊

一种手工操作的焊接方法。焊接前，首先将电焊机的输出端两极分别与工件和焊钳连接，再用焊钳夹持焊条（图 6 - 1）。焊接时先将工件和焊条之间引出电弧，利用电弧高达 6 000 K 的高温将工件与焊条熔化，形成金属熔池。随着电弧沿焊接方向前移，被熔化的金属迅速冷却，凝固成焊缝，使分离的两工件牢固地连接在一起。

6.1.2　手弧焊机和焊钳

1. 手弧焊机

手工电弧焊的电源称为手弧焊机（简称弧焊机）。弧焊机按其供给的焊接电流种类不同可分为交流弧焊机和直流弧焊机两类，直流弧焊机又有旋转式和整流式两种。

①交流弧焊机实际上是一种特殊的降压变压器（简称弧焊变压器）。它将电源电压（220 V 或 380 V）降至空载时的 60 ~ 70 V，工作电压为 30 V，它能输出很大的电流，从几十安培到几百安培。根据焊接需要，能调节电流的大小。电流的调节分粗调和细调两级。粗调是改变输出抽头的接法，调节范围大，如 BX1 - 330 型电焊机的粗调共分两档，一档为 50 ~ 180 A，另一档为 160 ~ 450 A。细调是旋转调节手柄，将电流调节到所需的数值。

交流弧焊机具有结构简单、制造和维修方便、价格便宜、使用可靠、工作噪音小等优点，应用广泛，但焊接电弧不够稳定，其外形如图 6 - 2 所示。

②旋转式直流弧焊机是由一台三相感应电动机和一台直流弧焊发电机组成。电动机带动发电机旋转，发出满足焊接要求的直流电，其空载电压为 55 ~ 90 V，工作电压为 30 V，电流调节范围为 45 ~ 320 A，也分粗调和细调两级。

由于直流弧焊机能够得到

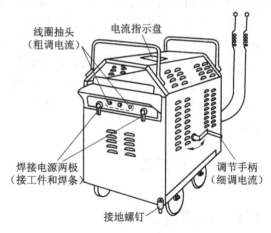

图 6 - 2　交流弧焊机

稳定的直流电，因此，引弧容易，电弧稳定，焊接质量较好。但直流弧焊机结构复杂，价格比交流弧焊机贵得多，维修较困难，使用时噪音大。常见的旋转式直流弧焊机的外形如图6-3所示。

③ 整流式直流电弧焊机（简称弧焊整流器）是近年来发展起来的一种弧焊机。它的结构是用大功率的硅整流元件组成整流器，将满足焊接需要的交流电变成直流电。它既弥补了交流弧焊机电弧稳定性不好的缺点，又比旋转式直流电弧焊机结构简单，消除了噪音，故部分地取代了旋转式直流弧焊机。但由于这种弧焊机在使用性能上目前还存在一些问题，所以在生产上还应用不多。随着该弧焊机的改进，将会逐渐取代旋转式直流弧焊机。其外形如图6-4所示。

图6-3 旋转式直流弧焊机

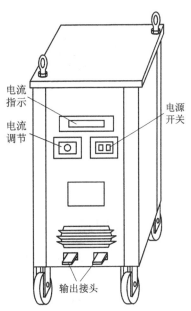

图6-4 整流式直流弧焊机

直流弧焊机输出端有正负极之分，焊接时电弧两端极性不变。弧焊机正、负两极和焊条、工件有两种不同的接法。将工件接到弧焊机的正极，焊条接至负极，这种接法称为正接，又称正极性［图6-5（a）］；反之，将工件接到负极，焊条接正极，称为反极性［图6-5（b）］。焊接薄板时，为了防止烧穿，常用反接。但在使用碱性焊条时（如E4315，E5015），均采用直流反接。

2. 焊钳和面罩

焊钳是用于夹持焊条和传递电流的。面罩则是用以保护工人眼睛和面部，以免被弧光灼伤。其结构如图6-6所示。

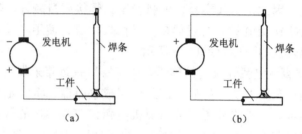

图6-5 直流弧焊机的不同接线法

(a) 正接;(b) 反接

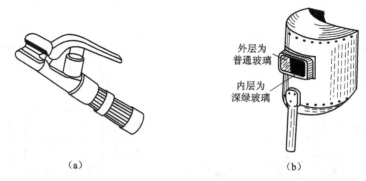

图6-6 焊钳和面罩

(a) 焊钳;(b) 电焊面罩

6.1.3 电焊条

电焊条是由焊芯和药皮两部分组成,如图6-7所示。

图6-7 电焊条

焊芯是一根具有一定直径和长度的金属丝,它既是焊接时的电极,又是填充焊缝的金属。药皮是由矿石粉、铁合金粉和水玻璃按一定比例配制而成的。它的主要作用是使电弧容易引燃并稳定燃烧,保护熔池内金属不被氧化,并补充被烧损的合金元素,提高焊缝的机械性能。

按用途不同,电焊条有低碳钢焊条、合金钢焊条、不锈钢焊条、铸铁焊条、铜及铜合金焊条、铝及铝合金焊条等。

焊条的直径和长度是指焊芯的直径和长度,表6-1是部分焊条的直径和长度的规格。

表 6-1 焊条的直径和长度规格

mm

焊条的直径	2.0	2.5	3.2	4.0	5.0	5.8
焊条长度	250 300	250 300	350 400	350 400 450	400 450	400 450

6.1.4 焊接规范

为了获得质量优良的焊接接头就必须选择合适的焊条直径、焊接电流、焊接速度和电弧长度。也就是说，必须选择合适的焊接规范。

1. 焊接规范的选择

首先应根据被焊工件的厚度来选择焊条直径（表 6-2）。然后再根据焊条的直径来选择焊接电流。

表 6-2 焊条直径的选择 mm

工件厚度	2	3	4 ~ 7	8 ~ 12	≥13
焊条直径	1.6 ~ 2.0	2.5 ~ 3.2	3.2 ~ 4.0	4.0 ~ 5.0	4.0 ~ 5.8

在焊接低碳钢时，焊接电流和焊条直径的关系如下：

$$I = (30 \sim 60)d$$

式中 I——焊接电流（A）；

d——焊条直径（mm）。

应指出，上式只提供了一个大概的焊接电流范围。实际工作时，还要根据工件厚度、焊条种类、焊接位置等因素，通过试焊来调节焊接电流的大小。

焊接速度是指焊条沿焊接方向移动的速度。手弧焊时，焊接速度的快慢由焊工凭经验来掌握。初学时，要避免速度太快。

电弧长度指焊芯端部（注意：不是药皮端部）与熔池之间的距离。电弧过长时，燃烧不稳定，熔池减小，并且容易产生缺陷。因此，操作时应采用短电弧，一般要求电弧长度不超过焊条直径。

2. 焊接规范对焊缝形状的影响

焊接规范的选择是否合适直接影响到焊缝的成形，图 6-8 表示焊接电流和焊接速度对焊缝形状的影响。

① 焊接电流和焊接速度合适时，焊缝的形状规则，焊波均匀并呈椭圆形。焊缝各部分的尺寸符合要求，如图 6-8（a）所示。

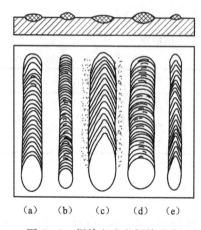

图6-8 焊接电流和焊接速度
对焊缝形状的影响

② 焊接电流太小时，电弧不易引出，燃烧也不稳定，弧声变弱，焊波呈圆形，而且堆高增大，熔宽和熔深都减小，如图6-8（b）所示。

③ 焊接电流太大时，弧声强，飞溅增多，焊条往往变得红热，焊波变尖，熔宽和熔深都增加，如图6-8（c）所示。焊接薄板工件时，有烧穿的可能。

④ 焊接速度太慢时，焊波变圆且堆高、熔宽和熔深都增加，如图6-8（d）所示。焊薄板工件时，有烧穿的可能。

⑤ 焊接速度太快时，焊波变尖，焊缝形状不规则而且堆高、熔宽和熔深都减小，如图6-8（e）所示。

6.1.5 接头形式和坡口形状

1. 焊接接头形式

在具体产品上，被焊的两部分金属相对位置不同时，须用不同形式的接头来连接，常用的接头形式有：对接接头、搭接接头、角接接头和丁字接头等，如图6-9所示。

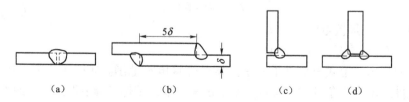

图6-9 常见的接头形式
（a）对接；（b）搭接；（c）角接；（d）丁字接

2. 对接接头的坡口形状

对接接头是各种焊接结构中采用最多的一种接头形式，为了保证焊接接头的强度不低于母材，焊接接头必须焊透，当被焊工件较薄时，电弧的热量足以从一面或两面熔透整个板厚，板边可不作任何加工，而只要在钢板接口处留一定间隙，就能保证焊透。当工件较厚时，就需要在焊接前把两个工件间的待焊处加工成一定的几何形状，称为坡口。开坡口的目的是使焊条能深入接头底部起弧焊接，以保证整个厚度都能焊透。为防止接头烧穿，坡口根部要留 2~3 mm 直边，称为钝边。常见的对接接头的坡口形状如图 6-10 所示。

施焊时，对 I 形坡口、V 形坡口和 U 形坡口均可根据实际情况，采用单面焊或双面焊（图 6-11），但对 X 形坡口则必须采用双面焊。

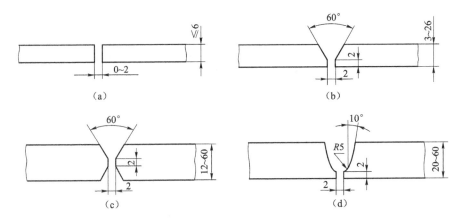

图 6-10 对接接头的坡口形状

(a) I 形坡口；(b) V 形坡口；(c) X 形坡口；(d) U 形坡口

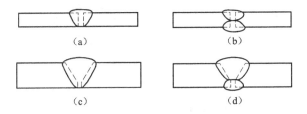

图 6-11 单面焊和双面焊

(a) I 形坡口单面焊；(b) I 形坡口双面焊；
(c) V 形坡口单面焊；(d) V 形坡口双面焊

6.1.6 焊接位置

在生产实际中，一条焊缝可以在空间不同的位置施焊，焊缝在结构上的位置不同时，焊工施焊的难度不同，对焊接质量和生产率也有影响，一般把焊缝按空间位置不同而分为平焊、立焊、横焊和仰焊（图 6-12）。平焊最易操作，焊缝质量也好；立焊和仰焊因熔池铁水有滴落的趋势，操作难度大、生产率低，质量也不易保证，所以应尽量采用平焊。对有角焊缝的零件，如按图 6-13（a）的船形位置放置，就能获得平焊的优点。图 6-13（b）为焊接工字梁时接头形式和空间位置的实例。

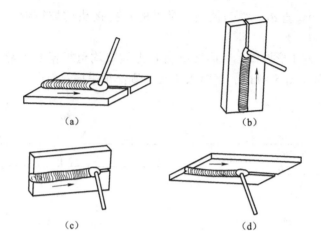

图 6-12　焊缝的空间位置

（a）平焊；（b）立焊；（c）横焊；（d）仰焊

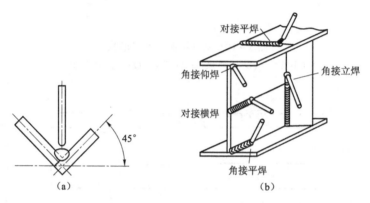

图 6-13　焊接接头形式和空间位置实例

（a）角焊缝的船形焊；（b）工字梁的接头与焊位实例

6.1.7　多层焊

焊接厚板时，要采用多层焊，如图 6-14 所示。多层焊的关键是要保证焊缝根部熔透，并且每焊完一道焊波后，必须仔细清渣后才能施焊下一道焊波。

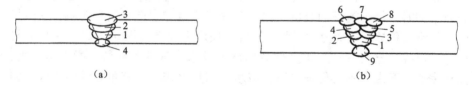

图 6-14　对接平焊的多层焊

（a）多层焊；（b）多层多道焊

6.1.8 基本操作技术

1. 引弧

引弧就是使焊条和工件之间产生稳定的电弧，以加热焊条与工件，进行焊接。引弧时，首先将焊条末端与工件表面接触形成短路，然后迅速将焊条向上提起 2~4 mm 的距离，电弧即引燃。引弧方法有两种，即敲击法和摩擦法，如图 6-15 所示。

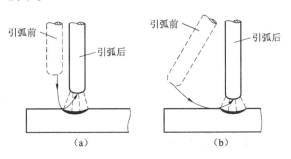

图 6-15 引弧方法
(a) 敲击法；(b) 摩擦法

引弧的操作要领有以下几点。

① 焊条提起要快，否则容易黏在工件上。摩擦法不易黏条，适于初学者采用。如发生黏条，只需将焊条左右摇动即可脱离。

② 焊条提起不能太高，否则电弧会燃而覆灭。

③ 如焊条与工件接触不能起弧，往往是焊条端部有药皮妨碍导电，这时就应将这些绝缘物清除，露出金属表面以利导电。

2. 堆平焊波

水平位置的直线堆焊是手工电弧焊最简单的基本操作。初学者练习时，关键是掌握好焊条角度（图 6-16）和运条基本动作（图 6-17），保持合适的电弧长度和均匀的焊接速度。

平焊时"三度"的操作要领：

（1）电弧长度

电弧的高温使焊条不断熔化，所以必须将焊条不断送向熔池。送进不及时，电弧就会拉长，影响质量。电弧的合理长度约等于焊条直径。

（2）焊条角度

焊条与焊缝及工件之间的正确角度关系如图 6-16 所示，初学者操作时，特别在焊条从长变短的过程中，焊条的角度易于随之改变，必须特别注意。

（3）焊接速度

起弧以后熔池形成，焊条就要均匀地沿焊缝向前运动，运动的速度应均匀而适当。太快和太慢都会降低焊缝的外观质量和内部质量。焊速适当时，焊道的熔宽约等于焊条直径的两倍，表面平整，波纹细密。

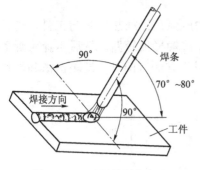

图 6-16　平焊的焊条角度

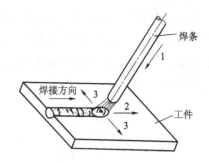

图 6-17　运条基本动作

1—向下送进；2—沿焊接方向移动；3—横向摆动

6.1.9　对接平焊的操作步骤

对接平焊在生产中最常用，厚度 4 ~ 6 mm 钢板的对接平焊步骤如表 6-3 所示。

表 6-3　钢板对接平焊步骤

步骤	说　明	附　图
1. 备料	划线，用剪切或气割方法下料，调直钢板	
2. 坡口准备	钢板厚 4 ~ 6 mm，可采用 I 形坡口双面焊，接口必须平整	第二面　第一面
3. 焊前清理	清除铁锈、油污等	三面平、直、垂直　20~30 mm　清除干净
4. 装配	将两板水平放置，对齐，留 1 ~ 2 mm 间隙	1~2 mm

步骤	说　　明	附　图
5. 点固	用焊条点固，固定两工件的相对位置，点固后除渣，如工件较长，可每隔 300 mm 左右点固一次	
6. 焊接	① 选择合适的规范； ② 先焊点固面的反面，使熔深大于板厚的一半，焊后除渣； ③ 翻转工件，焊另一面	
7. 焊后清理	用钢丝刷等工具把焊件表面的飞溅等清理干净	
8. 检验	用外观方法检查焊缝质量，若有缺陷，应尽可能修补	

6.1.10　手工电弧焊实习的安全规则

1. 防止触电

① 焊前检查焊机接地是否良好。

② 焊钳和电缆的绝缘必须良好。

③ 不准赤手接触导电部分。

④ 焊接时应站在木垫板上。

2. 防止弧光伤害和烫伤

① 穿好工作服及工作鞋，女同学要戴好女工帽。

② 焊接时必须使用面罩、穿围裙、护袜、戴电焊手套，要挂好布帘，以免弧光伤害他人。

③ 除渣时要防止焊渣烫伤脸目。

④ 工件焊后只许用火钳夹持，不准直接用手拿。

3. 保证设备安全

① 线路各连接点必须接触紧密，防止因连接点松动接触不良而发热。

② 焊钳任何时候都不得放在工作台上，以免短路烧坏电机。

③ 发现焊机或线路发热烫手时，应立即停止工作。

④ 操作完毕或检查焊机及电路系统时必须拉闸。

4. 防火、防爆

焊接时周围不能有易燃易爆物品。

6.2 埋弧自动焊与气体保护焊

随着生产的发展，要求不断提高焊接质量与生产率。手工电弧焊受本身条件的限制，显得愈来愈难以满足要求。因而相继出现了埋弧自动焊和二氧化碳气体保护焊等新的焊接方法。

6.2.1 埋弧自动焊

埋弧自动焊以连续送进的焊丝代替手弧焊的焊芯，以焊剂代替焊条药皮，焊缝形成过程如图 6-18 所示。图 6-18 埋弧焊焊缝的形成过程把焊剂做成颗粒状堆积在焊道上，焊丝插入焊剂内引弧，电弧熔化焊丝、焊剂和工件，形成熔池，熔融金属沉在下面，熔化的焊剂浮在熔池表面，并与焊剂排出的气体一起排开和隔绝空气，起保护熔池的作用。

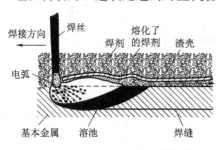

图 6-18 埋弧焊焊缝的形成过程

埋弧焊使用光焊丝，连续导电，焊接小车上有送丝和行走机构，代替了人的动作，小车外形如图 6-19 所示，它减轻了操作者的劳动强度，弧光不外露，改善了劳动条件。

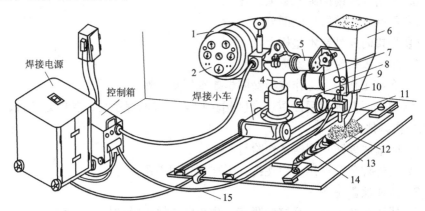

图 6-19 埋弧自动焊示意图

1—焊丝盘；2—操纵盘；3—车架；4—立柱；5—横梁；6—焊剂漏斗；7—焊丝送进电动机；
8—焊丝送进滚轮；9—小车电动机；10—机头；11—导电嘴；12—焊剂；
13—渣壳；14—焊缝；15—焊接电缆

由于焊丝只在接近电弧处才与电弧连通，导电长度比手弧焊焊条短，可使用较大的焊接电流和电弧功率，所以熔深大，对较厚的工件可不开坡口直接焊接，既提高了生产率，又节省焊接材料。

埋弧自动焊只能在平焊位置上焊接，因而只有在长而规则的焊缝上或具有较大直径的环状焊缝上才能发挥作用。如果焊位多样，焊缝形状不规则，有时它反而不如灵活的手工电弧焊效率高。

6.2.2 气体保护电弧焊

手工电弧焊是以溶渣保护焊接区域的。由于熔渣中含有氧化物，因此，用手工电弧焊焊接容易氧化的金属（如铝及其合金、高合金钢等）材料时，不易得到优质焊缝。

气体保护电弧焊是利用特定的某种气体作为保护介质的一种电弧焊方法。常用的气体保护电弧焊有氩弧焊和 CO_2 气体保护焊两种。

1. 氩弧焊

它是以氩气为保护气体的电弧焊。按照电极结构的不同，分为熔化极氩弧焊和非熔化极氩弧焊两种，如图 6-20 所示。前者采用连续进给的金属焊丝作为一个电极；后者采用钨棒作为一个电极，另加填充焊丝。

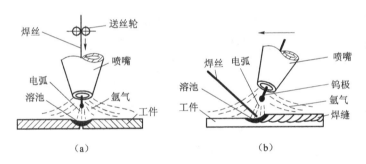

图 6-20 氩弧焊示意图

（a）溶化极氩弧焊；（b）非溶化极氩弧焊

氩气是惰性气体，它既不与金属起化学作用，也不熔于液体金属。焊接时包围着电弧和熔池，因而电弧燃烧稳定，热量集中，工件变形小，焊缝致密，表面无熔渣，成形美观，焊接质量高，适合焊接所有钢材、有色金属及其合金。但氩气价格昂贵，焊接设备也比较复杂，目前主要用于铝、镁、钛和稀有金属材料以及合金钢的焊接。

2. 二氧化碳气体保护焊

它是以二氧化碳为保护气体的电弧焊方法，其焊接装置如图 6-21 所示。

二氧化碳气体保护焊的优点是焊弧集中，加热速度快，变形小，焊缝质

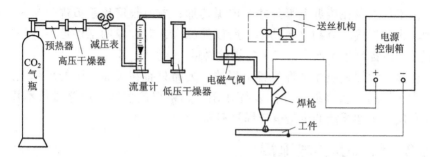

图 6-21　CO_2 气体保护焊的焊接设备示意图

量高，特别适合薄板的焊接。这种焊接方法的工艺简单，生产率高，成本低，适应性强，既可焊接低碳钢和低合金钢，也适合焊接高合金钢。

　　二氧化碳保护焊的缺点是焊缝成形较差。当用较大电流焊接时，金属飞溅较严重。

6.3　气焊与气割

6.3.1　气焊过程及其特点

　　气焊是利用可燃气体如乙炔（C_2H_2）和氧气（O_2）混合燃烧的高温火焰来熔化母材和填充金属的一种焊接方法。其工作情况如图 6-22 所示。

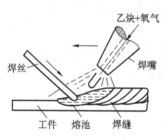

图 6-22　气焊示意图

　　气焊通常使用的气体是乙炔和氧气，并使用不带涂料的焊丝来做填充金属。乙炔和氧气在焊炬中混合均匀后，从焊嘴喷出燃烧，将工件和焊丝熔化形成熔池，冷却后形成焊缝。

　　气焊火焰燃烧时产生的大量 CO 和 CO_2 气体包围熔池，排开空气，有保护熔池的作用。

　　气焊火焰的温度较电弧焊低，最高温度可达 3 150 ℃左右，热量比较分散，因而适于焊接厚度在 3 mm 以下的低碳钢薄板、高碳钢、铸铁以及铜、铝等有色金属及其合金，但生产率比电弧焊低，应用不如电弧焊广。

　　气焊不需要电源，所以在没有电源的地点（如野外施工）可以应用。

6.3.2　气焊气体

　　气焊气体包括可燃气体和助燃气体两种。

1. 可燃气体

可用乙炔、煤气、石油气、氢气等。由于乙炔燃烧温度最高 3 100 ℃ ~ 3 300 ℃，所以应用得最广。

乙炔（C_2H_2）是 CaC_2 与水作用而产生的，反应式为

$$CaC_2 + H_2O \rightarrow C_2H_2 \uparrow + Ca(OH)_2$$

乙炔在常温下为气体，比空气轻，能溶于丙酮，当温度为 15 ℃，压力为 0.1 MPa 时，溶解度达到 23（体积比）。当压力升高时，溶解度还会相应增大。

乙炔处于以下条件之一时会发生爆炸：

① 环境温度在 300 ℃ 以上，压力超过 1.47×10^5 Pa 时。但如将乙炔存放在毛细管内，爆炸性大为降低，即使压力升高到 2.65 MPa，也不会发生爆炸。

② 乙炔与空气或氧气混合，达到一定数量，遇火引燃时。

③ 乙炔与铜或银长期接触，会生成爆炸性化合物乙炔铜或乙炔银，当遭到敲击、激烈振动或加热到 110 ℃ ~ 120 ℃ 时，会引起乙炔爆炸。因此，在使用过程中必须高度注意安全。气焊设备中不允许用含铜在 70% 以上的铜合金制造零件。

2. 氧气

氧气是气焊中的助燃气体，乙炔用纯氧助燃比在空气中燃烧，能大大提高火焰的温度。

氧气由专门制氧车间生产，用钢瓶高压贮存和运输，瓶内压力一般最高达 14.7 MPa（150 atm）。纯氧气与油脂等易燃物接触会产生激烈的反应，引起爆炸等事故，必须注意。

6.3.3 气焊设备

气焊设备包括乙炔发生器（或乙炔瓶）、回火防止器、氧气瓶、减压器、焊炬（又称焊枪）。它们之间用管道连通，形成整套系统，如图 6-23 所示。

1. 乙炔发生器

乙炔发生器是制造和贮存乙炔的设备。电石与水在其中反应生成乙炔气体，并能自动保持一定乙炔量和工作压力。

乙炔发生器有多种类型，下面介绍一种简易型乙炔发生器的工作原理。如图 6-24 所示，使用时先将电石装在电石筐里，挂

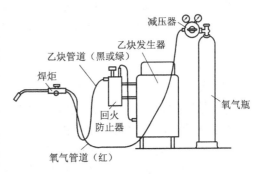

图 6-23 气焊设备

入浮筒，将浮筒放进贮水至一定高度的圆筒里，电石筐浸入水中，与水反应生成乙炔气，浮筒随乙炔量的增加而上升，当升至一定高度时，电石与水分离，乙炔停止生成并保持一定压力。在使用过程中乙炔压力下降时，浮筒又自动下沉，电石又与水接触，补充用掉的乙炔，这样自动停止或继续反应直到电石完全分解为止。

2. 乙炔瓶

为减少操作乙炔发生器的辅助时间，提高生产效率和保证安全，许多现代化工厂已采用集中生产乙炔气的办法。乙炔用钢瓶贮存，运往现场使用，乙炔瓶的结构如图 6-25 所示，其外壳为无缝钢瓶，内装多孔性填充物，如活性炭、木屑、硅藻土等，用以提高安全贮存压力。同时注入丙酮，以溶解乙炔，一般灌注乙炔的压力为 1.47 MPa，丙酮溶解度这时可达 400 以上。

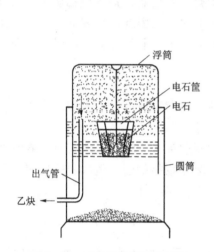

图 6-24　乙炔发生器工作原理

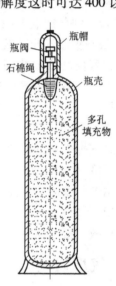

图 6-25　乙炔瓶

使用时，打开瓶阀，乙炔气通过减压器减压后供气焊使用。随着气体的消耗，溶入丙酮的乙炔不断逸出，压力下降，最后只剩下丙酮，可供再次灌气使用。

3. 回火防火器

正常气焊或气割时，火焰在焊嘴外燃烧，但当气体供应不足或管路、焊嘴阻塞等情况时，火焰会沿乙炔管路向里燃烧，这种现象称为回火。如果回火现象蔓延到乙炔发生器，就可能发生严重的爆炸事故，所以在乙炔发生器的输出管路上必须安装防止回火的安全装置——回火防止器。

中压水封式回火保险器的工作情况如图 6-26 所示。使用前先将水加到水位阀的高度。正常工作时，乙炔进入后推开球阀从出气管输往焊炬。回火时，高温高压的回火气体从出气管倒流入回火防止器里面。由于防止器中的压力增大，使球阀关闭，同时使回火防止器上部的防爆膜破裂，将回火气体排入大气。

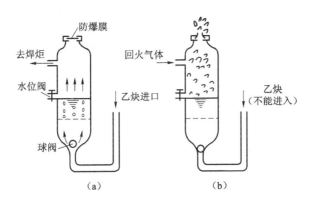

图 6-26 回火保险器工作示意图
(a) 正常工作时；(b) 回火时

4. 氧气瓶

氧气瓶是运送和贮存高压氧气的容器。容积一般为 40 L，贮气最大气压为 14.7 MPa (150 atm)，其结构如图 6-27 所示。

5. 减压器

气焊时，供给焊炬的氧气压力通常只有 0.2 ~ 0.4 MPa，所以，必须将氧气瓶输出的高压氧气减压后才能使用。减压器的作用就是降低氧气压力，并使输送给焊炬的氧气压力不变，以保证火焰能稳定燃烧。

减压器的构造和工作情况如图 6-28 所示。从氧气瓶来的高压气体进入高压室后，由高压表指示压力。减压器不工作时 [图 6-28 (a)]，应放松调压弹簧，使活门被活门弹簧压下，关闭通道。通道关闭后，高压气体就不能进入低压室。

减压器工作时 [图 6-28 (b)]，应按顺时针方向把调压手柄旋入，使调压弹簧受压，活门被顶开，高压气体经通道进入低压室。随着低压室内气体压力的增加，将压迫薄膜及调压弹簧，使阀门的开启度逐渐减小，当低压室内气体压力达到一定数值时，又会将活门关闭。低压表指示出减压后气体的压力，控制调压手柄的旋入程度，可改变低压室的压力，以获得所需的工作压力。

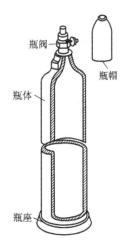

图 6-27 氧气瓶

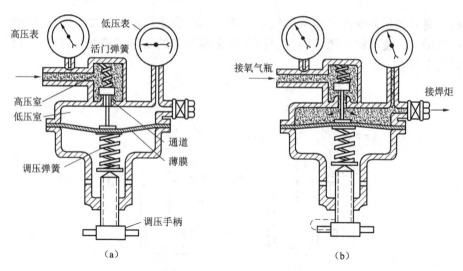

图 6-28 减压器的构造和工作示意图

焊接时，随着气体的输出，低压室中气体压力降低。此时，薄膜上鼓，使活门重新开启，流入低压室的高压气体流量增多，可以补充输出的气体。当活门的开启度恰好使流入低压室的高压气体流量与输出的低压气体流量相等时，即稳定地进行工作。当输出的气体流量增大或减小时，活门的开启度也会相应地增大或减小，以自动保持输出压力的稳定。

6. 焊炬

焊炬的作用是将乙炔和氧气按一定比例均匀混合，以形成适合焊接要求的稳定燃烧火焰。焊炬的外形如图 6-29 所示。打开焊炬上的氧气与乙炔阀门，两种气体便进入混合室内均匀地混合，从喷嘴喷出后，点火燃烧。各种型号的焊炬，一般备有 3~5 种大小不同的焊嘴，以便根据工件厚度的不同而选择使用。

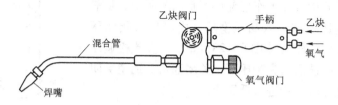

图 6-29 焊炬

6.3.4 气焊火焰

改变氧气和乙炔的体积比例，可获得 3 种不同性质的火焰，如图 6-30 所示。

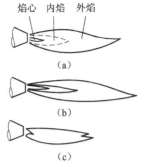

图 6 - 30 气焊火焰
(a) 中性焰；(b) 碳化焰；(c) 氧化焰

1. 中性焰

中性焰中氧气与乙炔的混合比为 1.0 ~ 1.2，燃烧完全，应用最广。中性焰的燃烧反应分为 3 个阶段，构成火焰的 3 个区。

混合气体从焊嘴喷出后，温度升高，乙炔分解成 C 和 H_2 组成的焰心区，焰心区的碳粒在高温下呈亮白色，接着与氧发生不完全燃烧，放出大量的热。反应式为

$$C_2H_2 + O_2 \rightarrow 2CO + H_2 + Q$$

这一区段温度最高，称内焰区。内焰区生成的 CO 和 H_2 在火焰的外层与氧进一步燃烧，其反应式为

$$4CO + 2H_2 + 3O_2 \rightarrow 4CO_2 + 2H_2O + Q$$

生成二氧化碳与水蒸气，构成外焰区。在焊接时，外焰区包围熔池，有保护熔池免遭空气侵蚀的作用。

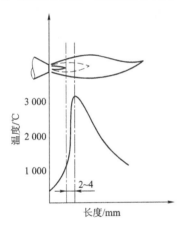

图 6 - 31 中性焰的温度分布

中性焰的 3 个区和温度分布如图 6 - 31 所示。火焰的最高温度产生在焰心前端 2 ~ 4 mm 处，焊接时应使此点作用于熔池处。

中性焰适用于焊接低碳钢、中碳钢、合金钢、紫铜和铝合金等材料。

2. 氧化焰

氧与乙炔混合比大于 1.2，由于氧气较多，燃烧比中性焰剧烈，火焰各部分长度均缩短，焰心变尖，温度比中性焰高。由于氧化焰对熔池有氧化作用，降低焊缝质量，故一般很少采用。只适用于焊接黄铜。

3. 碳化焰

氧与乙炔混合比小于 1.0，由于氧气不足，燃烧不完全，火焰较长，在焰心外有淡白色中间层，它对工件有增碳作用，因而适用于焊接高碳钢、铸铁和硬质合金等材料。焊接其他材料时，会使焊缝金属增碳，变得硬而脆。

6.3.5 气焊基本操作技术

1. 点火、调节火焰与灭火

点火时，先微开氧气阀门，然后打开乙炔阀门，点燃火焰，这时火焰为

碳化焰，可看到明显的三层轮廓，然后开大氧气阀门，火焰开始变短，淡白色的中间层逐步向白亮的焰心靠拢，调到刚好两层重合在一起，整个火焰只剩下中间白亮的焰心和外面一层较暗淡的轮廓时，即是所要求的中性焰。

灭火时，应先关乙炔阀门，后关氧气阀门。

2. 气焊操作技术

气焊一般是用右手握焊炬，左手握焊丝，两手互相配合，沿焊缝向左或向右焊接。

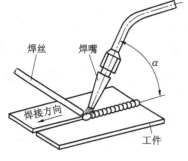

焊丝　焊嘴

焊接方向

工件

图 6 - 32　焊炬角度示意图

焊嘴与焊丝轴线的投影应与焊缝重合，同时要注意掌握好焊炬与工件的夹角 α（图 6 - 32），α 愈大，热量就愈集中。在焊接开始时，为了较快地加热工件和迅速形成熔池，α 应大些。正常焊接时，α 一般保持在 30°～50°范围。操作时还应使火焰的焰心距熔池液面 2～4 mm。当焊接结束时，α 应适当减小，以便更好地填满弧坑和避免焊穿。

焊炬向前移动的速度应能保证焊件熔化，并保证熔池具有一定的大小。工件熔化形成熔池后，再将焊丝适当地点入熔池内熔化。

6.3.6　气焊安全技术

1. 氧气瓶的保管与使用

氧气瓶内贮高压氧气，有爆炸的危险，使用时必须注意。

① 防止撞击，氧气瓶禁止在地下滚动，直立放置时，必须用链条等将其固定。

② 防止氧气瓶在阳光下曝晒或放置在火炉暖气包附近，造成内部压力上升。

③ 严禁接触油脂，尽量远离易燃物品。

2. 乙炔发生器的安全使用

① 乙炔发生器与电石桶附近严禁烟火。

② 乙炔站和气焊工作地点要通风良好。

③ 焊接前必须检查水封式回火防止器的水位。

3. 回火的处理

回火是气焊时发生的不正常燃烧，有一定危险性。

回火时，在焊炬出口处产生猛烈的爆炸声，原因是混合气体流通不畅或焊嘴过热。具体原因有以下几种。

① 气体压力太低,流速太慢。

② 焊嘴被飞溅物玷污,出口被局部堵塞。

③ 焊嘴工作时间长,温度过高。

④ 操作不当,焊嘴埋入熔池。

遇到上述情况,应迅速关断气源,然后找出原因,采取解决措施,如加大气体压力、冷却、疏通焊嘴等。

4. 气焊系统的颜色标志

为确保安全,防止混淆不同气体和接错接头,气焊所使用的贮气瓶及导管等都有如下规定的颜色标志。

① 氧气瓶外表漆成天蓝色,并用黑漆写上"氧气"字样。

② 乙炔瓶外表漆成白色,并用红漆写上"乙炔"字样。

③ 输送氧气的橡皮管采用红色导管。

④ 输送乙炔的橡皮管采用绿色或黑色导管。

6.3.7 铸铁的气焊

普通灰口铸铁,强度较低,性脆易裂,电弧焊接时,容易产生裂纹和白口组织。

小型铸铁件气焊时,要用火焰将焊件预热,并用铸铁棒作填充金属,同时还要向熔池内加入气熔剂(牌号为气剂201)。气焊熔剂的作用是保护熔池,去除氧化物及增加熔池金属的流动性,以保证焊缝质量。气焊铸铁件时,应采用碳化焰,焊后应立即将焊件放进炉中或埋入干燥的石棉灰中,缓慢冷却。

6.3.8 氧气切割

氧气切割(简称气割)是根据某些金属(如铁)在氧气流中能够剧烈氧化(即燃烧)的原理,利用割炬来进行切割的。

气割时用割炬来代替焊炬,其余设备与气焊相同。割炬的外形如图 6-33 所示。

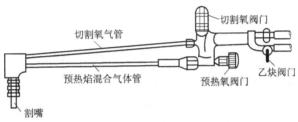

图 6-33 割炬

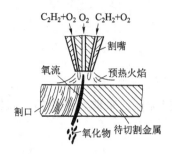

图 6 - 34　气割过程

1. 氧气的切割过程

氧气的切割过程如图 6 - 34 所示，切割低碳钢时，开始用氧乙炔火焰将割口端附近的金属预热到燃点（约 1 300 ℃，呈黄白色）。然后喷上切割氧气，使高温金属立即燃烧。这时，被切割的金属没有熔化，但燃烧生成的氧化物已熔化而被氧气流吹走。金属燃烧时产生的热量与氧乙炔焰一起，又将邻近的金属预热到燃点，随着割炬不断均匀地向前移动，金属被切出平整的割缝。

2. 金属氧气切割的条件

① 金属的燃点应低于其熔点，否则金属先熔化变为熔割过程，使切口凹凸不平。

② 燃烧生成的金属氧化物的熔点应低于金属本身的熔点，且流动性好，以便氧化物熔化后被吹掉。

③ 金属燃烧时应放出足够的热量，以加热下一层待切割的金属。有利于切割过程继续进行。

④ 金属导热性要低，否则热量散失，不利于预热。

满足上述条件的金属材料有纯铁，低碳钢，中碳钢和普通低合金钢。而高碳钢、铸铁、高合金钢及铜、铝等有色金属及其合金，均难以进行氧气切割。

6.4　电阻焊

6.4.1　电阻焊的特点

电阻焊（又称接触焊）是利用电流通过焊件的接触面时产生的电阻热作为热源，将焊件局部加热到塑性或熔化状态，然后断电的同时施加机械压力进行焊接的一种加工方法。

电阻焊的主要特点如下。

① 焊接电压很低（1～12 V），焊接电流很大，高达几千～几万安培，完成一个接头的焊接时间极短（0.01～几秒），所以生产率极高。

② 焊接时由于加热迅速而集中，因此焊件变形小。

③ 焊接接头是在机械压力作用下焊合的。

④ 焊接是不需要填充金属和焊剂，接头表面平整光洁。

电阻焊的基本形式有对焊、点焊和缝焊3种,如图6-35所示。

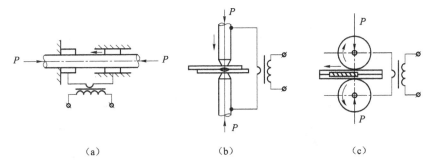

（a） （b） （c）

图6-35 电阻焊的基本形式
（a）对焊；（b）点焊；（c）缝焊

6.4.2 对焊

1. 对焊机

对焊机的主要部件包括机架、焊接变压器（次级线圈连同工件在内仅有一圈回路）、夹持机械（即次极两极）、加压机构和冷却水路（通过变压器和夹钳）等,如图6-36所示。

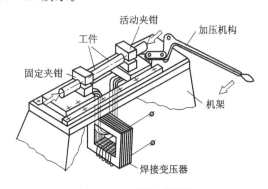

图6-36 简单对焊机

2. 对焊的方式

焊按照焊接过程和操作方法的不同,分为电阻对焊和闪光对焊两种。它们的基本过程如图6-37所示。

电阻对焊利用接头处的电阻来加热金属完成焊接,所以工件接触面要求平整,装配时应接触良好。通电加热,使接头达到塑性状态,然后挤压而形成接头。

闪光对焊靠接触面间的凸点接触通电,局部熔化,并受电磁力作用而溅离端面。液体金属以火花形式从接触处飞出,造成闪光现象,新的凸点接着

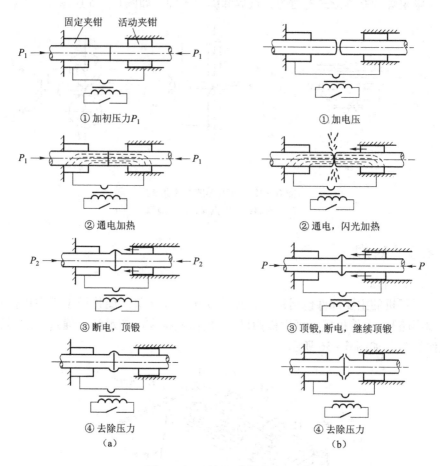

固定夹钳　活动夹钳

P_1 →　←P_1

① 加初压力P_1

① 加电压

P_1 →　←P_1

② 通电加热

② 通电，闪光加热

P_2 →　←P_2

③ 断电，顶锻

P →　←P

③ 顶锻，断电，继续顶锻

④ 去除压力

（a）

④ 去除压力

（b）

图 6-37　对焊机的焊接过程

（a）电阻对焊；（b）闪光对焊

通电熔化并溅出，这样逐步使整个端面产生熔化金属层，然后加压产生塑性变形而连成接头。

闪光对焊接头端面的加工与清理要求不高，由于有液体金属挤出过程，使接触面间的氧化物杂质得以清除，接头质量比电阻对焊好，所以应用比较广泛。

6.4.3　点焊

1. 点焊机

点焊机的主要部件包括机架、焊接变压器、电极与电极臂、加压机构以及冷却水路等，如图 6-39 所示。

焊接变压器是点焊电源，它的构造与对焊机的焊接变压器类似，次级只有一圈回路。上下电极与电极臂既用于传导焊接电流，又用于传递压力。冷却水路通过变压器、电极等导电部分，以避免发热。焊接时，应先通冷却水，然后接通电源开关。

2. 焊接过程

点焊焊接过程如图 6 - 39 所示。

① 将工件表面清理干净，装配准确后送入上、下电极之间，加压力，使其接触良好 [图 6 - 39 (a)]。

② 通电使两工件接触表面受热，局部熔化形成熔核 [图 6 - 39 (b)]。

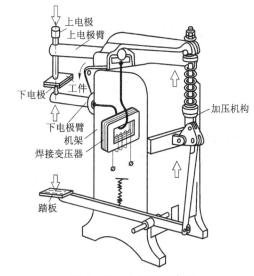

图 6 - 38 点焊机示意图

③ 断电后保持压力，使熔核在压力作用下冷却凝固，形成焊点 [图 6 - 39 (c)]。

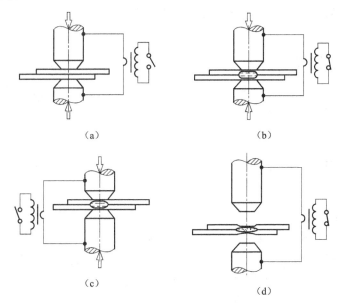

(a)   (b)

(c)   (d)

图 6 - 39 点焊的焊接过程

(a) 加压；(b) 通电；(c) 断电；(d) 退压

④ 去除压力，取出工件 [图 6 - 39 (d)]。

6.5 特种焊接技术

6.5.1 焊接的基本工艺

1. 压焊

焊接过程中，必须对焊件施加压力（加热或不加热），以完成焊接的方法。压焊广泛应用于航空、航天、原子能、电子技术、汽车、拖拉机制造及轻工业等工业部门。用压焊方法完成的焊接量每年约占世界总焊接量的1/3，并有继续增加的趋势。

（1）点焊

焊件装配成搭接接头，并压紧在两电极之间，利用电阻热熔化母材金属，形成焊点的电阻焊方法（图6-40）。主要用于厚度为0.3~8 mm无气密性要求的工件焊接。

（2）缝焊

焊件装配成搭接或对接接头并置于两滚轮电极之间，滚轮挤压焊件并转动，连续或断续送电，形成一条连续的电阻焊方法（图6-41）。主要用于有气密性要求的工件焊接。焊件厚度小于（3+3）mm。

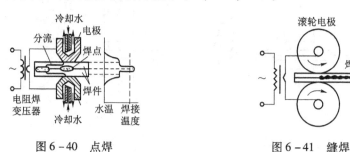

图6-40 点焊　　　　　　　　　图6-41 缝焊

（3）对焊

1）电阻对焊

将焊件装配成对接接头，使其端面紧密接触，利用电阻热加热至塑性状态，然后迅速施加压力完成焊接的方法（图6-42）。主要用于焊接直径小于20 mm，断面不大而紧凑的零件，也可用于棒材、管材、板材的焊接。

电阻对焊加热不均匀，热影响区宽，接头有很大突起，接头清理要求严，易产生夹渣等。

2）闪光对焊

焊件装配成对接接头，接通电源并使其端面逐渐移近，达到局部接触，利用电阻热加热这些接触点（产生闪光），使端面金属熔化，直至端部在一定深度范围内达到预定温度时，迅速施加压力，完成焊接的方法（图 6 - 43）。

图 6 - 42 电阻对焊　　　　　　　　图 6 - 43 闪光对焊

闪光对焊除可焊同种金属外，还适用于异种金属的焊接如铝、铜等焊接，截面可达 1 000 mm²。闪光对焊接头清理要求不如电阻对焊高。闪光对焊焊接的接头质量好、夹渣少、强度比电阻对焊高，焊件形状、尺寸应用范围广，但接头有毛刺，需专门设备去除。

2. 钎焊

钎焊指采用比母材熔点低的金属材料作钎料，将焊件和钎料加热到高于钎料熔点、低于母材熔点的温度，利用液态钎料润湿母材，填充接头间隙，并与母材相互扩散实现连接焊件的方法。

由于钎焊加热温度低，母材不熔化，焊接应力和变形小，尺寸精度高，但接头强度较低，耐热性差。因而多用于搭接接头的焊接。如仪器、仪表、微电子器件、真空器件的焊接。

根据钎料的熔点，钎焊可分为硬钎焊和软钎焊两大类。

（1）硬钎焊（高温钎焊）

常用钎料有铝基、银基、铜基、锰基和镍基钎料等，熔点大于 450 ℃，接头强度等于 400 ~ 500 MPa，适用于工作温度高、受力较大，但承载不如熔焊接头大的工件，如自行车三角架焊接、车刀刀头与刀杆焊接、双层卷焊管焊接、工艺品焊接等。

（2）软钎焊（低温钎焊）

常用钎料有铋基、铟基、锡基、铅基、镉基钎料等熔点小于 450 ℃，接头强度小于 70 MPa，适用于工作温度低、受力小的工件焊接，如半导体器件引脚、大功率管芯片等的焊接。

钎焊工艺过程为：焊前准备（除油、机械清理）—装配零件、安置钎料—加热、钎料熔化—冷却、形成接头—焊后清理—检验。

钎焊加热方法有：烙铁、火焰、电阻、感应、盐浴、红外、激光、气相（凝聚）、加热等。

6.5.2 特种焊接工艺

以上介绍了焊接的基本工艺方法，除此之外，还有一些特殊的焊接工艺。

1. 摩擦焊

利用焊件表面相互摩擦所产生的热，使表面达到热塑性状态，然后迅速顶锻，完成焊接的一种压焊方法（图6-44）。摩擦焊其特点是质量好、质量稳定、生产率高、易实现自动化、表面清理要求不高，尤其适于异种材料焊接，如各种铝—铜过渡接头、铜—不锈钢过渡接头、石油钻杆、电站锅炉蛇形管和阀门等。但设备投资大，工件必须有一个是回转体，不宜焊摩擦系数小或脆性材料。

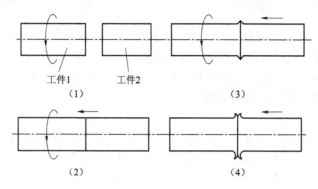

工件1　工件2
（1）　　　　　　　　（3）

（2）　　　　　　　　（4）

图6-44　摩擦焊

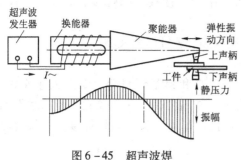

图6-45　超声波焊

2. 超声波

图6-45超声波焊利用超声波的高频振荡，能对焊件接头进行局部加热和表面清理，然后施加压力实现焊接的一种压焊方法（图6-45）。因焊接过程中无电流流经焊件，也无火焰、电弧等热源作用，所以焊件表面无变形、无热影响区，表面无需严格清理，焊接质量好。适于厚度小于0.5 mm的工件焊接，尤其适于异种材料的焊接，但功率小，应用受限。

3. 爆炸焊

利用炸药爆炸产生的冲击力造成焊件的迅速碰撞，实现连接焊件的一种压焊方法。任何具有足够强度和塑性，并能承受工艺过程所要求的快速变形的金属，均可进行爆炸焊。主要用于材料性能差异大，而用其他方法难焊的场合，如铝—钢、钛—不锈钢、钽—锆等的焊接，也可用于制造复合板。爆炸焊无需专用设备，工件形状、尺寸不限，但以平板、圆柱、圆锥形为宜。

4. 磁力脉焊

依靠被焊工件之间脉冲磁场相互作用而产生冲击的结果，来实现金属之间的连接。其作用原理与爆炸焊相似。可用来焊接薄壁管材，异种金属如铜—铝、铝—不锈钢、铜—不锈钢、锆—不锈钢等。

5. 电渣焊

电渣焊是利用电流通过液体熔渣所产生的电阻热进行熔焊的方法。可用于焊接大厚度工件（通常用于板厚 36 mm 以上的工件，最大厚度可达 2 m），生产效率比电弧焊高，不开坡口，只在接缝处保持 20～40 mm 的间隙，节省钢材和焊接材料，因此经济效益好。可以"以焊代铸""以焊代锻"，减轻结构重量。缺点是焊接接头晶粒大，对于重要结构，可通过焊后热处理来细化晶粒，改善力学性能。

6. 电子束焊

在真空环境中，从炽热阴极发射的电子被高压静电场加速，并经磁场聚集成高能量密度的电子束，以极高的速度轰击焊件表面，由于电子运动受阻而被制动，遂将动能变为热能而使焊件熔化，从而形成牢固的接头。其特点是焊速很快、焊缝深而窄、热影响区和焊接变形极小，焊缝质量极高。能焊接其他焊接工艺难于焊接的形状复杂的焊件，能焊接特种金属和难熔金属，也适于异种金属及金属与非金属的焊接等。

7. 激光焊

以聚焦的激光束作为热源轰击焊件所产生的热量进行焊接的方法。其特点是焊缝窄、热影响区和变形极小。在大气中能远距离传射到焊件上，不像电子束那样需要真空室。但穿透能力不及电子束焊接，激光焊可进行同种金属或异种金属间的焊接，其中包括铝、铜、银、合金、钼、镍、锆、铌以及难熔金属材料等，甚至还可焊接玻璃钢等非金属材料。

6.6 焊接变形和焊接缺陷

6.6.1 焊接变形

焊接时，工件局部受热，温度分布极不均匀，焊缝及其附近的金属被加热到高温时，受周围温度较低部分的金属所限制，不能自由膨胀，因而冷却以后就要发生纵向（沿焊缝长度方向）和横向（垂直焊缝方向）的收缩，引起整个工件的变形。

焊接变形的基本形式有：缩短变形、角变形、弯曲变形、扭曲变形和波浪变形等，如图 6-46 所示。

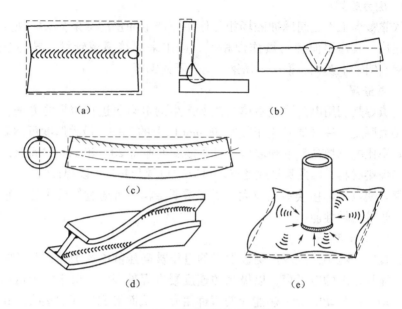

图 6 - 46　焊接变形的基本形式

（a）缩短变形；（b）角变形；（c）弯曲变形；（d）扭曲变形；（e）波浪形变形

6.6.2　焊接缺陷

一个合格的焊接接头应当满足以下几点。

①焊缝有足够的熔深，合适的熔宽与堆高，焊缝与母材的表面过渡平滑，弧坑饱满，无缺陷。

②机械性能及其他性能（如高温性能、低温性能、耐腐蚀性能等）合格。

在焊接过程中，由于材料（焊件材料、焊条、焊剂等）选择不当，焊前准备工作（清理装配、焊条烘干、工件预热等）做得不好，焊接规范不合适或操作方法不正确等原因，会造成各种焊接缺陷。

常见的缺陷（如图 6 - 47 所示）有：气孔、裂纹、咬边、夹渣和未焊透等，其特征及产生的原因简述如下。

（1）气孔

气孔是由于熔化金属凝固太快、焊接材料不干净、电弧太长或太短、焊接材料划分不当等而引起的熔池中的气泡，在凝固时未能逸出而残留下来所形成的孔穴 [图 6 - 47（a）]。

（2）裂纹

在焊接应力及其他致脆因素共同作用下，焊接接头中局部地区的金属原子结合力遭到破坏，而形成新界面所产生的缝隙［图6-47（b）］。它具有尖锐的缺口和大的长宽比特征。

（3）咬边

咬边是由于焊接参数选择不当或操作工艺不正确，沿焊池的母材部位产生的沟槽或凹陷［图6-47（c）、（d）］。

（4）夹渣

夹渣是由于焊接电流太小、清理不干净、金属凝固太快、运条不当或焊接材料成分不当，而引起的残留在焊缝中的熔渣［图6-47（c）］。

（5）未焊透

未焊透是由于焊接电流太小，焊接速度太快、坡口太小、钝边太厚、间隙太小或焊条角度不对等引起焊接接头根部未完全熔透的现象［图6-47（c）、（d）］。

另外，焊接过程中熔化金属流淌到焊缝之外未熔化的母材上还会形成如图［6-47（d）］所示的金属瘤。

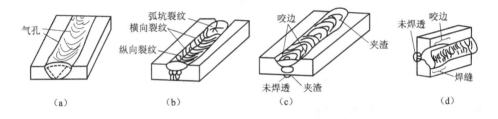

图6-47 焊接缺陷

通过外观检查、密封性试验、无损探伤及破坏性试验等可对焊接接头是否存在焊接缺陷进行检测，从而保证其焊接质量。

焊接缺陷必然要影响接头的机械性能和其他使用上的要求（如密封性，耐蚀性等），必须修补，否则，可能产生严重的后果。缺陷如不能修复，会造成产品报废。对于不太重要的接头，个别的小缺陷，如不影响使用，可以不必修补。但在任何情况下，裂缝和烧穿都是不允许的。

6.6.3 焊接接头的检验方法

对焊接接头进行必要的检验是保证焊接质量的重要措施。工件焊完后，应根据产品的技术要求进行相应的检验。生产中常用的检验方法有：外观检验、着色检验、无损探伤、致密性检验、机械性能检验等。

① 外观检验是用肉眼或低倍放大镜，观察焊缝表面有无缺陷。对焊缝的外形尺寸还可采用样板测量。

② 着色检验是利用流动性和渗透性好的着色剂来显示焊缝中的微小缺陷。

③ 无损探伤是用专门的仪器检验焊缝内部或浅表层有无缺陷。常用来检验焊缝内部缺陷的方法有：X 射线探伤、γ 射线探伤和超声波探伤等。对磁性材料（如碳钢及某些合金钢等）的浅表层的缺陷，可采用磁力探伤的方法。

④ 致密性检验是对要求密封和承受压力的容器或管道进行的检验，根据焊接结构负荷的特点和结构强度的不同要求，致密性检验可分为煤油试验、气压试验和水压试验 3 种。水压试验时，检验压力是工作压力的 1.2 ~ 1.5 倍。

此外，还可以根据设计要求将焊接接头制成试件，进行拉伸、弯曲、冲击等机械性能试验和其他性能试验。

6.7 焊件结构工艺性

良好的焊件结构工艺性须从制造工艺过程的简繁程度和获得优质焊接接头的难易等方面去评定。即在不影响构件性能要求的前提下，在结构设计上采取相应措施，从而简化焊接过程，避免缺陷的产生，节省材料，提高生产率和降低成本。

焊接工艺设计的原则如下。

6.7.1 焊接结构应便于施焊

设计时应尽可能使焊缝在结构中处于平焊位置，要留有足够的操作空间 ［图 6 - 48 （a）］。点（缝）焊构件时应使电极能伸到焊接部位 ［图 6 - 48 （b）］。

不合理   合理

（a）

α<60°
不合理

α>60°
合理

（b）

图 6 - 48 焊缝结构设计应便于施焊

6.7.2 焊件结构应有利于保证焊接质量

设计的焊件结构除了便于施焊之外，更重要的是应有利于减少焊接缺陷，保证焊接质量。为此，可从下面的几方面考虑。

① 在保证焊件结构使用性能的前提下，减少焊缝数量、减少焊缝长度的截面，可以减少焊接应力和变形，有利于控制整个焊接构件的质量，还减少了焊接工作量。例如，设计时应尽量采用冲压件或型材代替板料拼焊［图6‑49（a）］。

② 应使焊件在焊后不加工或少加工。例如，焊缝应布置在不需要加工的表面上，否则应先完成焊接再加工（焊接部位切削加工比较困难）［图6‑49（b）］。若须加工后再施焊，则焊缝应远离加工表面［图6‑49（c）］。

③ 应利于减少焊接应力。例如焊缝应尽量对称分布［图6‑49（d）］；分散布置焊缝［图6‑49（e）］；在厚壁与薄壁焊接时，应有过渡连接［图6‑49（f）］。

④ 尽可能避免在应力集中处布置焊缝［图6‑49（g）、（h）］。

另外应考虑焊工劳动条件。如在活动空间很小的封闭或半封闭结构上的焊缝（如管道、内径小于0.6 m的容器、锅炉等），应尽量采用单V形或U形坡口，使焊接工艺尽可能在外部进行。不宜翻转的结构应尽可能减少仰焊位置的焊缝。

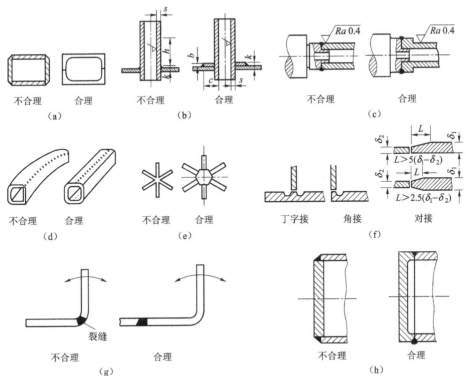

图6‑49　焊件结构设计的比较

复习思考题

1. 解释下列各词：焊缝与焊接接头，焊宽与焊深，正接与反接，平焊与立焊，对接与搭接、钝边与坡口。焊接电弧不易引燃的原因是什么？怎样解决？

2. 焊接时，焊条不易引燃的原因是什么？怎样解决？

3. 手弧焊时，为什么不采用光焊条焊接？而埋弧自动焊时则采用盘状光焊丝焊接？

4. 气焊点火操作顺序是什么？

5. 常用的手弧焊机有哪几种？

6. 试比较熔焊、压焊和钎焊有哪些不同？

7. 焊芯和药皮的作用有哪些？试一试用敲掉了药皮的焊条（或光焊丝）焊接，会产生什么结果？

8. 手弧焊的焊接规范主要包括哪些内容？焊接电流大小与焊接速度对焊缝成形有何影响？

9. 平焊时的操作要领是什么？

10. 常见的焊接接头形式有哪些？坡口的作用是什么？

11. 埋弧焊时，为什么可以采用比手弧焊时高好几倍的焊接电流？

12. 埋弧焊与手弧焊相比有什么特点？与埋弧焊、手弧焊相比，二氧化碳保护焊有何特点？

13. 气焊的焊丝外面没有涂药皮，它的熔池和焊缝靠什么来保护？

14. 乙炔瓶内多孔填料与丙酮各起什么作用？

15. 回火防止器是怎样防止回火的？

16. 气焊火焰分哪几种？低碳钢，中碳钢，高碳钢，普通低合金钢，铸铁，铜合金，铝合金等金属材料气焊时各采用哪种火焰？

17. 简述氧气切割原理及被切割金属应具备的条件。

18. 气焊时要注意哪些安全规则？

19. 电阻对焊和闪光对焊各有何优缺点？闪光对焊的质量为何比电阻对焊高？

20. 试分析焊接应力形成的主要原因及其对焊接结构的影响，并提出减少（小）焊接应力的主要措施。

21. 说明点焊的焊接过程。点焊时，为什么电极与工件间不会发生焊接现象？

22. 说明焊接变形产生的主要原因，焊接变形的基本形式有哪些？

23. 常见的焊接缺陷有哪些？用什么方法可以检查焊缝的内部缺陷？

24. 综合分析影响焊接质量的因素有哪些？如何控制？

25. 如图 6 – 50 所示，零件是气缸中的排气阀门，工作时阀盖承受冲击、摩擦、高温等作用，阀杆工况要求较低，现欲选用锻、焊联合工艺制造毛坯，试选择材料并确定焊接方法。

26. 分析图 6 – 51 焊缝设计的成败，并说明理由。

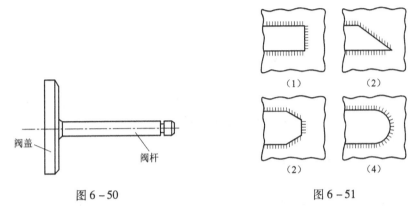

（1）　（2）
（2）　（4）

图 6 – 50　　　　　　　　　图 6 – 51

27. 试确定如图 6 – 52 所示卧式罐的焊接顺序？

28. 如图 6 – 53 所示铸件支架已损坏，欲改用焊接结构支架，试绘图设计之。

图 6 – 52

图 6 – 53

第7章

车　工

【车工实习安全技术】

1. 操作前必须穿好工作服，戴好工作帽，女生必须将长发放入帽内，严禁戴手套。

2. 实习应在指定车床上进行，不得乱动其他机床，工具或电气开关等。

3. 两人或两人以上同在一台车床上实习时，只准一人操作，开车前必须先打招呼，注意他人安全。

4. 开车前，将车床需要润滑的部位注入润滑油，检查车床上有无障碍物，各手柄的位置是否恰当，确认正常后才准开车。

5. 用卡盘夹紧工件要牢固，工件夹紧后，卡盘扳手应立即取下，以免主轴转动时飞出造成事故。

6. 开车后，人不能靠近正在旋转的工件，更不准用手或棉纱擦摸工件表面。

7. 严禁开车时变换车床主轴转速，变速、换刀、更换和测量工件时必须停车。

8. 车削时小刀架应调整到合适的位置，以防刀架碰撞卡盘。

9. 自动纵向或横向进给时，严禁大拖板或横刀架超过极限位置，以防脱落或碰撞卡盘。

10. 不要站在切屑飞出的方向，以免受伤。

11. 开车后，不准远离车床，如要离开，必须停车。发生事故时，要立即关闭车床电源。

12. 工作完毕，应切断电源，清除切屑，仔细擦拭车床。在导轨、丝杠、光杠等传动件上加润滑油，将各部件调整到正常位置上。

车工是机械加工中最常用的一个工种，用于加工零件上的回转表面，所用设备是车床，所用的刀具是车刀。另外，还可以用钻头、铰刀、丝锥、滚花刀等。在金属切削机床中，各类车床的数量约占机床总数一半左右。无论是在大批、成批生产中，还是在单件，小批生产中，车削加工都占有十分重要的地位。

车削加工时，工件的回转运动为主运动，车刀相对工件的移动为进给运动。如图 7 – 1 所示为车外圆。工件加工表面最大直径处的线速度称为切削速度，用 v（m/s）表示。工件每转一周，车刀所移动的距离称为进给量，用 f（mm/r）表示。车刀每一次切去的金属层厚度，称为切削深度，用 a_p（mm）表示。v、f、a_p 三者总称为切削用量。

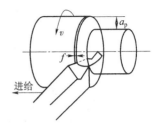

图 7 – 1　车削时的运动
及切削用量

车床加工的范围较广，如图 7 – 2 所示。

车床的种类很多，主要有普通车床、六角车床、立式车床、自动及半自动车床、数控车床等。在车床上加工外圆表面，精度一般可达 IT8 ~ IT10，表面粗糙度 Ra 值可达 12.5 ~ 1.6 μm。

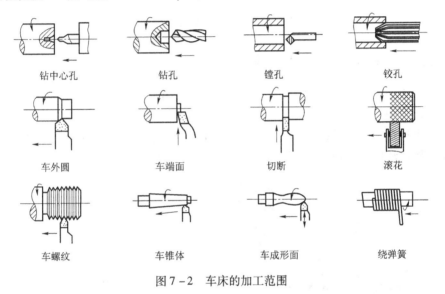

钻中心孔	钻孔	镗孔	铰孔
车外圆	车端面	切断	滚花
车螺纹	车锥体	车成形面	绕弹簧

图 7 – 2　车床的加工范围

7.1　普通车床简介

7.1.1　普通车床的编号

以普通车床 C6136（图 7 – 3）为例说明。在编号 C6136 中，"C" 车床汉语拼音的第一个字母（大写），为车削类机床的代号；"6" 普通车床；"1" 卧式车床；"36" 车床所加工工件的最大回转直径的 1/10，即所加工工件的最大直径为 360 mm。

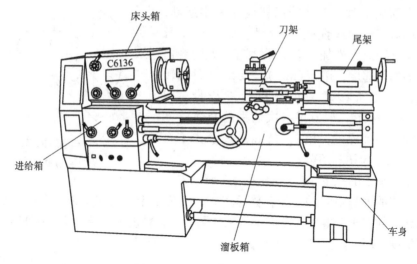

床头箱

刀架

尾架

C6136

进给箱

车身

溜板箱

图7-3 C6136普通车床外观

7.1.2 普通车床的组成部分

如图7-3所示，普通车床主要由6大部分组成。

1. 床身

床身是车床的基础部件，用来支承和连接车床各部件。床身上有供刀架和尾架移动用的导轨。床身由床脚支承并固定在地基上。

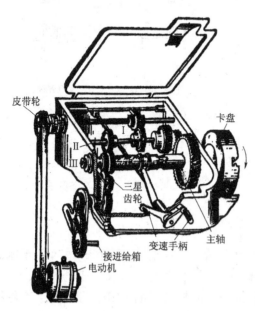

皮带轮

卡盘

Ⅰ

Ⅱ

Ⅲ

三星齿轮

变速手柄

主轴

接进给箱

电动机

图7-4 床头箱传动示意图

2. 床头箱

如图7-4所示，床头箱内装主轴和主轴变速机构。电动机的运动经三角带传给床头箱，床头箱内变速机构使主轴得到不同的转速。主轴又通过传动齿轮带动挂轮旋转，将运动传给进给箱。

如图7-5所示，主轴为空心结构。右端外螺纹用以连接拨盘、卡盘等附件，以此来夹持工件。前部内锥面用来安装顶尖。细长的通孔可以穿入长棒料进行装夹。

3. 进给箱

进给箱内装进给运动的变

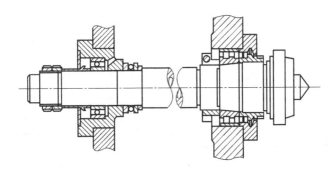

图 7 - 5　主轴结构图

速机构，可按所需要的进给量或螺距，调整变速机构以改变进给速度。

如图 7 - 6，进给箱变速主要是通过塔轮机构实现的，利用光杠、丝杠将进给运动传递给溜板箱。自动进给时用光杠传动，车削螺纹时用丝杠传动。光杠与丝杠不能同时进行传动。

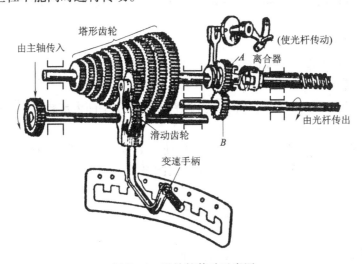

图 7 - 6　进给箱传动示意图

4. 溜板箱

溜板箱是车床进给运动的操纵箱。它可将光杠传来的旋转运动变为车刀需要的纵向或横向的直线运动，进行一般切削；也可操纵对开螺母，使刀架由丝杠直接带动车削螺纹。

5. 刀架

刀架用来夹持车刀，并使其做纵向、横向或斜向进给运动。它包括以下各部分（图 7 - 7）。

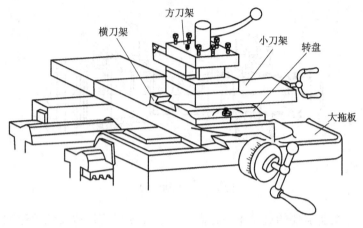

图 7 - 7　刀架

（1）大拖板

它与溜板箱固定连接，可带动整个刀架沿床身导轨纵向移动。其上有横向导轨。

（2）横刀架

它装置在大拖板的横向导轨上，可作横向移动。

（3）转盘

转盘与横刀架用螺钉紧固。松开螺钉，可在水平面内旋转任意角度。

（4）小刀架

可沿转盘上面的导轨作短距离的移动。将转盘扳转若干角度后，小刀架带动车刀可作相应的斜向移动，以便车削圆锥面。

（5）方刀架

用于装夹刀具，可同时安装4把不同类型的车刀。

6. 尾架

尾架如图 7 - 8 所示，套筒内装有顶尖，可用来支承较长的工件。它也可装上钻头、铰刀等工具，在工件上钻孔、铰孔等。它的位置可以沿床身导轨调节。

尾架由下列几部分组成：

（1）套筒

其左端有锥孔，用以安装顶尖或锥柄刀具。套筒在尾架体内的左右位置可以用手轮调节，并可用手柄锁紧固定。将套筒退到极右位置时，即可卸出顶尖或刀具。

（2）尾架体

如图 7 - 9 所示，它与底座相连，当松开固定螺钉后，就可用调节螺钉调整顶尖的横向位置。

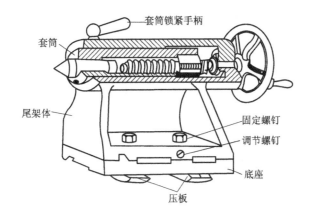

图 7 - 8 尾架

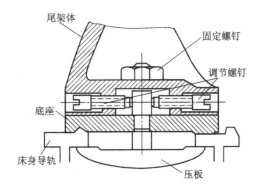

图 7 - 9 尾架体可以横向调节

（3）底座

它直接安装在床身导轨上。

7.1.3 普通车床的传动系统

图 7 - 10 是车床的传动系统示意图。电动机 1 输出动力，经三角带 2 将动力传递给床头箱。变换箱外的手柄位置，可使箱内不同的齿轮组 4 啮合，从而使主轴 5 得到不同的转速。主轴通过卡盘 6 带动工件作旋转运动。

此外，主轴的旋转通过挂轮箱 3、进给箱 13、光杠 9（或丝杠 8）、齿轮齿条 12 使溜板箱 10 带动刀架 7 沿床身导轨作直线走刀运动。通过齿轮 11 带动横刀架的丝杠，使横刀架作横向走刀运动。

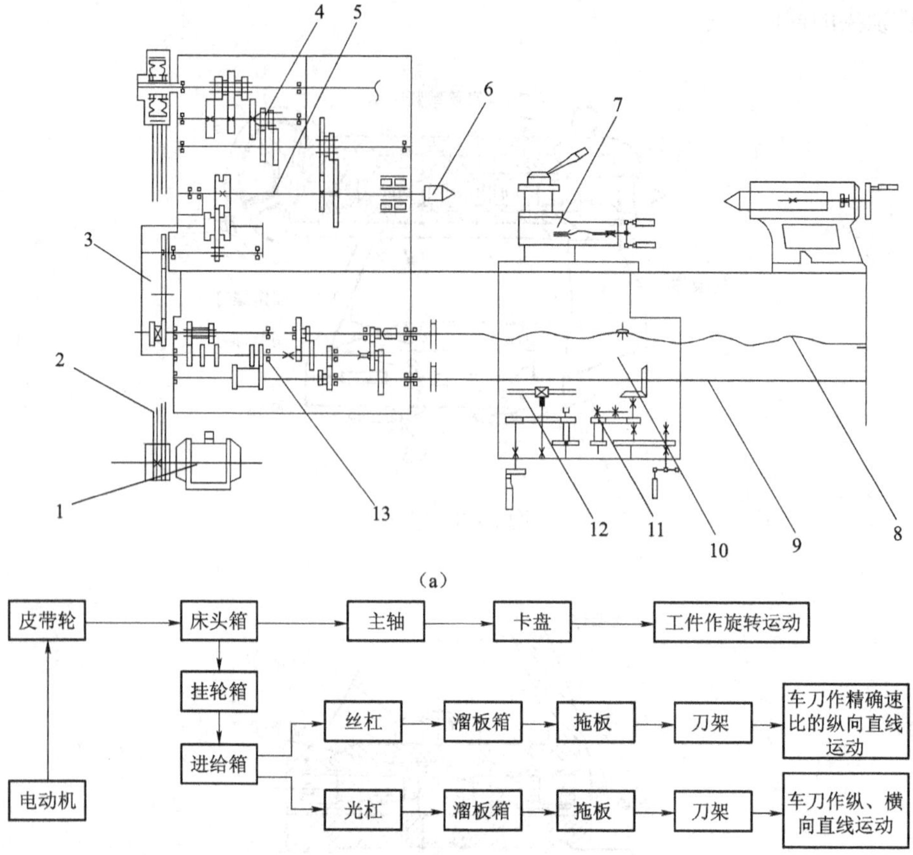

（a）

（b）

图 7 - 10　车床传动系统

（a）示意图；（b）框图

1—电动机；2—三角带；3—挂轮箱；4—齿轮组；5—主轴；6—卡盘；7—刀架；8—丝杠；
9—光杠；10—溜板箱；11—齿轮；12—齿轮齿条；13—进给箱

7.2　车刀及其安装

车刀的种类很多（图 7 - 11），但其组成角度、刃磨及安装基本相似，下面以外圆车刀为例说明。

7.2.1　车刀的组成

车刀由刀头和刀杆两部分组成（图 7 - 12）。

刀头是车刀的切削部分，一般是用高速钢或硬质合金等材料制成。刀杆是用来将车刀夹固在刀架或刀座上的部分。

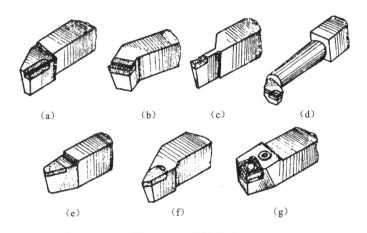

图 7 - 11　常用车刀

(a) 90°车刀（偏刀）；(b) 45°车刀（弯头车刀）；(c) 切断刀；(d) 镗孔刀；
(e) 成形车刀；(f) 螺纹车刀；(g) 硬质合金不重磨车刀

车刀的切削部分一般由三面、二刃、一尖组成（图 7 - 13）。

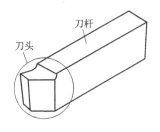

图 7 - 12　车刀组成部分

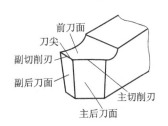

图 7 - 13　刀头形状

前刀面是切屑沿其流动的表面（也是车刀的上面）。

主后刀面是与工件切削表面相对的面。

副后刀面是与工件已加工的表面相对的面。

主切削刃是前刀面与主后刀面的交线，担负着主要切削任务。

副切削刃是前刀面与副后刀面的交线，承担少量的切削任务。

刀尖是主切削刃与副切削刃的交点，它通常是一小段过渡圆弧。

7.2.2　车刀的切削角度及其作用

如图 7 - 14 所示，车刀切削部分的主要角度有前角 γ_0、主后角 α_0、主偏角 κ_r、副偏角 $\kappa_{r'}$、刃倾角 λ_s。

（1）前角（γ_0）

前角是水平面与前刀面之间的夹角，其作用是使刀刃锋利，便于切削。但前角也不宜太大，否则会削弱刀刃的强度，容易磨损，甚至崩坏。

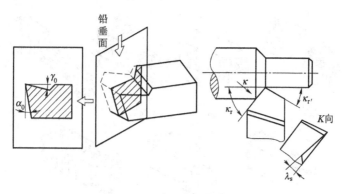

图 7 - 14　车刀的切削角度

切削塑性材料（如钢材）时，一般屑片多成带状，切削力集中在离刀刃较远的部位（图 7 - 15），刀刃不易崩坏，故前角一般应选大些，（高速钢车刀 $\gamma_0 = 15° \sim 25°$，硬质合金车刀 $\gamma_0 = 10° \sim 20°$）。

切削脆性材料（如铸铁）时，屑片成碎状，冲击力集中在刀刃附近（图 7 - 16），易使刀尖崩坏，故前角 γ_0 一般选小些（硬质合金车刀 $\gamma_0 = 5° \sim 15°$）。

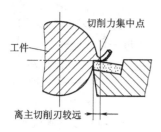

图 7 - 15　塑性材料切削情况

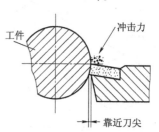

图 7 - 16　脆性材料切削情况

（2）主后角（α_0）

主后角是包含主切削刃的铅垂面与主后面的夹角，它的作用是减小车削时刀具与工件间接的摩擦。一般 $\alpha_0 = 6° \sim 12°$，粗加工选较小值，精加工选较大值。

（3）主偏角（κ_r）

主偏角是主切削刃与进给方向的夹角。一般 $\kappa_r = 30° \sim 90°$，通常以 45° 用得最多。其作用是改善切削条件，提高刀具寿命，同时还将影响车削时的径向力的大小。

（4）副偏角（$\kappa_{r'}$）

副偏角是副切削刃与进给方向的反方向的夹角，一般 $\kappa_{r'} = 5° \sim 10°$。其作用主要是减小副切削刃与已加工表面之间的摩擦，以改善加工表面的粗糙度。

（5）刃倾角（λ_s）

刃倾角是主切削刃与水平面之间的夹角。其作用是控制切屑流动的方向

（图 7 – 17），一般 $\lambda_s = -4° \sim 4°$。

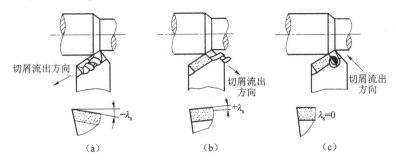

图 7 – 17 刃倾角及对切屑流动的影响

7.2.3 车刀刀具材料

1. 对车刀材料的性能要求

车刀切削部分在车削过程中，要承受很大的切削力和由摩擦产生的高温，以及振动和冲击等，因此车刀材料必须具备以下的基本性能。

（1）高的硬度

高的硬度指在常温下具有一定的硬度。一般刀具切削部分的硬度要高于工件硬度 3 ~ 4 倍。刀具硬度越高，越耐磨。

（2）高的热硬性

高的热硬性是指在高温下仍能保持切削所必须的硬度。

（3）足够的坚韧性

足够的坚韧性是指承受振动和冲击的能力。

2. 常用的车刀材料

目前常用的车刀材料有两种：高速钢和硬质合金。

（1）高速钢

它是以钨、铬、钒和钼为主要合金元素的高合金工具钢。常用的高速钢牌号有 W18Cr4V 和 W6Mo5Cr4V2 等（数字代表它前面元素含量的百分数）。热处理后硬度为 63 ~ 66HRC，热硬性较好，在 560 ℃ 左右仍能保持其切削性能。由于它的切削速度一般可达 25 ~ 30 m/min，比碳素工具钢高出 2 ~ 3 倍，因此称为高速钢。高速钢的抗弯强度、冲击韧性比硬质合金高，具有切削加工方便，刃磨容易，可锻造、可热处理等优点，所以常用来制造复杂刀具，如钻头、拉刀、齿轮刀具等。又因为它刃磨方便，容易磨得锋利，所以常用来做成低速精加工车刀（如宽刃大进给车刀），成形车刀等。

（2）硬质合金

它是用具有高耐磨性和耐热性的碳化钨（WC）、碳化钛（TiC）和钴

（Co）的粉末在高压下成形，并经 1 500 ℃的高温烧结而制成的，其中钴起黏接作用。

硬质合金的硬度为 74～82HRC，有较高的耐磨性和热硬性。在 800 ℃～1 000 ℃的温度下，仍能保持良好的切削性能，对高速切削十分有利。其缺点是韧性差，较脆，怕冲击，但可通过切削角度的合理刃磨加以弥补。

常用的硬质合金有钨钴合金、钨钛钴合金两类。

钨钴类合金是由碳化钨（WC）和钴（Co）组成，其代号为 YG，常用的牌号有 YG3、YG6、YG8 等，用来加工脆性材料。

钨钛钴类合金是由碳化钨（WC）、碳化钛（TiC）和钴（Co）组成，其代号为 YT，常用牌号为 YT5、YT15、YT30 等，用来加工塑性材料。

7.2.4　车刀刃磨

车刀用钝后，必须重新刃磨，以恢复原来的形状和角度。车刀是在砂轮机上刃磨的。磨高速钢车刀或硬质合金车刀刀体时，用氧化铝砂轮（一般为灰白色）；磨硬质合金刀头时，用碳化硅砂轮（一般为绿色）。刃磨的顺序和姿势如图 7 –18 所示。

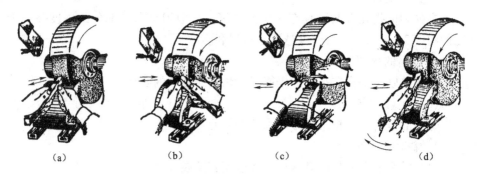

（a）　　　　　　　（b）　　　　　　　（c）　　　　　　　（d）

图 7 –18　车刀的刃磨

（a）磨后刀面；（b）磨副后刀面；（c）磨前刀面；（d）磨刀尖过渡刃

刃磨的顺序和姿势如下：

（1）磨后刀面

按主偏角大小，使刀杆向左偏斜；按主后角大小，使刀头向上翘；使主后面自下而上，慢慢接触砂轮。

（2）磨副后刀面

按副偏角大小，使刀杆向右偏斜；按副后角大小，使刀头向上翘；使副后刀面自下而上，慢慢接触砂轮。

（3）磨前刀面

刀杆尾部下倾；按前角大小倾斜前刀面；使切削刃与刀杆底面平行或倾

斜一定角度；使前刀面自下而上慢慢接触砂轮。

（4）磨刀尖过渡刃

刀尖上翘，使过渡刃处有后角；左右移动或摆动刃磨。

刃磨车刀时应注意以下事项：

① 人要站在砂轮侧面，双手拿稳车刀，用力要均匀，倾斜角度要合适。

② 要在砂轮圆周面的中间部位磨，并左右移动，使砂轮磨耗均匀，不要出现沟槽。

③ 磨高速钢车刀时，若刀头磨热应放入水中冷却，以免刀具因温升过高而软化。

磨硬质合金车刀，刀头磨热后，应将刀杆置于水内冷却，避免刀头过热沾水急冷而产生裂纹。

在砂轮机上将车刀刃磨好后，还应用油石细磨车刀的各面，进一步降低各面的粗糙度，从而提高车刀的耐用度。

7.2.5　车刀的安装

车刀安装在方刀架上，刀尖与主轴中心要保持等高。此外，车刀在刀架上伸出长短要合适，一般为刀杆厚度的 1.5～2 倍，垫片要放得平整，车刀与方刀架要锁紧。车刀安装如图 7－19 所示。

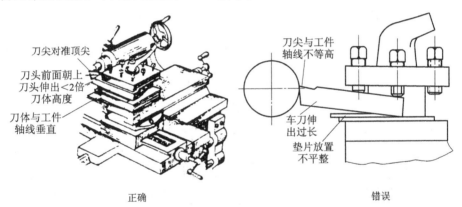

刀尖对准顶尖

刀头前面朝上
刀头伸出 <2 倍
刀体高度

刀体与工件
轴线垂直

刀尖与工件
轴线不等高

车刀伸
出过长

垫片放置
不平整

正确　　　　　　　　　　　　　　　　　错误

图 7－19　车刀的安装

7.2.6　机夹不重磨车刀

硬质合金刀片通常焊在刀杆上使用，这不但浪费刀体，而且刀片性能下降，用钝后还需刃磨。而机夹不重磨车刀，一般用机械方法将硬质合金刀片固夹在刀杆的刀槽内。刀刃磨损后，不需重磨，换一个刀刃即可继续切削，因而大大缩短了装卸车刀和刃磨所需时间，方便生产，提高效率。

图 7 - 20 为螺钉—锲块夹紧式不重磨车刀。常见的不重磨车刀片见图 7 - 21 所示。

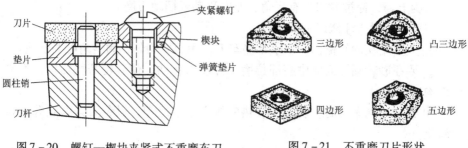

图 7 - 20　螺钉—楔块夹紧式不重磨车刀　　图 7 - 21　不重磨刀片形状

7.3　工件的安装及所用附件

车床上常用三爪卡盘、四爪卡盘、顶尖等附件来安装工件。

安装工件的主要要求是工件位置准确，即要使工件的加工表面回转中心与车床主轴中心重合，同时又要装夹牢固，以承受切削力，保证工作时安全。

7.3.1　用三爪卡盘安装工件

三爪卡盘是车床上最常用的通用夹具，适合于安装短棒料或盘类工件。它的构造如图 7 - 22（a）、（b）所示。

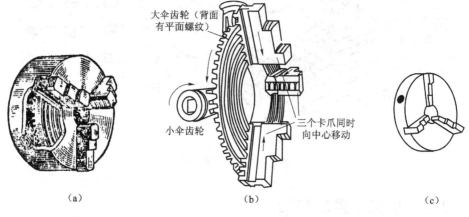

（a）　　　　　　　　　　　　　（b）　　　　　　　　　　　　（c）

图 7 - 22　三爪卡盘
（a）外形；（b）内部结构；（c）反三爪卡盘

当扳转小伞齿轮时，大锥齿轮便转动，它背面的平面螺纹就使 3 个卡爪同时向中心靠近或退出。因而三爪卡盘能自动定心，但其定心准确度并不太高（一般为 0.05 ~ 0.15 mm）。三爪卡盘还附带 3 个"反爪"，换到卡盘体上即可用来安装直径较大的工件，如图 7 - 22（c）所示。

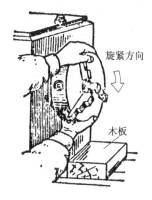

三爪卡盘是靠后面法兰盘上的螺纹直接安装在车床主轴上的（图 7 - 23）。由于卡盘较重，因此在安装时应预先在车床导轨上垫好木板，以防碰伤导轨。

用三爪卡盘安装工件时，可按下列步骤进行。

① 工件在卡爪间放正，先轻轻夹紧。

② 开动机床，使主轴低速旋转，检查工件有无偏摆。若有偏摆应停车，用小锤轻敲校正，然后紧固工件。固紧后，必须立即取下扳手，以免开车时飞出，碰伤人和机器。

图 7 - 23　安装三爪卡盘

③ 移动车刀至切削行程的左端，用手旋转卡盘，检查刀架等是否与卡盘或工件碰撞。

7.3.2　用四爪卡盘安装工件

四爪卡盘如（图 7 - 24）所示。每个卡爪后面有半瓣内螺纹，4 个卡爪分别通过 4 个调整螺丝独立移动。因此它可以装卡方形、椭圆形和不规则形状的工件（图 7 - 25）。同时四爪卡盘夹紧力大，所以也常用来夹紧较重的圆形工件。

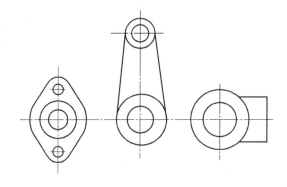

图 7 - 24　四爪卡盘　　　　图 7 - 25　适合四爪卡盘装卡的零件举例

用四爪卡盘安装工件时，必须进行细致找正。一般用划针盘按预先在工件上划的线找正［图 7 - 26（a）］。如零件安装精度要求较高，三爪卡盘不能满足安装要求，往往在四爪卡盘上安装。此时，须用百分表找正［图 7 - 26（b）］，安装精度可达 0.01 mm。

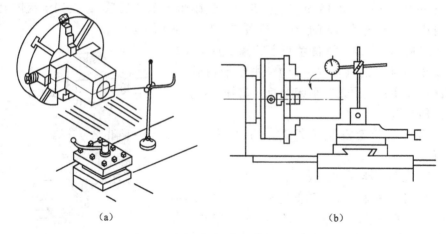

（a）   （b）

图 7 - 26　在四爪卡盘上找正工件位置

（a）用划针找正；（b）用百分表找正

7.3.3　用顶尖和拨盘安装工件

　　较长的轴类工件常用二顶尖安装。如图 7 - 27 所示，工件装夹在前后顶尖之间，用卡箍卡紧，拨盘带动旋转。前顶尖装在主轴的锥孔内，和主轴一起回转，后顶尖装在尾架套筒内固定不转。

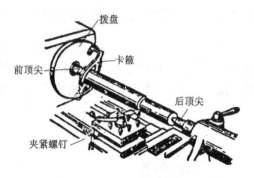

图 7 - 27　用二顶尖安装工件

　　常用的顶尖有普通顶尖（死顶尖）和活顶尖两种（图 7 - 28）。在高速切削粗加工和半精加工时，为了防止后顶尖与中心孔之间摩擦发热过大，导致磨损严重或烧坏，常采用活顶尖，此时，活顶尖与工件一起回转。

　　用顶尖安装时，工件二端面必须先钻出中心孔。图 7 - 29 （a）所示为普通中心孔与中心钻。

　　中心孔的锥面（60°）是与顶尖（60°）相配合的。前面的小圆孔是为了保证顶尖与锥面紧密接触的，此外还可以存留少量的润滑油。

　　中心孔多用中心钻在车床上［图 7 - 29 （b）］或钻床上钻出的，加工之前一般先将轴的端面车平。

　　使用双顶尖安装工件的步骤如下。

　　① 安装校正顶尖：安装顶尖前必须将主轴与尾架上的锥孔和顶尖擦净，

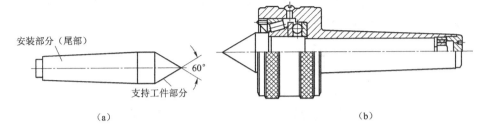

图 7 - 28 顶尖

（a）普通顶尖；（b）活顶尖

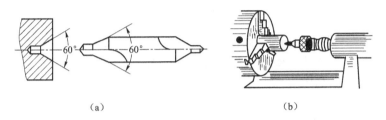

图 7 - 29 中心钻和钻中心孔

（a）加工普通中心孔；（b）在车床上钻中心孔

然后用力将顶尖推入锥孔。

校正时，把尾架移向床头箱，检查前后二顶尖的轴线是否重合。如果发现不重合，则必须将尾架作横向调节，使之符合要求（图 7 - 30）。

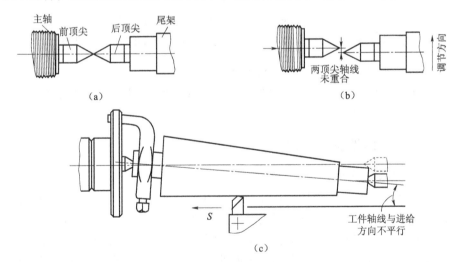

图 7 - 30 对准顶尖使轴线重合

（a）顶尖轴线必须重合；（b）顶尖轴线不重合时车出锥体；

（c）横向调节尾架体使顶尖轴线重合

② 在工件一端安装卡箍（图 7-31），先用手稍微拧紧卡箍螺钉。在工件的另一端中心孔里涂上润滑油。

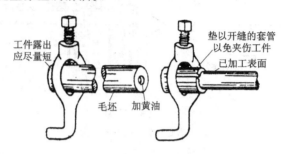

图 7-31 装卡箍

③ 将工件置于二顶尖之间，根据工件长度调整尾架位置，尽量使套筒伸出合理，即保证能让刀架移至车削行程的最右端，而且尾架套筒伸出长度最短。其安装步骤如图 7-32 所示。

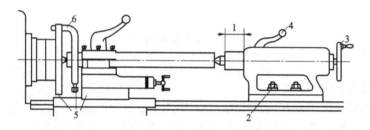

图 7-32 在顶尖上安装工件

1—调整套筒伸出长度；2—将尾架固定；3—调节工件与顶尖松紧；4—锁紧套筒；
5—刀架移至车削行程左端，用手转动拨盘，检查是否会碰撞；6—拧紧卡箍

注意！两顶尖与工件中心孔配合不宜太松或太紧。顶松了，工件定心不准，易引起工件振动或飞出；顶紧了，圆锥面间的摩擦增加，会使顶尖及中心孔磨损严重或烧坏。

7.3.4　用其他附件安装

1. 中心架与跟刀架

当加工细长轴类工件时，除了用顶尖装夹工件以外，还需要采用中心架或跟刀架支承，以防止长轴受切削力作用而产生变形。

中心架的结构如图 7-33 所示，它由压板、螺钉紧固在车床导轨上，调节 3 个支承爪与工件接触，以增加工件的刚性。中心架用于支承一般的长轴、阶梯轴，以及端面和孔都需要加工的长轴类工作。

与中心架不同，跟刀架是固定在大拖板上，并与刀架一起移动的。跟刀

架只有两个支承爪（图 7 - 34），它只适用于夹持精车或半精车的细长光轴类工件，如光杠等。

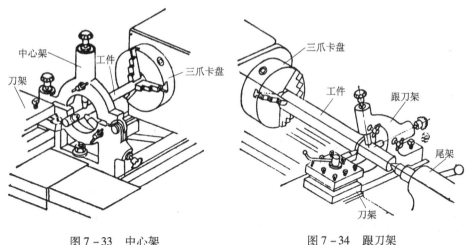

图 7 - 33 中心架   图 7 - 34 跟刀架

2. 花盘

形状复杂的工件可在花盘上安装（图 7 - 35）。用花盘和弯板安装工件时，找正比较费时。同时要用平衡铁平衡工件和弯板等，以防旋转时产生振动。

3. 心轴安装

有些形状复杂和同心度要求较高的套筒类零件，须用心轴安装后进行加工。这时，先加工好孔，然后以孔定位，安装在心轴上加工外圆。根据

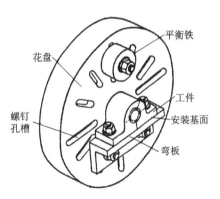

图 7 - 35 在花盘弯板上安装零件

工件的形状、尺寸、精度及加工数量不同，应采用不同结构的心轴。

当工件长度大于工件孔径时，可采用稍带有锥度（1：1 000 ~ 1：2 000）的心轴（图 7 - 36），靠心轴锥表面与工件间的变形而将工件夹紧。由于切削力是靠配合面的摩擦力传递的，故切削深度不能太大。另外工件孔的精度要求较高。

当工件长度比孔径小时，则应做成带螺母压紧的心轴（图 7 - 37）。工件左端紧靠心轴的台阶，由螺母及垫圈压紧在心轴上。为保证内外圆的同心度，孔与轴之间的配合间隙应尽可能小。

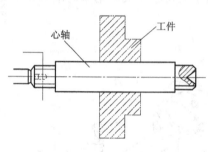

图 7-36　带锥度的心轴

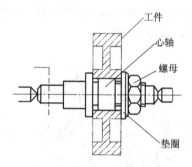

图 7-37　带螺母压紧的心轴

7.4　车床操作要点

7.4.1　熟悉车床操纵系统

在使用车床之前，必须了解各个操纵手柄的用途（图 7-38 及表 7-1），以免损坏车床。

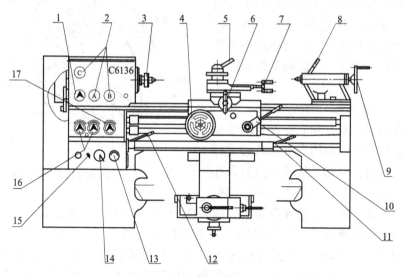

图 7-38　机床操纵系统图

操作机床时应注意下列事项。

① 床头箱手柄只许在停车或低速时扳动。

② 进给手柄只许在低速或停车时扳动。

③ 启动前要检查各手柄位置是否正确，手柄未到定位位置不得开车。

④ 装卸工件或离开机床时，必须停机。

表 7 – 1 操纵手柄说明表

图上编号	名称及用途	图上编号	名称及用途
1	左右旋螺纹选择手柄	10	自动进给手柄
2	变速手柄	11	主轴正反转操纵手柄
3	卡盘	12	主轴正反转操纵手柄
4	溜板箱纵向移动手柄	13	电源总开关
5	方刀架转位、固定手柄	14	照明灯开关
6	中拖板横向进给手柄	15	冷却液开关
7	小拖板移动手柄	16	进给量、螺距调整手柄
8	套筒固定手柄	17	光杠丝杠转换手柄
9	套筒伸缩手柄		

7.4.2　刻度盘及刻度手柄的使用

在调节切削深度时，应尽可能利用横刀架和小刀架上的刻度盘，以便迅速而准确地控制尺寸。如图 7 – 39 所示，横刀架上的刻度盘紧固在横刀架丝杠 5 的轴头上，而横刀架 2 和丝杠螺母紧固在一起。当横刀架手柄带动刻度盘转一周时，丝杠也转一周，此时螺母带动横刀架 2 移动一个螺距。横刀移

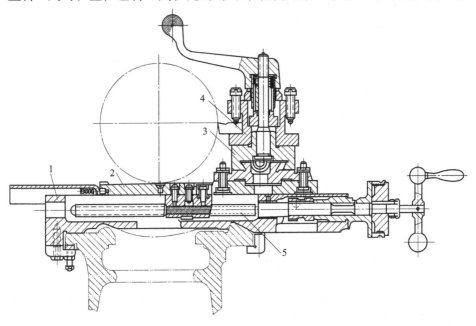

图 7 – 39　C6136 型车床溜板与刀架

1—导轨；2—横刀架；3—小刀架；4—刀架；5—横刀架丝杠

架动的距离可根据刻度盘上的格数来计算。

$$刻度盘每移动 - 格横刀架移动的距离 = \frac{丝杠螺距}{刻度盘格数}（mm）$$

例如 C6136 车床横刀架的螺距为 5 mm，而刻度盘等分为 100 格，故手柄每转一格，横刀架移动距离为 $\frac{5}{100} = 0.05$ mm。

使用刻度盘须注意下列事项。

① 了解所用机床刻度盘每转一小格时，车刀的移动量（a），然后根据切深（a_p）计算出所需转过的格数（$N = a_p/a$）。

例如 C6136 车床；$a = 0.05$ mm，当切深 $a_p = 0.5$ mm 时，$N = 0.5/0.05 = 10$ 格。

但应十分注意，车削回转面时，其圆周加工余量都是对称的，测量工件尺寸也是看其直径的变化，所以切深（a_p）应是直径变化量的一半，即 $a_p = \frac{1}{2}(d_2 - d_1)$（其中对于加工外圆，$d_1$ 是要达到的尺寸，d_2 是车削前的尺寸）。

② 加工外圆时，车刀向工件中心移动，称为进刀，远离中心为退刀。而加工内孔时，情况刚好相反。

③ 进刻度时，手柄必须慢慢转动，以使刻度线对准所需位置。如果刻度盘手柄转过了头或试刀后发现尺寸太小，由于丝杠与螺母之间存有间隙，刻度盘不能直接退回到所需要的刻度，应按图 7 – 40 所示方法进行纠正。

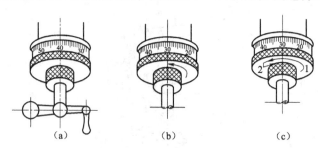

图 7 – 40　手柄摇过头后的纠正方法

（a）要求手柄转至 30，但摇过头成 40；（b）错误：直接退至 30；

（c）正确：反转约一圈后再转至所需位置的 30

7.4.3　试切的方法与步骤

当要进行精车时，为了准确地定切深，保证工件加工的尺寸精度，只靠刻度盘来进刀是不行的，因为刻度盘和丝杠都有误差，不能满足精车要求，这就需要采用试切的方法。

试切的方法与步骤如图 7 – 41 所示。图中（1）~（5）项是试切的一个循环，如果尺寸合格了，就按这个切深，将整个表面加工完毕。如果尺寸还大，就要自第（6）项起重新进行试切，直到尺寸合格才能停止进刀，然后将整个表面加工完毕。

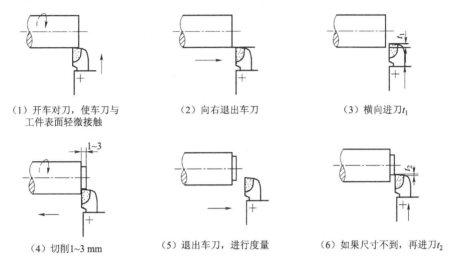

（1）开车对刀，使车刀与 工件表面轻微接触　　　　（2）向右退出车刀　　　　　（3）横向进刀 t_1

（4）切削 1~3 mm　　　　　（5）退出车刀，进行度量　　（6）如果尺寸不到，再进刀 t_2

图 7-41　试切的方法与步骤

7.5　车削基本工艺

7.5.1　车外圆和台阶

车外圆时，根据精度和表面粗糙度的不同要求，常须经过粗车和精车两个步骤。

1. 粗车

一般精度可达 IT10~IT11，表面粗糙度值 Ra 可达 12.5~3.2 μm。粗车的主要目的是切去工件上的大部分加工余量，使工件接近最后的形状和尺寸。粗车车刀，主要要求有足够的刚度和强度，因此刀具前角（γ_0）、后角（α_0）、刃倾角（λ_s）较小，而主偏角（κ_r）较大。图 7-42 为比较典型的 75° 硬质合金车削钢件的粗车刀。

由于粗车精度和表面粗糙度要求不高，一般都采用较大的切深（取 a_p = 1~4 mm）。切削铸件时，因工件表面有硬皮，可先车端面或先倒角，然后选择较大的切深，以免刀尖被硬皮碰坏或磨损严重（图 7-43）。

粗车的进给量，在机床及刀具的强度和工件的刚度可能的条件下，应尽可能取大些（f = 0.3~1.2 mm/r），以提高生产率。

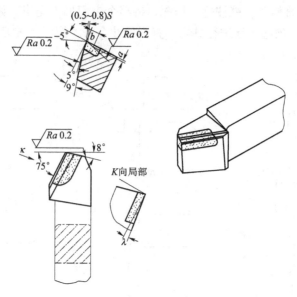

图 7 – 42 75°硬质合金钢件粗车刀

切削速度的选择与切深、进给量、刀具和工件材料等有关。例如硬质合金车刀车削钢料时可取 $v = 1 \sim 3$ m/s，高速钢车削钢料时 $v = 0.3 \sim 1$ m/s，车削硬钢比车削软钢时 v 低些，而车削铸铁件又比车钢件时 v 低些。

根据切削速度，可按下式计算主轴转速：

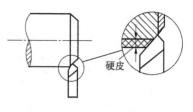

图 7 – 43　粗车铸件的切深

$$n = \frac{60 \times 1\,000v}{\pi D}$$

式中　n——主轴转速（r/min）；

　　　v——切削速度（m/s）；

　　　D——工件切削部分的最大直径（mm）。

算出 n 后，再照具体车床所附转速表，选用最接近的转速。

2. 精车

一般精度可达 IT7 ~ IT8，表面粗糙度值 Ra 可达 3.2 ~ 0.8 μm。精车的主要目的是保证零件的尺寸精度和表面粗糙度。因此精车的切削深度较小（$a_p = 0.1 \sim 0.5$ mm），进给量也较小（$f = 0.05 \sim 0.2$ mm/r），粗糙度要求较小时选小值。

精车时的切削速度一般较高。硬质合金车刀高速切钢时，$v = 100 \sim 200$ m/min；切铸铁可取 60 ~ 100 m/min。

精车时，除应选择较小切深和进给量及较高的切削速度外，还应选择合适的车刀几何形状，并且把刀刃磨得锋利一些，用油石把前面和后面打磨得光一些，才能保证所需要的粗糙度。

图 7 - 44 所示为 90°钢件精车刀。要求前角（γ_0）、后角（α_0）取大些，副偏角（κ_r）较小，采用负值的刃倾角（λ_s）。

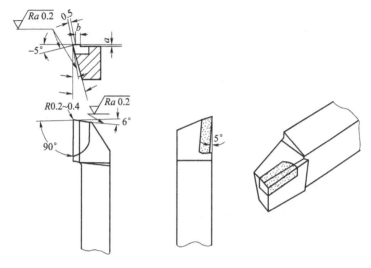

图 7 - 44　90°钢件精车刀

3. 车外圆和台阶

外圆车削主要有图 7 - 45 所示的几种。

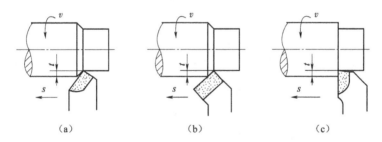

（a）　　　　　　　　（b）　　　　　　　　（c）

图 7 - 45　常见的外圆车削

（a）尖刀车外圆；（b）弯头刀车外圆；（c）偏刀车外圆

尖刀主要用于粗车外圆和没有台阶或台阶不大的外圆。弯头刀用于车外圆、端面、倒角和有 45°斜面的外圆。偏刀的主偏角 $\kappa_r = 90°$，车外圆时径向力较小，常用来车垂直台阶的外圆和车细长轴。

车高度在 5 mm 以下的台阶时，可在车外圆的同时车出（图 7 - 46）。为了使车刀的主切削刃垂直于工件的轴线，可在先切好的端面对刀，使主切削刃与端面贴平。

为了使台阶长度符合要求，要用钢尺确定台阶长度，如图 7 - 47 所示。车削时，先用刀尖刻出线痕，以此作为加工界限。这种方法不很准确，一般刻痕所定长度应比所需长度略短，留有余地。

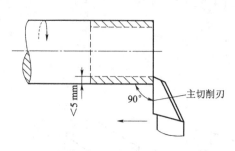

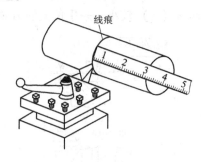

图 7 - 46　低台阶一次车出　　　　　图 7 - 47　用钢尺确定台阶长度

7.5.2　车端面

车削端面时，常用弯头或偏头车刀，如图 7 - 48 所示。

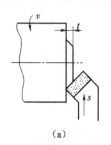　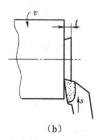　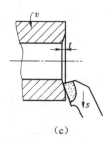

（a）　　　　　　　　　（b）　　　　　　　　　（c）

图 7 - 48　车端面

（a）弯头刀车端面；（b）偏刀车端面（由外向中心）；（c）偏刀车端面（由中心向外）

车刀安装时，应注意刀尖要准确地对准工件中心，以免车出的端面中心留有凸台。

车端面时，车刀可由外向里切削［图 7 - 48（a）、（b）］，但要求端面粗糙度较小时，最后一刀可由中心向外切削［图 7 - 48（c）］。

7.5.3　切槽与切断

1. 切槽

切槽使用切槽刀（图 7 - 49）。

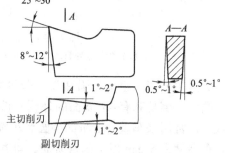

图 7 - 49　切槽刀

切削 5 mm 以下的窄槽时，可以用主切削刃与槽宽相等的切槽刀，一次切出。切削宽槽时，可按图 7 - 50 所示的方法切削。

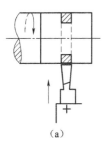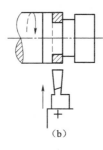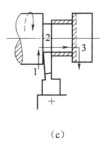

（a）　　　　　　　　　　　（b）　　　　　　　　　　　（c）

图 7 - 50　切宽槽

（a）第一次横向送进；（b）第二次横向送进；（c）末一次横向送进后再以纵向送进精车槽底

2. 切断

切断要用切断刀。切断刀的形状和切槽刀相似，但因刀头窄而长，切断时伸进工件的内部，散热条件差，排屑困难，切削时容易折断。

切断时应注意以下几点：

① 切断时，工件一般用卡盘夹持。工件的切断处应距卡盘近些，避免在顶尖上切断（图 7 - 51）。

② 切断刀必须正确安装。刀尖应与工件中心等高，否则切断处将剩有凸台，刀头易损坏（图 7 - 52），且车刀伸出刀架长度不要过长。

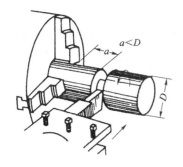

图 7 - 51　在卡盘上切断

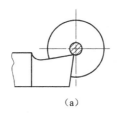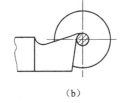

（a）　　　　　　　　　　（b）

图 7 - 52　切断刀刀尖应与工件中心等高

（a）切断刀安装过低，刀头易被压断；

（b）切断刀安装过高，刀具后面顶住工件，不易切削

③ 切断时应降低切削速度，并应尽可能减小主轴间隙和刀架滑动部分的间隙。

④ 切削时，用手均匀而缓慢地进给，切钢时须加冷却液。即将切断时，须放慢进给速度，以免刀头折断。

7.5.4 孔加工

车床上可以用钻头、镗刀，扩孔钻，铰刀等刀具进行孔加工。

1. 钻孔、扩孔、铰孔

在车床上钻孔的方式如图 7 – 53 所示（扩孔、铰孔与钻孔基本相似）。

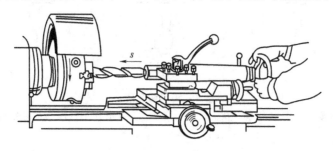

图 7 –53　在车床上钻孔

钻孔的步骤及方法如下：

① 车平端面。为便于钻头定中心，防止钻偏，并最好在端面中心处定出凹坑。

② 装卡钻头。装卡钻头一般需要利用钻夹头夹持和过渡套筒，将钻头安装在尾架套筒内。

③ 调整尾架位置。用手摇尾架套筒进给能使钻头至所需长度，同时套筒伸出长度最短，然后固定尾架。

④ 开车钻孔。切削速度不宜过大（$v = 0.3 \sim 0.4$ m/s），开始钻孔时进给宜慢，以使钻头准确地钻入工件，然后加大进给。孔将钻通时，须减低进给速度。孔钻通后，先退出钻头，然后停车。

钻削过程中，须经常退出钻头排屑。钻削碳素钢时，须加冷却液。

钻孔精度为 IT10 ~ IT11，表面粗糙度值为 Ra12.5 ~ 3.2 μm，多用于孔的粗加工。

扩孔采用扩孔钻，一般用作孔的半精加工。精度可达 IT9 ~ IT10，表面粗糙度 Ra 为 6.3 ~ 3.2 μm，加工余量为 0.5 ~ 2 mm。

铰孔是用铰刀作孔的精加工。铰孔余量一般为 0.1 ~ 0.2 mm，精度为 IT7 ~ IT8，表面粗糙度 Ra 可达 1.6 ~ 0.8 μm。在车床上加工直径较小，而精度较高和表面粗糙度较低的孔，常用钻—扩—铰方案。

2. 镗孔

镗孔是对孔径较大的锻出、铸出或钻出的孔的进一步加工。镗孔可分为粗镗、半精镗、精镗。精镗孔的精度一般可达 IT7 ~ IT8，表面粗糙度 Ra 为 6.3 ~ 1.6 μm。

如图 7 - 54 所示，为镗孔的 3 种情况。其中镗不通孔或台阶时，当镗刀纵向进给至末端时，需作横向进给加工内端面，以保证内端面与孔轴线垂直。

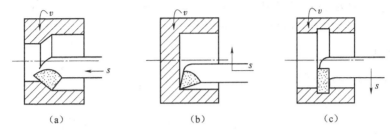

图 7 - 54　镗孔工作
(a) 镗通孔；(b) 镗不通孔；(c) 镗槽

　　为保证镗刀有足够的刚度，镗刀杆应尽可能粗些。安装镗刀时，伸出刀架的长度应尽量小。刀尖装得要略高于主轴中心，以减少颤动和扎刀现象。此外，若刀尖低于工件孔中心，也往往会使镗刀下部碰坏孔壁。

　　由于镗刀刚性较差，容易产生变形与振动，镗孔时，往往采用较小的进给量 f 与切深 a_p，进行多次走刀，因此生产率较低。但镗刀制造简单，大直径和非标准直径的孔都可以加工，通用性强，且能较好地纠正原来孔轴线的偏斜，因此应用广泛。

7.5.5　车锥度

　　1. 圆锥各部分名称、代号及计算公式

　　圆锥体和圆锥孔的各部分名称、代号及计算公式均相同，圆锥体的主要尺寸如图 7 - 55 所示。

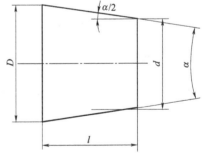

$$锥度：C = \frac{D - d}{l} = 2\tan\frac{\alpha}{2}$$

$$斜度：s = \frac{D - d}{2l} = \tan\frac{\alpha}{2}$$

式中　α——圆锥的锥角，$\alpha/2$ 为半锥角；

　　　　l——锥面轴向长度（mm）；

　　　　D——锥面大端直径（mm）；

　　　　d——锥面小端直径（mm）。

　　2. 车圆锥的方法

图 7 - 55　锥体主要尺寸

　　车锥度有 4 种方法：小刀架转位法、锥尺加工法（也叫靠模法）、尾架偏移法和样板刀法（也叫宽刀法）。其中小刀架转位法（图 7 - 56）是根据零件的锥度 2α，将小刀架板转 α 角，即可加工。这种方法操作简单，能保证一定的加工精度，而且还能车内锥面和锥角很大的锥面，因此被广泛应用。但由于受小刀架行程限制，并且不能自动进刀，所以只适用于加工短的圆锥工件。

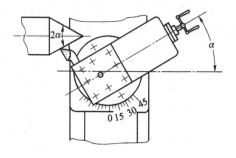

图 7 - 56　小刀架转伴法加工锥度

7.5.6　车成形面

有些零件如手柄、手轮、圆球等，它们的表面是由曲面组成的，这类零件的表面称为成形面。下面介绍 3 种成形面的加工方法。

1. 双手控制法车削成形面

如图 7 - 57 所示，用双手控制车刀，按纵向和横向综合进给车削，使刀尖所走的曲线符合被加工零件的曲面形状，一般需经多次反复度量（用样板）修整，才能达到所需精度。

2. 用样板刀（或叫成形刀）车成形面

车成形面的样板刀的刀刃是曲线，其形状完全模仿要加工零件的表面轮廓（图 7 - 58）。该方法常用来加工形状较简单的成形面和要求不太精确的成形面。

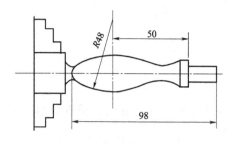

图 7 - 57　摇手柄

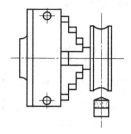

图 7 - 58　用样板刀车成形面

3. 用靠模法车成形面

如图 7 - 59 所示，用靠模法加工手柄的成形面。此时横刀架上的螺母已经与丝杠脱开，其前面的拉杆 4 上装有滚柱 3。当大拖板纵向走刀时，滚柱 3 即在靠模板 2 上的曲线槽内移动，从而使车刀刀尖也随着作曲线移动，这样就切出手柄 1 上的成形面。如果将小刀架转 90°即可控制切深。

7.5.7　滚花

各种工具和机器零件上的手柄部分，为了便于握持和增加美观，常常在表面上滚出各种不同的花纹。这些花纹一般都是在车床上用滚花刀滚压而成的，最常见的是滚出网纹（图 7 - 60）。

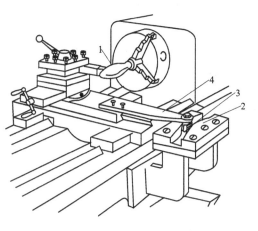

图7-59 用靠模法车摇手柄

1—手柄；2—靠模板；3—滚柱；4—拉杆

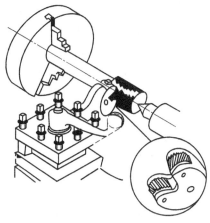

图7-60 滚花

7.5.8 车螺纹

螺纹的种类很多，有公制螺纹和英制螺纹。按牙形分有三角形螺纹、梯形螺纹、方牙螺纹。其中普通公制三角形螺纹应用最广。

1. 普通螺纹各部分的名称及其基本尺寸

普通螺纹各部分名称及其基本尺寸如图7-61及表7-2所示。

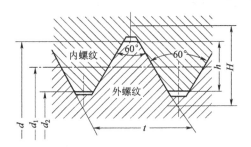

图7-61 普通螺纹各部分名称

表7-2 普通螺纹的基本尺寸

螺纹外径（公称直径）	d
螺距	t
螺纹中径	$d_1 = d - 0.65\,t$
螺纹内径	$d_2 = d - 1.08\,t$
理论牙高	$H = 0.866\,t$
工作牙高	$h = 0.54\,t$

① 牙形角 α。是在轴线方向的剖面内螺纹两侧面所成的夹角。公制三角形螺纹 $\alpha = 60°$，英制螺纹 $\alpha = 55°$。

② 螺距 t。轴向螺距是沿轴线方向相邻两牙对应点之间的距离。公制螺纹的螺距以 mm 为单位，英制螺纹的螺距以每英寸牙数表示。

③ 螺纹中径 d_1。它是平分螺纹理论高度 H 的一个假想圆柱体的直径。在中径处，螺纹牙厚与槽宽相等。只有当内外螺纹的中径、牙形角和螺距一致时，二者才能很好地配合。

螺纹其他部分的名称和尺寸见表 7 - 2。

2. 螺纹的车削加工

车床可加工各种螺纹。虽然各种螺纹各有特点，但基本的车削方法却是相同的。下面以车削公制三角形螺纹为例说明。

（1）传动原理

车螺纹时，为获得准确的螺距，必须用丝杠带动刀架进给，使工件每转一周，刀具移动的距离等于螺距，此时主轴至丝杠的传动路线如图 7 - 62 所示。

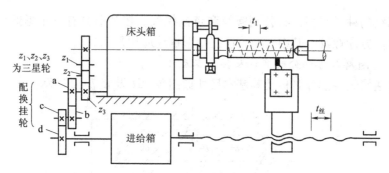

图 7 - 62　车螺纹时车床传动的图解

主轴通过三星挂轮 z_1、z_2、z_3（三星挂轮只改变丝杠旋转方向），配换挂轮 a、b、c、d 和进给箱，将运动传给丝杠。在这一传动系统中，必须保证主轴带动工件转一转时，丝杠带动刀架移动 $t_工$ 距离，即丝杠要转 $t_工/t_丝$ 转，此时丝杠与主轴的转速比 $i = t_工/t_丝$。可通过配换齿轮 a、b、c、d 的齿数和改变进给箱手柄的位置来满足下式：

$$\frac{n_{丝杠}}{n_{主轴}} = \frac{z_a}{z_b} \times \frac{z_c}{z_d} \times i_进 = \frac{t_工}{t_丝}$$

即可车出所要求的螺距为 $t_工$ 的螺纹。

（2）避免乱扣

车螺纹时须经过多次走刀才能切成。在每次走刀时，必须保证车刀总是准确落在已切出的螺纹槽内，否则就叫"乱扣"。如果乱扣工件即成废品。为避免乱扣应注意以下几点。

① 在车削过程中和退刀时，始终不得脱开传动系统中任何齿轮或对开螺母。但当丝杠螺距与车削螺纹的螺距之比为整数时，则可在不切削时（包括退刀时）脱开螺母，再次切削时，随即合上对开螺母即可。

② 车刀在刀架上的位置应始终保持不变，如中途须卸下进行刃磨，则应重新对刀。对刀必须在合上对开螺母使刀架移动至工件的中间后，停车进行。此时移动小刀架使车刀切削刃与螺纹槽吻合。

③ 工件与主轴的相对位置不得改变。若取下工件进行测量时，不得松开卡箍。重新装上工件时须恢复卡箍与拨盘间原来的相对位置，并且须对刀进行检查。

（3）螺纹车刀及安装

螺纹截面形状的精度取决于螺纹车刀的几何形状及在车床上的安装位置是否正确。为了获得准确的螺纹截面形状，螺纹车刀的刀尖角 ε 应等于被切螺纹的牙形角。如图 7-63 所示，公制螺纹车刀尖角应为 $60°$，同时车刀前角 $\gamma_0 = 0$，粗车或精度要求较低的螺纹，常带有 $5° \sim 15°$ 的正前角，以使切削顺利。

安装螺纹车刀时，应使刀尖与工件的轴线等高，刀头中心线与工件轴线垂直，可用角度板对刀（图 7-64）。

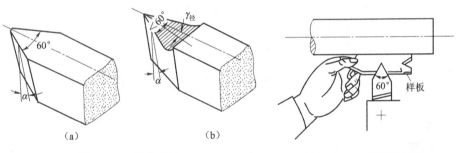

图 7-63 螺纹车刀
（a）前角等于零度；（b）有径向前角

图 7-64 用样板对刀

（4）机床调整及工件安装

根据工件螺距大小，查找车床铭牌，选定进给箱手柄位置或更换挂轮。进给传动由丝杠传动，应选较低的主轴转速，以使切削顺利及有充分的时间退刀。为使刀具移动平稳、均匀，须调整导轨与拖板的间隙和小刀架丝杠螺母的间隙。

工件装夹必须牢固，以防车削时工件与主轴之间有微小松动，会影响被加工螺纹的精度。

（5）车削螺纹的步骤（图 7-65）

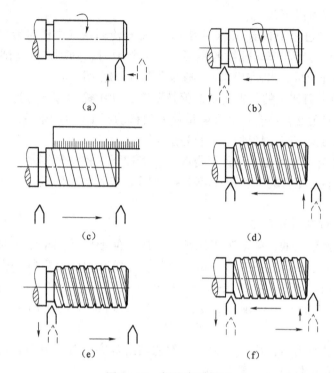

图 7 - 65　螺纹车削步骤

（a）开车，使车刀与工件轻微接触，记下刻度盘读数，向右退出车刀；

（b）合上开合螺母在工件表面上车出一条螺旋线，横向退出车刀，停车；

（c）开反车，使车刀退到工件右端，停车用钢尺或游标卡尺检查螺距是否正确；

（d）调整切深，开车切削，车钢料要加切削液；

（e）车刀行至螺纹端头时应快速退出，然后停车，开反车向右退回刀架；

（f）再调整切深，继续切削直至达到要求

　　螺纹车出后，要用锉刀锉去毛刺，停车用螺纹环规（图 7 - 66）检查。根据螺纹中径的公差，每种环规有过规、止规。如果过规能拧进螺纹中去，而止规拧不进去，则说明所车三角形螺纹中径合格。

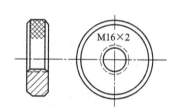

图 7 - 66　螺纹环规

7.6　其他车床简介

　　在生产中，为了满足不同尺寸、形状零件的加工和生产率的需要，除了普通车床外，还常用六角车床、立式车床以及多刀半自动车床和数控车床等。现简单介绍六角车床和立式车床。

7.6.1　六角车床

六角车床的结构与普通车床相似,如图 7 - 67 所示,所不同的是没有丝杠,并由可转动的六角刀架代替普通车床上的尾架。六角刀架上可以同时装夹 6 把(组)刀具(如钻头、铰刀、板牙、车刀等),既能加工孔,又能加工外圆和螺纹。这些刀具是按零件的加工顺序安装的,六角刀架每转 60°,便可更换一组刀具,而且可与方刀架上的刀具同时对工件进行加工。

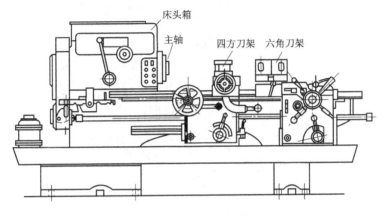

图 7 - 67　六角车床

六角车床主要用于外形复杂,而且多半具有内孔的成批零件的生产加工。机床上设有定程挡块,以控制刀具的行程,操作方便迅速,具有半自动化的优点。

7.6.2　立式车床

立式车床是适用于加工大型盘类零件的机床。可以进行内外圆柱面、圆锥面、端面等表面的加工。

如图 7 - 68 为立式车床的外形图。它的主轴处于垂直位置,装夹工件用的工作台绕垂直轴线旋转,在工作台的后侧面有立柱,立柱上有横梁和一个侧刀架,它们都可以沿着立柱的导轨上下移动。立刀架溜板可沿横梁左右移动。溜板上有转台,可以使刀具斜放成不同的角度。立刀架可作垂直方向或斜向进给。立刀架上的转塔有 5 个孔,可以放置不同的刀具,旋转转塔即可准确而迅速地更换刀具。侧刀架上的四方刀台夹持刀具,可往复作水平方向的移动。

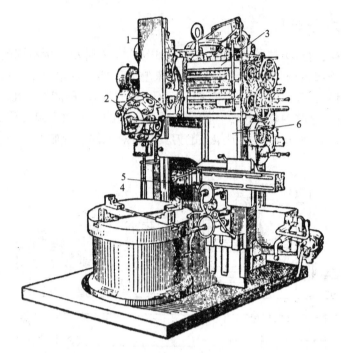

图 7 - 68   立式车床

1—立刀架溜板；2—立刀架；3—横梁；4—花盘；5—横刀架；6—立柱

复习思考题

1. 车削时工件和刀具须作哪些运动？切削用量包括哪些内容？用什么单位表示？

2. 车削加工的精度一般可达到几级？表面粗糙度值 Ra 为多少？

3. 光杠和丝杠的作用是什么？为什么车外圆时不能用丝杠带动刀架？车螺纹时不能用光杠带动刀架？

4. 说明车床的各主要组成部分，各有何功用？

5. 车刀是由哪些材料制成的？应怎样选择砂轮刃磨车刀？

6. 车刀切削部分由哪些表面和切削刃组成？

7. 车刀刃磨时，应注意哪些问题？

8. 安装工件和车刀时应注意什么？

9. 三爪卡盘、四爪卡盘，顶尖的作用是什么？分别用在什么场合？

10. 使用四爪卡盘或花盘时，如何对工件进行找正？

11. 试从加工要求、刀具形状、切削用量、切削步骤说明车床的操纵要点。

12. 使用横向进给丝杠上的刻度盘调整切削深度时，应注意些什么？

13. 车端面的作用是什么？车削前或钻孔前为何都先要车端面？

14. 车外圆常用哪些车刀？主偏角不同其作用有何不同？

15. 卧式车床能加工哪些表面？分别用什么刀具？所能达到的公差等级和表面粗糙度一般为几级？

16. 镗孔与钻孔相比有何特点？为什么镗孔的切削用量比车外圆时小？

17. 车螺纹时为何必须用丝杠带动刀架移动？主轴转速与刀具移动速度有何关系？

18. 车削圆锥表面常用的加工方法有哪几种？如何车削？怎样检验？

19. 如何防止车螺纹时的"乱扣"现象？试说明车螺纹的步骤。

20. 以实习中所加工的零件为例，写出其加工步骤（要求附上自己徒手绘制的零件图）。

21. 其他各种车床的特点有哪些？试进行比较它们各自的作用，且应用在什么场合为宜？

第8章

铣　工

用铣刀加工工件称为铣削。铣削通常在铣床上进行，铣削是金属切削加工中常用的方法之一。铣削时，铣刀的旋转运动是主运动，工件作直线（或曲线）的进给运动。

由于铣刀是多刃旋转刀具，铣削时，有多个刀齿同时参加切削，每个刀齿又可间歇地参加切削和轮流进行冷却。因此，铣削可采用较高的速度，铣削生产率比刨削高，常用于成批大量生产中。铣削加工工件尺寸精度一般为IT9～IT8，表面粗糙度 Ra 值为 $6.3 \sim 1.6 \ \mu m$。

铣床的加工范围很广，可以加工各种平面、各种沟槽和成形面，还可以进行分度工作。图 8-1 示出铣床上的主要工作。有时孔的钻、镗加工，也可在铣床上进行。

8.1　铣床

铣床是用铣刀进行铣削的机床。铣床的类型很多，主要有：卧式铣床、立式铣床、圆工作台及工作台不升降铣床、龙门铣床及双柱铣床、工具铣床。

此外，还有仿型铣床、仪表铣床、单臂铣床和各种专门化铣床（如键槽铣床、曲轴铣床、钢锭模铣床等）。

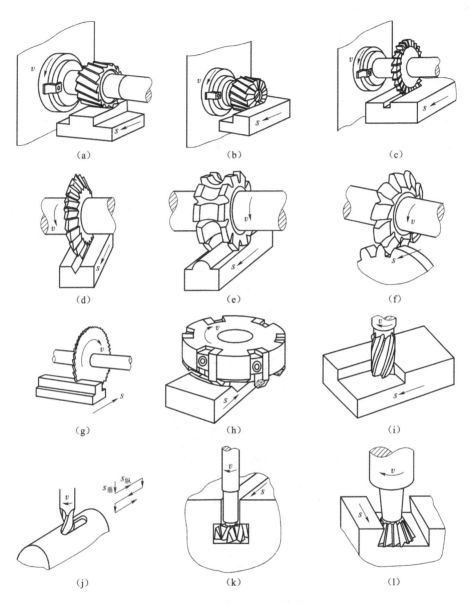

图 8-1　铣床上的主要工作

(a) 圆柱铣刀铣平面；(b) 套式端面铣刀铣台阶面；(c) 三面刃铣刀铣直槽；(d) 角度铣刀铣槽；
(e) 成形铣刀铣凸圆弧；(f) 齿轮铣刀铣齿轮；(g) 锯片铣刀铣切断；(h) 端铣刀铣大平面；
(i) 立铣刀铣台阶面；(j) 键槽铣刀铣键槽；(k) T 形槽铣刀铣 T 形槽；
(l) 燕尾槽铣刀铣燕尾槽

8.1.1 万能卧式铣床

图 8-2 所示为 XA6132 型卧式万能升降台铣床，它是铣床中应用最多的一种，由于其主轴位置是水平的，所以习惯上称为"卧式铣床"。下面简要介绍 XA6132 卧式万能升降台铣床的编号，其中："X"铣床的类代号，是"铣"字的汉语拼音字母字头；"A"结构特性代号，带有转台；"6"组代号，卧式升降台铣床；"1"系代号，万能升降台铣床；"32"主参数，表示工作台宽度的 1/10，即工作台宽度为 320 mm。XA6132 的旧编号为 X62W。该铣床主要由以下几个部分构成。

1. 床身

它是铣床的基础零件，呈箱体形，其内部装有变速机构、主轴部件，并且可存放润滑油。床身的后面装有电动机；前面有燕尾形的导轨，可供升降台上下移动之用。它的顶面有安装横梁用的水平导轨。

2. 横梁

它安装在床身的上面，其外端可安装吊架，用来支撑铣刀刀杆，以增加刀杆的刚度。横梁可沿床身顶面上的水平导轨移动，以调整其伸出长度。

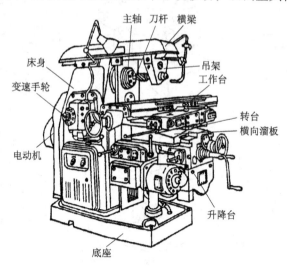

图 8-2　万能卧式铣床

3. 主轴

它的作用是带动铣刀作旋转运动。主轴是空心的，其前端的 7:24 精密锥孔与刀杆锥柄配合。

4. 纵向工作台

它可用来安装工件或夹具，并可沿转台的导轨作纵向移动。

5. 横溜板

它位于升降台的水平导轨上，并可沿导轨作横向移动。

6. 转台

它的上面有水平导轨，供工作台纵向进给。它的下面与横向溜板用螺钉相连，松开螺钉，可以使转台带动工作台在水平面内回转（左右最大可转45°）。

7. 升降台

它的上面装有横向溜板，转台和纵向工作台，并带动它们一起沿床身前面的垂直导轨作上下移动，以调整工作台面到铣刀间的距离。

带有转台的卧式铣床，工作台不但能作纵向、横向和垂直方向的移动，而且还能在水平面内左右旋转45°，故称万能卧式铣床。在万能卧式铣床上可以铣螺旋槽。

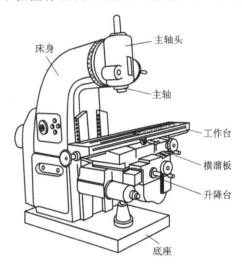

在没有立式铣床的情况下，可将横梁移至床身后面，在主轴端部装上立铣头，使卧式铣床可完成立式铣床的工作。

8.1.2 立式铣床

立式铣床的特点是机床主轴和工作台面相垂直，如图 8 - 3 所示。有的立式铣床的主轴头部还能转动一定的角度，以扩大其加工范围，如铣斜面等。

图 8 - 3 立式铣床

8.1.3 XA6132 万能卧式铣床的传动系统

图 8 - 4 为 XA6132 万能卧式铣床的传动系统图。

1. XA6132 铣床的主轴传动系统

主轴传动结构式为

$$电动机 - I - 26/54 - II - \begin{pmatrix} 22/23 \\ 19/36 \\ 16/39 \end{pmatrix} - III - \begin{pmatrix} 28/37 \\ 18/47 \\ 39/26 \end{pmatrix} - IV - \begin{pmatrix} 82/38 \\ 19/71 \end{pmatrix} - V（主轴）$$

由传动结构式可计算出主轴的 18 种转速分别为：30、37.5、47.5、60、75、95、118、150、190、235、300、375、475、600、750、950、1 180、1 500（r/min）。

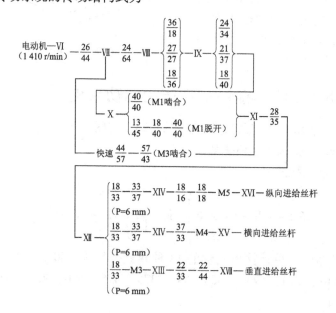

图 8 - 4　XA1632 型铣床的传动系统图

2. XA6132 铣床的进给传动系统

进给传动系统的传动结构式为

$$
\begin{aligned}
&\text{电动机—VI} \\
&\text{(1 410 r/min)}
\end{aligned}
-\frac{26}{44}-\text{VII}-\frac{24}{64}-\text{VIII}
\left\{
\begin{array}{c}
\frac{36}{18} \\[4pt]
\frac{27}{27} \\[4pt]
\frac{18}{36}
\end{array}
\right\}
-\text{IX}-
\left\{
\begin{array}{c}
\frac{24}{34} \\[4pt]
\frac{21}{37} \\[4pt]
\frac{18}{40}
\end{array}
\right\}
$$

$$
\text{X}-
\left\{
\begin{array}{l}
\dfrac{40}{40}\;\text{（M1啮合）} \\[8pt]
\dfrac{13}{45}-\dfrac{18}{40}-\dfrac{40}{40}\;\text{（M1脱开）}
\end{array}
\right\}
-\text{XI}-\frac{28}{35}
$$

$$
\text{快速}\;\frac{44}{57}-\frac{57}{43}\;\text{（M3啮合）}
$$

$$
\text{XII}
\left\{
\begin{array}{l}
\dfrac{18}{33}-\dfrac{33}{37}-\text{XIV}-\dfrac{18}{16}-\dfrac{18}{18}-\text{M5}-\text{XVI}—纵向进给丝杆 \\[4pt]
\text{(P=6 mm)} \\[8pt]
\dfrac{18}{33}-\dfrac{33}{37}-\text{XIV}-\dfrac{37}{33}-\text{M4}-\text{XV}—横向进给丝杆 \\[4pt]
\text{(P=6 mm)} \\[8pt]
\dfrac{18}{33}-\text{M3}-\text{XIII}-\dfrac{22}{33}-\dfrac{22}{44}-\text{XVII}—垂直进给丝杆 \\[4pt]
\text{(P=6 mm)}
\end{array}
\right.
$$

由传动结构式可计算出纵向、横向 18 种进给量分别为：23.5、30、37.5、47.5、60、75、95、118、150、190、235、300、375、475、600、750、950、1 180（mm/min）。

由传动结构式也可以看出，升降进给量也是 18 种，但各级进给量是纵向和横向进给量的 1/3。

当接通摩擦离合器 M3 时，工作台作快速移动，一般牙嵌离合器 M2 是经常啮合的，当接通 M3 时，M2 才脱开，所以工作台的进给运动和快速运动是互锁的。

8.2　分度头及其工作原理

铣削加工中常遇到铣四方、六方、花键等工件。这时，工件每铣过一个表面（包括沟槽）之后，需要转动一定角度，再铣下一个表面，这种工作叫分度。分度头就是用于分度工作的铣床附件，其中以万能分度头最为常用。下面介绍它的结构和原理。

8.2.1　万能分度头的构造

万能分度头的构造如图 8 - 5 所示。在它的基座上装有回转体，分度头的主轴可以随回转体在垂直面内转动。主轴的前端常装上三爪卡盘或顶尖。分度时可摇分度手柄，通过蜗杆蜗轮带动分度头主轴旋转进行分度。分度头的转动示意图见图 8 - 6 所示。

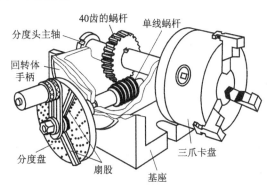

图 8 - 5　万能分度头的构造

分度头中蜗杆和蜗轮的传动比

$$i = \frac{蜗杆的头数}{涡轮的齿数} = \frac{1}{40}$$

也就是说，当手柄通过一对齿轮（传动比为 1∶1）带动蜗杆转动一周时，

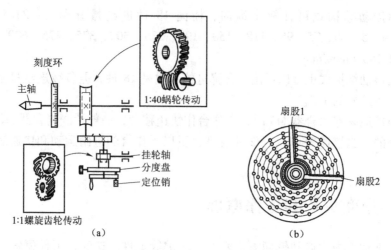

图 8-6 万能分度头的传动示意图和分度盘

（a）传动示意图；（b）分度盘

蜗轮只能带动主轴转过 1/40 周。若工件在整个圆周上的分度数目 z 已知，则每分一个等分就要求分度头主轴转 $1/z$ 圈。这时，分度手柄所需转的圈数 n 即可由下列比例关系推得：

$$1:40 = \frac{1}{z}:n$$

即

$$n = \frac{40}{z}$$

式中　n——手柄转数；

　　　　z——工件的等分数；

　　　　40——分度头定数。

8.2.2　分度方法

使用分度头进行分度的方法很多，有直接分度法、简单分度法、角度分度法和差动分度法等，这里仅介绍最常用的简单分度法。

上式 $n=40/z$ 所表示的方法即为简单分度法。例如铣齿数 $z=36$ 的齿轮，每一次分齿时手柄转数为

$$n = \frac{40}{z} = \frac{40}{36} = 1\frac{1}{9}\ （圈）$$

也就是说，每分一齿，手柄需转过一整圈再多摇 1/9 圈。这 1/9 圈一般通过分度盘［图 8-6（b）］来控制。国产分度头一般备有两块分度盘。分度盘的两面各钻有许多圈圆孔，各圈孔数均不相等。然而每一圈上的孔距是相等的。

第一块分度盘正面各圈孔数依次为 24、25、28、30、34、37；反面各圈孔数依次为 38、39、41、42、43。

第二块分度盘正面各圈孔数依次为 46、47、49、51、53、54；反面各圈孔数依次为 57、58、59、62、66。

简单分度时，分度盘固定不动。此时将分度手柄上的定位销拨出，调整到孔数为 9 的倍数的孔圈上，即手柄的定位销可插在孔数为 54 的孔圈上。此时手柄转过一周后，再沿孔数为 54 的孔圈转过 6 个孔距 $\left(n = 1\dfrac{1}{9} = 1\dfrac{6}{54} \right)$。

为了避免每次数孔的繁琐以及确保手柄转过的孔距数可靠，可调整分度盘上的扇股（α 称扇形夹）1、2 间的夹角，使之相当于欲分余数的孔间距，这样依次进行分度时就可以准确无误。

8.3 铣削的基本工艺

8.3.1 铣刀及铣削要素

1. 铣刀

铣刀是一种多刃刀具。在铣削时，铣刀每转一周每个刀齿只参加一次切削，因此对每个刀刃而言是断续切削状态，有利于散热。而铣刀在切削过程中是多刃进行切削，因此生产率较高。

铣刀的分类方法很多，这里根据铣刀安装方法的不同分为两类：即带孔铣刀和带柄铣刀，前者多用在卧式铣床上，后者多用在立式铣床上。带柄铣刀又分为直柄铣刀和锥柄铣刀。

常用的带孔铣刀有圆柱铣刀、端铣刀、圆盘铣刀、角度铣刀、成形铣刀等。

（1）圆柱铣刀

如图 8-7 是应用较广的螺旋齿圆柱铣刀，主要用于加工平面。

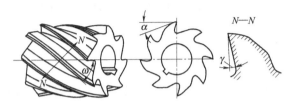

图 8-7　圆柱铣刀

（2）圆盘铣刀

如图 8-1（c）所示的三面刃圆盘铣刀是应用较广的圆盘铣刀。它的圆柱面和侧面均有刀刃，主要用于加工不同宽度的沟槽及小平面、台阶面等。

（3）角度铣刀

如图8-1（d）所示为角度铣刀，可具有不同的角度，用于加工各种角度的沟槽及小斜面等。

（4）成形铣刀

如图8-1（e）、（f）所示，其刀刃可作成凸圆弧、凹圆弧、齿槽形等。用于加工与刀刃形状相对应的成形面。

常见的带柄铣刀有立铣刀、键槽铣刀、T形槽铣刀、燕尾槽铣刀等。

（1）立铣刀

有直柄和锥柄两种，前者用于较小直径的立铣刀，后者用于较大直径的立铣刀。图8-8所示为直柄立铣刀。立铣刀多用于加工沟槽、小平面、台阶面等。

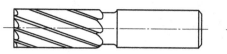

图8-8　立铣刀

（2）键槽铣刀

外形似立铣刀，但一般只有两个刀齿。它与立铣刀的主要差别是它的端面刀刃一直通到中心，而立铣刀则不然（图8-9）。因此，键槽铣刀可沿铣刀轴线方向作少量轴向进给运动，便于加工键槽。它也分直柄和锥柄两种。图8-9所示为锥柄键槽铣刀。

图8-9　键槽铣刀

（3）T形槽和燕尾槽铣刀

如图8-1（k）、（l）所示，专门用于加工T形槽和燕尾槽。

2. 铣削要素

铣削加工时的铣削要素，如图8-10所示。

（1）铣削速度v

铣削速度就是铣刀最大直径处的线速度，其值可按下式计算。

$$v = \frac{\pi d_0 n}{1\ 000} \ (\text{m/s})$$

式中　d_0——铣刀直径（mm）；

　　　n——铣刀转速（r/s）。

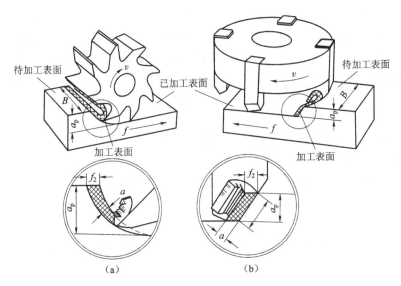

图 8 - 10　铣削要素

（a）用圆柱铣刀铣削；（b）用端铣刀铣削

（2）进给量

即进给速度，铣削时按采用的单位时间不同，有 3 种表示进给量的方法。

① 每齿进给量 f_z：铣刀每转过一个刀齿，工件沿进给方向移动的距离（mm/z）。

② 每转进给量 f_r：铣刀每转过一转，工件沿进给方向移动的距离（mm/r）。

③ 每分钟进给量 f_m：铣刀每旋转一分钟，工件沿进给方向移动的距离（mm/min）。

上述三者的关系为

$$f_m = f_r \cdot n = f_z \cdot z \cdot n \ (\text{mm/min})$$

式中　n——铣刀每分钟的转数（r/min）；

　　　z——铣刀齿数。

（3）铣削深度 t

端铣铣削深度是指每次走刀铣刀垂直已加工表面切入金属层的深度，它直接影响主切削刃参加工作的长度。

由于铣刀是多齿刀具，一般情况下可有几个刀齿同时参加切削工作，且没有空程，并可采用较高的切削速度，因而通常铣削生产率比刨削高得多。

8.3.2　铣削方法

1. 铣平面

铣平面是铣削加工中最主要的工作之一。在卧式铣床或立式铣床上采用端铣刀，圆柱铣刀及立铣刀都可进行平面的加工。端铣时，由于刀杆的刚性好，同时参加切削的刀齿较多，且工作部分较短，工作过程平稳。端铣刀除主切削刃担任切削工作外，端面切削刃还起到修光作用，所以被加工面的表面粗糙度较小。镶硬质合金刀片的端铣刀，可以进行高速切削，这样既可提高生产率，又可减小表面粗糙度，因而端铣已成为目前铣削平面的最主要方法。但因圆柱铣刀在卧式铣床上使用比较方便，所以生产中仍然采用。

铣平面时，又有顺铣和逆铣两种铣削方式：

（1）逆铣法

在切削部位铣刀的旋转方向和工件的进给方向相反，如图 8 - 11（a）所示。

（2）顺铣法

在切削部位铣刀的旋转方向和工件的进给方向相同，如图 8 - 11（b）所示。

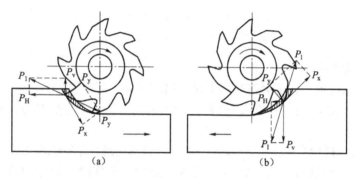

图 8 - 11　顺铣和逆铣

（a）逆铣；（b）顺铣

逆铣时，刀齿的载荷是逐渐增加的，刀齿切入前有滑行现象，这样就加速了刀具的磨损，降低了工件的表面质量。另外逆铣时铣刀对工件产生一个向上抬的分力，这对工件的夹固不利，还会引起振动。

顺铣时，可以克服逆铣的缺点，且铣刀对工件产生一个向下压的分力，对工件夹固有利。但顺铣时易造成铣削过程中的振动和进给不均匀，影响已加工表面质量，对刀具的耐用度不利，甚至会发生打刀现象，这样就限制了顺铣法在生产中的应用，这也就是目前生产中仍广泛采用逆铣法的原因。

2. 铣斜面

铣斜面的方法有 3 种：把工件转至所需要的角度；把铣刀转至所需要的角度；利用角度铣刀铣斜面。

（1）把工件转至所需要的角度

此种方法是把工件上被加工的斜面转动到水平位置，垫上相应的角度垫铁夹紧在铣床工作台上〔图 8 - 12（a）〕；小型工件也可以斜夹在平面钳上；还可以利用分度头把工件安装成倾斜的角度〔图 8 - 12（b）〕。

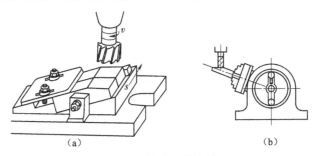

（a）　　　　　　　　　　（b）

图 8 - 12　转动工件铣斜面

（2）把铣刀转动至所需要的角度铣斜面

此方法是把铣刀转动成所需要的角度铣削平面，可以在主轴能回转角度的立式铣床上进行，也可以在卧式铣床上安装立铣头或万能铣头来完成。图 8 - 13 所示是用立铣刀或端铣刀进行斜面铣削。

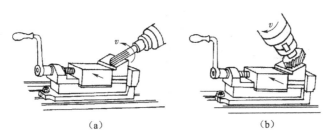

（a）　　　　　　　　　　（b）

图 8 - 13　转动铣刀铣斜面

（a）用立铣刀；（b）用端铣刀

（3）用角度铣刀铣斜面

在有合适的角度铣刀时，可用来铣削小的斜面，它多在卧式铣床上进行，如图 8 - 14 所示。

3. 铣沟槽

铣床能加工沟槽的种类很多，常见的有直槽、V 形槽、T 形槽、燕尾槽和键槽等。这里介绍键槽和 T 形槽的铣削，其他见图 8 - 15。

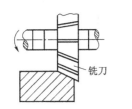

图 8 - 14　角度铣刀铣斜面

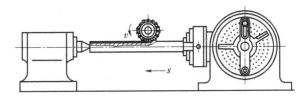

图 8 - 15　铣敞开式键槽

（1）铣键槽

常见的键槽有敞开式和封闭式两种。对于敞开式键槽，多在卧式铣床上用三面刃铣刀加工，如图8-1所示。

对于封闭式键槽，多在立式铣床上用键槽铣刀加工，如图8-1（j）所示。前面已指出，键槽铣刀的端面上具有通到中心的刀刃，因而可以作少量沿铣刀轴线方向的进给，这时相当于钻削作用，所以用一把键槽铣刀就可以在实体工件上铣出键槽。若用立铣刀加工，由于它的端部中心无刀刃，不便沿铣刀轴线方向进给，则要预先在槽的一端用钻头钻一个落刀孔，然后再用立铣刀铣出键槽。

（2）铣T形槽

T形槽应用很多，如钻床和刨床的工作台上用来安放紧固螺栓的槽就是T形槽。加工T形槽时，必须首先用立铣刀或三面刃铣刀铣出直角槽，如图8-16（a）所示；然后在立铣床上用T形槽铣刀铣削T形槽，如图8-16（b）所示。

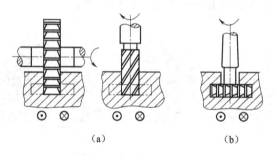

（a）　　　　　　　　（b）

图8-16　铣T形槽

4. 铣成形面

成形面一般在卧式铣床上用成形铣刀来加工，如图8-1（e）、（f）所示。此时，成形铣刀的刀刃形状要与成形表面的形状相吻合。

复习思考题

1. 万能卧式铣床主要由哪几部分组成？各部分的主要作用是什么？

2. 试述铣削的应用。实习中，你做过几种铣削加工，有何体会？

3. 顺铣和逆铣有何不同？实际应用情况怎样？

4. 与刨削加工比较，铣削有何特点；应用范围如何？

5. 试述分度头的工作原理。如果在铣床上铣齿数为 $z = 25$ 的齿轮，应怎样进行分度？

6. 铣刀的种类有哪些？应用如何？

7. 是不是在立式铣床上只能进行端铣，卧式铣床上只能进行周铣？为什么？

8. 铣床上如何进行孔加工？指出其切削运动与钻床上切削运动的区别是什么？

9. 铣削开式键槽与铣削封闭式键槽有哪些不同？

第 9 章

刨 工

【刨工实习安全技术】

1. 多人在一台刨床上实习，只能一人操作，并注意他人安全。

2. 必须穿着工作服，戴工作帽，长发要塞入帽内。

3. 开车前必须检查机床各运转部位和防护安全装置是否完好正常，并将润滑部位注油。

4. 刀具和工件必须装夹牢固。

5. 刨削时，操作者应在刨床侧面，不准将手或脚搁置在机床的传动部位。

6. 刨床开车时严禁擦床子、测量工件和变换速度。

7. 工作台不得升得过高，以免发生撞车事故。

8. 开车前要检查刨刀与工件的位置是否离开适当的距离，防止撞车。

9. 要先开车后吃刀，然后再进给，以防撞车。

10. 工作台面上不得乱放物件，以免发生事故。

9.1 刨工概述

9.1.1 刨削的概念

在刨床上用刨刀切削工件的加工方法称为刨削。其种类有两种，一种是刀具主动型，刀具直线往复运动，如牛头刨、立刨（插床）。一种是工件主动型，工件直线往复运动，如龙门刨。

1. 刨削运动

为了切去多余的金属层，必须使工件和刨刀作相对的刨削运动，即主运动和进给运动。

（1）主运动

刨刀（牛头刨）或工件（龙门刨）的直线往复运动是主运动。进程时切削，回程时不切削。

（2）进给运动

刨刀（龙门刨）或工件（牛头刨）的横向间歇移动是进给运动。

2. 行程

刨刀切下切屑的行程，称为工作行程或切削行程，反向退回的行程，称为回程或返回行程。刨刀所处的两个极限位置之间的距离，称为行程长度。为了能加工出工件上的整个表面，刨刀的行程长度应大于工件加工表面的刨削长度，超过工件刨削长度的距离，称为越程。其切入之前的越程，称为切入越程；切削以后的越程，称为切出越程。切入越程应大于切出越程。

9.1.2 刨削的工作范围

刨削主要用于加工平面（水平面、垂直面、台阶面、斜面），沟槽（直槽、T 形槽、V 形槽、燕尾槽）及一些成形面，如图 9 – 1 所示。

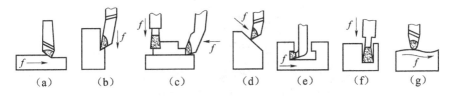

图 9 – 1 刨削工作范围

(a) 刨水平面；(b) 刨垂直面；(c) 刨台阶面；(d) 刨斜面；
(e) 刨 T 形槽；(f) 刨直槽；(g) 刨成形面

9.1.3 刨削的特点

刨床及刨刀的结构比较简单，工件及刀具装夹方便，加工的适应性较强，刨削窄长零件时能获得较高的生产率，加工薄板零件时能获得较高的平直度。刨削速度较低，回程不进行切削，刨刀有足够的时间散热，一般不使用冷却液。适于单件小批量生产，生产率较低。加工精度可达 IT8 ~ IT9，表面粗糙度可达 $Ra6.3 \sim 1.6\ \mu m$，精刨时可达 $Ra0.8\ \mu m$。

9.2 刨削类机床

刨削类机床主要有牛头刨床、龙门刨床和插床（立刨）3 种，现分别介绍如下。

9.2.1 牛头刨床

牛头刨床是刨削机床中应用较广的一种，它适用于刨削长度不超过 1 000 mm 的中小型工件。

1. 牛头刨床的型号

刨床型号是采用汉语拼音字母和阿拉伯数字按一定规律排列而成。例

如：B6065

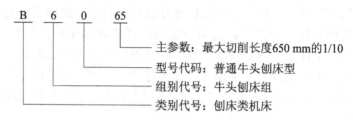

主参数：最大切削长度650 mm的1/10
型号代码：普通牛头刨床型
组别代号：牛头刨床组
类别代号：刨床类机床

2. 牛头刨床的组成

牛头刨床的外观结构，如图9-2所示。

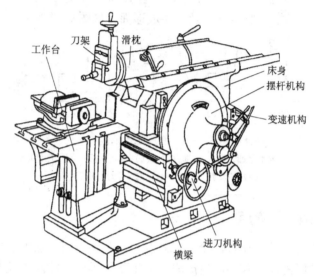

图9-2 牛头刨床

（1）床身

它用来支承刨床各部件。其顶面燕尾形导轨供滑枕作往复直线运动，垂直面导轨供工作台升降。床身的内部有传动机构。

（2）滑枕

滑枕主要用来带动刨刀作往复直线运动，前端装有刀架。在滑枕的内部装有丝杠、螺母和圆锥齿轮，它们可以调整滑枕的起始位置，以适应加工需要。

（3）刀架

刀架（图9-3）用来夹持刨刀，转动刀架手柄时，滑板便可沿转盘上的导轨带动刨

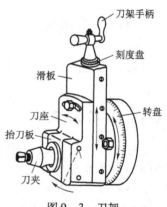

图9-3 刀架

刀作上下移动。松开转盘上的螺母，将转盘板转一定角度后，就可使刀架斜向送进。滑板上还装有可偏转的刀座。抬刀板可以绕刀座的 A 轴向上抬起。刨刀安装在刀夹上，在返回行程时可绕 A 轴自由上抬，以减少与工件的摩擦。

（4）工作台

工作台是用来安装工件的，可随横梁作上下调整，并可沿横梁作水平方向移动或作横向进给运动。

3. 牛头刨床的传动机构

（1）摇臂机构（亦称摆杆机构）

其作用是把电动机传来的旋转运动变成滑枕的往复直线运动。

摇臂机构如图 9 - 4 所示，它由摇臂齿轮、摇臂、偏心滑块等组成。当摇臂齿轮由小齿轮带动旋转时，偏心滑块就带动摇臂绕支架中心左右摆动，于是滑枕便作往复直线运动。

欲改变滑枕行程 L，可调节偏心距 R 的大小。R 愈大，滑枕行程愈长。调节偏心滑块位置的机构如图 9 - 5 所示。

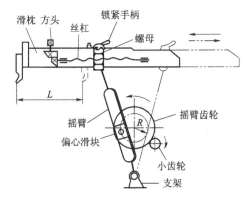

图 9 - 4　摇臂机构示意图

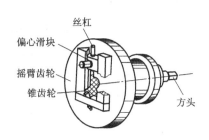

图 9 - 5　调节偏心滑块位置的机构

刨削前，要调节滑枕行程大小，可松开滑枕上的锁紧手柄（图 9 - 4），用摇把转动方头，并带动丝杠旋转即可。

（2）棘轮机构

如图 9 - 6 所示。棘轮机构是用来使工作台实现机动间歇水平进给运动的。

棘爪架空套在横向进给丝杠上，棘轮则用键与丝杠连接。齿轮 A 与摇臂齿轮同轴旋转，当齿轮 B 被齿轮 A 带动旋转时，通过偏心销、连杆使棘爪架往复摆动。摇臂齿轮每转一周，使棘爪架摇动一次，并由棘爪拨动棘轮带动丝杠转一角度，同时由丝杠通过螺母带动工作台作水平横向自动进给运动。

欲调节横向自动进给量，可调节偏心销的偏心距 R；另一种简便方法是调节棘轮罩的位置（图 9-7），以改变棘爪拨过棘轮的齿数，即改变横向丝杠转角。

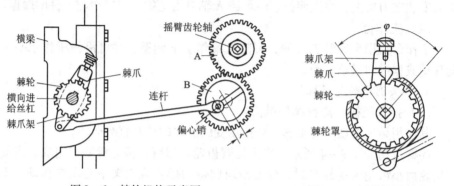

图 9-6　棘轮机构示意图　　　　　图 9-7　用棘轮罩进给量

欲改变进给方向，可拨出棘爪转 180°再插入即可。

提起棘爪并转 90°，机动进给停止，此时可用手摇动横向进给丝杠，使工作台横向移动。

9.2.2　龙门刨床

龙门刨床主要用来刨削大型工件或一次刨削数个中、小型工件。

加工时，工件装夹在工作台上，作直线往复运动（主运动）。两个垂直刀架和两个侧刀架，装刀后可同时作水平和垂直进给，也可单独进给。

龙门刨床是由床身、立柱、横梁、工作台、两个侧刀架、两个垂直刀架等主要部件组成，如图 9-8 所示。

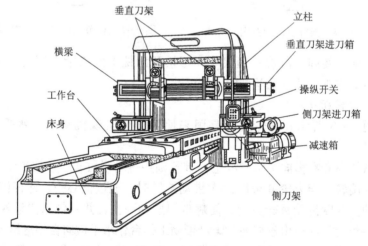

图 9-8　龙门刨床

9.2.3 插床

插床实质上是立式刨床。其主运动是滑枕带动插刀沿垂直方向所作的直线往复运动，如图 9-9 所示。主要用于加工工件的内表面，如内孔中键槽及多边形孔等，有时也用于加工成形内外表面。

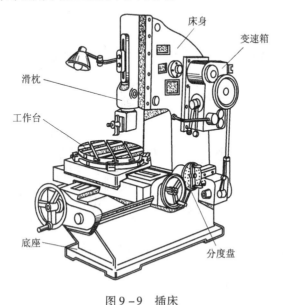

图 9-9 插床

9.3 刨刀

9.3.1 刨刀的特点

刨刀的几何参数与车刀相似。但由于刨削属于断续切削，刨刀切入时，受到较大的冲击力，所以一般刨刀刀体的横截面比车刀大 1.25~1.5 倍。

刨刀一般做成弯头，这是刨刀的一个显著特点。在刨削中，当弯头刨刀受到较大的切削力时，刀杆可绕 O 点向后上方产生弹性弯曲变形，而不致啃入工件的已加工表面，如图 9-10（a）所示。而直头刨刀受力后产生弯曲变形会啃入工件已加工表面，将会损坏刀刃及已加工面，如图 9-10（b）所示。

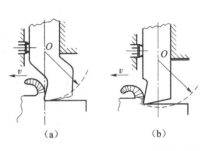

图 9-10 弯杆及直杆刨刀变形示意图

9.3.2 刨刀的种类及用途

刨刀的种类很多，按其用途不同可分为平面刨刀、偏刀、角度刀、切刀、弯切刀、样板刀等，如图 9 – 11 所示。平面刨刀用于加工水平面；偏刀用于加工垂直面或斜面；角度刀用于加工一定角度的表面如（燕尾槽）；切刀加工沟槽或切断；样板刀加工成形面；弯切刀用于刨削 T 形槽等。

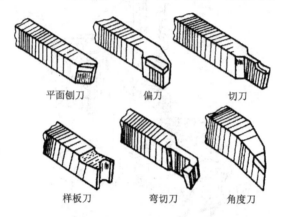

平面刨刀　　　偏刀　　　切刀

样板刀　　　弯切刀　　　角度刀

图 9 – 11　牛头刨床常用刨刀

9.3.3 刨刀的安装

加工水平面时，在安装刨刀前，先松开转盘螺钉调整转盘对准零线，以便准确地控制吃刀深度，再转动刀架进给手柄，使刀架下端面与转盘底侧基本相对，以增加刀架的刚性，减少刨削中的冲击振动，如图 9 – 12 所示。最后将刨刀插入刀夹内，刀头伸出量不要太长，以增加刚性，防止刨刀弯曲时损伤已加工面，拧紧刀夹螺钉将刨刀固定，如图 9 – 13 所示。如需调整刀座偏转角度，可松开刀座螺钉，转动刀座。

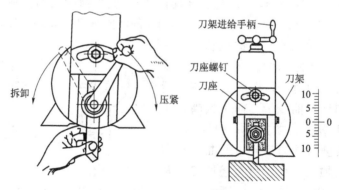

图 9 – 12　装卸刀具的方法

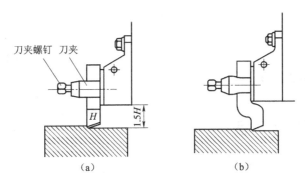

图 9 – 13 刨刀的伸出长度

(a) 直体刨刀伸出长度；(b) 弯头刨刀伸出长度

9.4 工件的装夹

在刨床上，加工单件小批生产的工件，常用平口钳或螺钉、压板装夹工件；加工成批大量生产的工件可用专门设计制造的专用夹具来装夹工件。

9.4.1 平口钳装夹

先把平口钳钳口找正并固定在工作台上，然后装夹工件。一般用直接找正法或划线找正法，如图 9 – 14 所示。

在平口钳上装夹工件应注意以下几点。

① 工件的被加工表面必须高出钳口，必要时在工件下面垫上垫铁。

② 工件要夹牢，垫铁要垫实。

③ 夹持已加工面时要垫铜皮。

④ 刚性不足的工件需要支撑，以免变形，如图 9 – 15 所示。

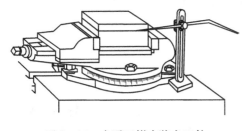

图 9 – 14 在平口钳中装夹工件

图 9 – 15 框形工件夹紧

9.4.2 压板、螺栓装夹

利用螺栓、压板、挡块、平行垫铁、斜垫铁等将工件直接装夹在工作台面上，如图 9 - 16 所示。装夹时要用划针盘等找正。

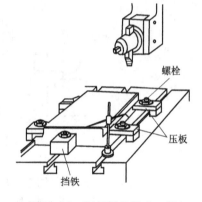

图 9 - 16　压板螺栓装夹工件

9.5　刨削的加工方法

9.5.1　刨削水平面

刨削水平面的步骤与要点如下

（1）选择与安装刨刀

（2）选择夹具安装工件

（3）选择切削用量

① 切削深度 d_p（mm），粗刨 2~3，精刨 0.15~0.3。

② 进给量 $f = k/3$（即刨刀每往复一次工件移动的距离（mm/dstr）），式中 k 为刨刀每往复行程一次棘轮被拨过的齿数，B665 牛头刨床进给丝杠螺距 $p = 6$ mm，棘轮齿数 $z = 18$，粗刨 0.3~3，精刨 0.1~0.3；

③ 刨削速度为

$$v = \frac{2LN}{1\ 000}\ (\text{m/min})$$

式中　L——刨刀往复行程长度（mm）；

　　　N——滑枕每分钟往复行程数，粗刨 0.2~0.6，精刨 0.3~0.2。

④ 行程数 $N = \dfrac{60v}{0.0017L}$。

（4）选择切削用量的原则

切速 v 与 f、d_p、刀具材料和要求的表面质量等有关。

① 粗加工时常选较大的 d_p 和 f，选较小的 v。

② 精加工时，选择较小的 v 和较小的 d_p 与 f。

③ 用硬质合金刀时，v 可高些。

④ 加工钢件时，v 可高些。

⑤ 选定 v 后，可根据速度铭牌，调节 L 与 N。

（5）调整机床

调整机床的操作要点是将工作台调到适当高度后，再销紧螺栓；调整滑枕行程 L = 工件长 +（20~40）mm；调好滑枕起始位置后，用锁紧手柄销紧；调整工作台机动进给量，调整棘轮罩开口位置，以改变棘爪每次拨动棘轮的齿数（1~10 齿），即 $f = 0.33~3.3$ mm；调整切深（d_p）轻微松动锁紧螺杆，摇动刀架手柄，调好后锁紧；调整滑枕往复次数（次/分），调整变速手柄至准确位置。

（6）刨削操作要点

① 手动进给试切 0.5～1 mm 宽，停车测量高度。

② 工件水平退回到初始位置，摇动刀架手柄，垂直进刀调 d_p。

③ 机动横向进给；最后停车检测尺寸，合格后方可卸下工件。

9.5.2 刨削垂直面

刨削垂直示意图如图 9－17 所示，其操作要点如下。

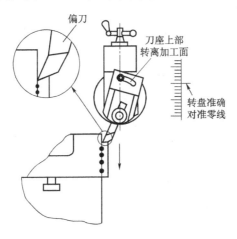

图 9－17 刨削垂直面

① 用刀夹装夹划针找正，保证待加工面与工作台面垂直，并与切削方向平行。

② 使刀架转盘对准零线，以保证刀沿垂直方向进给。

③ 使刀座上端偏离工件以便回程抬刀时，能使刀离开已加工面。

④ 安装左偏刀，刀杆伸出的长度应便于加工整个垂直面。

⑤ 摇动横向进给调整切深 d_p。

⑥ 提起棘爪，固紧工作台。

⑦ 垂直进给只能用手转动刀架手柄。

9.5.3 刨削斜面

刨削方法与垂直面基本相同，不同的是刀架转盘必须扳动一定角度，以便刨出所需要角度的斜面，如图 9－18 所示。刨内斜面与刨外斜面基本相同。

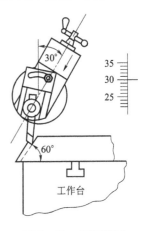

图 9－18 刨削斜面

复习思考题

1. 试述刨削的安全操作规程。

2. 什么是刨削的主运动？牛头刨床与龙门刨床的主运动有何不同？

3. 刨削的主要加工范围是什么？

4. B6065 表示的含义是什么？

5. 牛头刨床由哪些主要部分组成？其作用是什么？

6. 牛头刨床的滑枕往复速度、行程起始位置、行程长度、进给量是如何进行调整的？

7. 弯头刨刀与直头刨刀比较，为什么常用弯头刨刀？

8. 试述加工水平面的刨刀安装过程。

9. 试述刨刀的种类及用途。

10. 刨削水平面和垂直面时，为什么刀架转盘刻度要对准零线？而刨削斜面时刀架转盘要转过一定的角度？

11. 刨削垂直面时，为什么刀座要偏转 10°～15°？

12. 龙门刨床的用途是什么？

13. 插床的用途是什么？

第 10 章

磨　工

【磨工实习安全技术】

1. 装卸工件时不要碰撞砂轮。

2. 开车前必须认真检查各油标、手柄位置，砂轮和工件之间要有一定间隙，要盖好安全罩，否则不准开车。

3. 砂轮引向工件时避免突然冲击，进给量也不能过大，以免损坏砂轮。

4. 工作时切勿面对砂轮旋转方向站立，要站在侧面以保安全。

5. 停车前必须将砂轮退离工件后才能停车。

6. 砂轮未停稳不能卸工件，也不能测量尺寸。

7. 工件未夹紧或未吸牢不准开车磨削。

10.1　砂轮

10.1.1　磨削加工

磨削就是用砂轮作为切削工具对工件表面进行切削加工，是零件精密加工的主要方法之一。

磨削所用的砂轮是由许多细小而且极硬的磨粒用结合剂黏接而成的。图 10-1 是砂轮表面局部放大图，从图上可以看到砂轮表面布满了多角的磨粒，这些锋利的磨粒就像一把把刀刃，当砂轮高速旋转时，就依靠这些微刃切入工件表面。所以磨削实质是一种微刃多刀的高速切削过程。

在磨削过程中，由于磨削速度很高，产生大量的切削热，在磨削区瞬时温度高达 1 000 ℃ 以上，同时，炽热的磨屑在空气中发生氧化作用产生火花。在这样的高温下，会严重影响工件的表面质量。因此为了减少摩擦和利

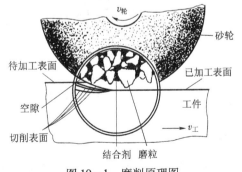

图 10-1　磨削原理图

于散热，降低磨削温度，及时冲走屑末，以保证工件表面质量，在磨削时需要使用大量冷却液。

磨削加工的一个显著特点是能够加工硬度很高的材料，如淬火钢、各种刀具以及硬质合金等，这些材料用金属刀具是很难加工的，有的甚至根本不能加工。

磨削的加工精度很高，可达 IT5 ~ IT6 级；表面粗糙度较低，一般为 $Ra0.8 ~ 0.1\ \mu m$。高精度磨削时，精度可超过 IT5 级，表面粗糙度可达 $Ra0.01\ \mu m$。

磨削主要用于零件的内外圆柱面、内外圆锥面、平面及成形表面（如花键、螺纹、齿轮等）的精加工，以获得较高的尺寸精度和较低的表面粗糙度。图 10 - 2 是几种常见的磨削加工形式。

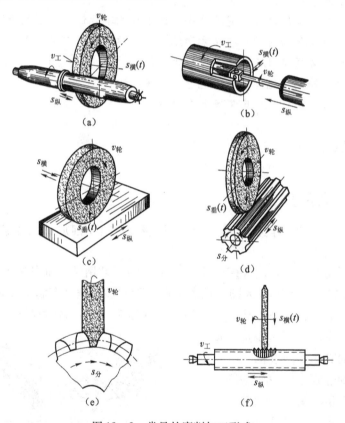

图 10 - 2　常见的磨削加工形式

10.1.2　砂轮

砂轮是磨削工件的刀具，它是由磨粒和结合剂，按一定比例混合，经压

坯、干燥和烧结而成的多孔物体（图
10 - 3）。

　　砂轮的特性包括磨料、粒度、结
合剂、硬度、组织和形状尺寸等。砂
轮的特性及其选择如表 10 - 1 所示。

　　砂轮的特性可用代号与数字表示，
并标注在砂轮上。

　　例如 P400 × 50 × 203A60L5V35，
其含意是：

P——形状（平形砂轮）；

400 × 50 × 203——外径 × 厚度 × 孔径（mm）；

A——磨料（棕刚玉）；

60——粒度（60 号）；

L——硬度（中软）；

5——组织号（中等 5 号）；

V——结合剂（陶瓷）；

35——允许的线速度（35 m/s）。

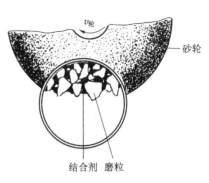

图 10 - 3　砂轮

表 10 - 1　砂轮的特性及其选择

特性	种	类	代号或号数	应　用
1. 磨料	氧化铝类	棕刚玉	A	磨削钢、可锻铸铁等
		白刚玉	WA	磨削淬火钢、高速钢及零件精磨等
	碳化硅类	黑色碳化硅	C	磨削铸铁、黄铜、铝、耐火材料等
		绿色碳化硅	GC	磨削硬质合金、宝石、陶瓷等
	高硬类	人造金刚石	D	磨削硬质合金、宝石等高硬度材料
2. 粒度	磨粒： 　用筛选法分类，以每英寸有多少孔眼表示号数。		12 ~ 20	粗磨、打磨毛刺
			22 ~ 40	修磨或切断钢坯、磨耐火材料
			46 ~ 60	各种表面的一般磨削
			60 ~ 90	各种表面的半精磨、精磨、成形磨
	微粉： 　用显微测量法分类，用 W 后加数字表示，粉粒尺寸单位 μm		100 ~ W20	精磨、超精磨、珩磨、工具刃磨
			W20 ~ 更细	超级光磨、镜面磨、制造研磨剂等

特性	种 类	代号或号数	应 用
3. 结合剂	陶瓷	V	$v_轮 \leqslant 35$ m/s
	树脂	B	$v_轮 > 35$ m/s 及薄片砂轮
	橡胶	R	薄片砂轮及导轮
4. 硬度 （磨粒在外力作用下脱落的难易程度）	超软	D、E、F	磨硬料或有色金属时选用软砂轮；磨软料或成形磨时选用较硬的砂轮
	软	G、H、J	
	中软	K、L	
	中	M、N	
	中硬	R、Q、R	
	硬	S、T	
	超硬	Y	
5. 组织	紧密	0、1、2、3	成形磨或精磨
	中等	4、5、6、7	磨淬火钢、刀具或无心磨
	疏松	8、9、10、11、12、13、14	磨韧性大、硬度低的料
6. 形状与尺寸	平形砂轮	P	磨外圆、内孔、平面及用于无心磨等
	双面凹砂轮	PSA	磨外圆，无心磨及刃磨刀具
	双斜边砂轮	PSX	磨齿轮和螺纹
	筒形砂轮	N	立轴端面平磨
	杯形砂轮	B	磨平面、内孔及刃磨刀具
	碗形砂轮	BW	导轨磨及刃磨刀具
	碟形砂轮	D	磨铣刀、铰刀、拉刀及磨齿轮齿形
	薄片砂轮	PB	切断和开槽
	P、N 及 PB 形砂轮尺寸用：外径×厚度×孔径（mm）表示		

10.1.3 砂轮的检查、平衡、安装和修整

因为砂轮在高速旋转中工作，所以安装前必须经过外观检查，不应有裂纹等缺陷。

为了使砂轮平稳地工作，砂轮需要平衡，如图 10 - 4 所示。砂轮平衡过程是将砂轮装在心轴上，放在平衡架轨道的刃口上。如果不平衡，较重的部分总是转到下面。这时可移动法兰盘端面环槽内的平衡铁进行平衡，然后再经过平衡检验。这样反复进行，直到砂轮可以在刃口上任意位置都能静止，这就说明砂轮各部重量均匀。这种方法叫做静平衡。一般直径大于 125 mm 的砂轮都应进行静平衡。

砂轮的安装方法如图 10 - 5 所示。大砂轮通过台阶法兰装夹 [图 10 - 5 (a)]；不太大的砂轮用法兰直接装在主轴上 [图 10 - 5 (b)]；小砂轮用螺钉紧固在主轴上 [图 10 - 5 (c)]；更小的砂轮可黏固在轴上 [图 10 - 5 (d)]。

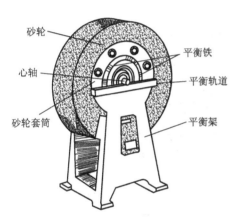

图 10 - 4 砂轮的静平衡

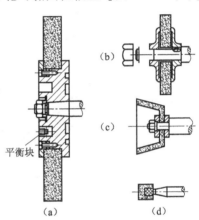

图 10 - 5 砂轮的安装方法

砂轮在工作一定时间以后，磨粒逐渐变钝，砂轮工作表面空隙被堵塞，这时必须进行修整。使已磨钝的磨粒脱落，以恢复砂轮的切削能力和外形精度。砂轮常用金刚石进行修整，如图 10 - 6 所示。修整时要用大量冷却液，以避免金刚石因温度剧升而破裂。

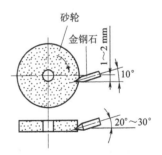

图 10 - 6 砂轮的维修

10.2　磨床

10.2.1　外圆磨床

外圆磨床分为普通外圆磨床和万能外圆磨床。在普通外圆磨床上可以磨削工件的外圆柱面和外圆锥面，在万能外圆磨床上不仅能磨削外圆柱面和外圆锥面，而且能磨削内圆柱面、内圆锥面及端面。

下面以 M1432A 万能外圆磨床为例来进行介绍。

1. 外圆磨床的编号

在编号 M1432A 中，M——"磨床"汉语拼音的第一个字母，为磨床代号；14——万能外圆磨床；32——最大磨削直径的 1/10，即最大磨削直径为320 mm；A——在性能和结构上做过一次重大改进。

2. 外圆磨床的组成

图 10 – 7 为万能外圆磨床的外形图，它由 7 部分组成。

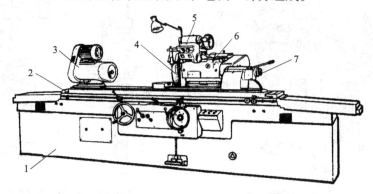

图 10 – 7　M1432A 万能外圆磨床

1—床身；2—工作台；3—头架；4—砂轮；5—内圆磨头；6—砂轮架；7—尾架

床身 1 用来安装各部件，上部装有工作台和砂轮架，内部装置有液压传动系统，床身上的纵向导轨供工作台移动用，横向导轨供砂轮架移动用。

工作台 2 用液压传动沿着身上的纵向导轨作直线往复运动，使工件实现纵向进给，在工作台前侧面的 T 形槽内，装有两个换向挡块，用以操纵工作台自动换向。工作台也可手动。工作台分上下两层，上层可在水平面内偏转一个不大的角度（±8°），以便磨削圆锥面。

头架 3 上有主轴，主轴端可以安装顶尖、拨盘或卡盘，以便装夹工件。主轴由单独电动机通过平皮带传动的变速机构带动，使工件可获得不同的转动速度，头架可在水平面内偏转一定的角度。

砂轮 4 安装在砂轮架 6 的主轴上。

内圆磨头 5 是磨削内圆表面用的，在它的主轴上可装上内圆磨削砂轮，由另一个电动机带动，内圆磨头绕支架旋转，使用时翻下，不用时翻向砂轮架上方。

砂轮架 6 用来安装砂轮，并有单独电动机通过皮带带动砂轮高速旋转。砂轮架可在床身后部的导轨上作横向移动。移动方式可作自动间歇进给，也可手动进给，或者快速趋近工件和退出。砂轮架绕垂直轴可旋转某一角度。

尾架 7 的套筒内有顶尖，用来支承工件的另一端，尾架在工作台上的位置，可根据工件的长度调整。尾架可在工作台上纵向移动。扳动尾架上的杠杆，顶尖套筒可伸出缩进，以便装卸工件。

3. 外圆磨床的液压传动系统

在磨床的传动中，广泛地采用液压传动。这是因为液压传动具有可在较大范围内无级调速、机床运转平稳、操作简单方便等优点。但是它机构复杂，不易制造，所以液压设备成本较高。

外圆磨床的液压传动系统比较复杂，下面只能对它作简单介绍，图 10－8 是外圆磨床部分液压传动示意图。

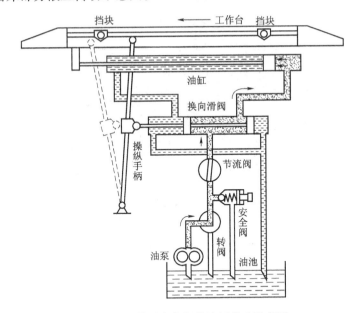

图 10－8　外圆磨床部分液压传动示意图

在整个系统中，有油泵、油缸、转阀、安全阀、换向滑阀、操纵手柄等组成元件，工作台的往复运动按下述循环进行。

工作台向左移动时（图中实线位置）；

高压油　油泵→转阀→安全阀→节流阀→换向滑阀→油缸右腔。

低压油　动力油缸左腔→换向滑阀→油池。

工作台向右移动时（图中虚线位置）；

高压油　油泵→转阀→安全阀→节流阀→换向滑阀→油缸左腔。

低压油　动力油缸右腔→换向滑阀→油池。

操纵手柄由工作台侧面左右挡块推动。工作台的行程长度由改变挡块的位置来调整。当转阀转过 90°时，油泵中的高压油全部流回油池，工作台停止。安全阀的作用是使系统中维持一定的压力，并把多余的高压油排入油池。

10.2.2　内圆磨床

内圆磨床主要用于磨削内圆柱面、内圆锥面及端面等。

图 10 - 9 是 M2120 内圆磨床，在编号 M2120 中，M——是磨床的代号，21——表示内圆磨床，20——表示磨削最大孔径的 1/10，即磨削最大孔径为 200 mm。

内圆磨床由床身、工作台、头架、磨具架、砂轮修整器等部件组成。内圆磨床的液压传动系统与外圆磨床相似。

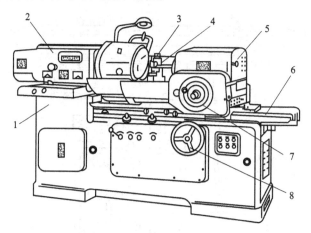

图 10 - 9　M2120 内圆磨床

1—床身；2—头架；3—砂轮修整器；4—砂轮；5—磨具架；

6—工作台；7—操纵磨具架手轮；8—操纵工作台手轮

10.2.3　平面磨床

平面磨床主要用于磨削工件上的平面。

图 10 - 10 是 M7120A 平面磨床，在编号 M7120A 中，M——是磨床代号；71——表示卧轴矩台平面磨床；20——表示工作台宽度的 1/10，即工作台宽

度为 200 mm；A——表示在性能及结构上做过一次重大的改进。

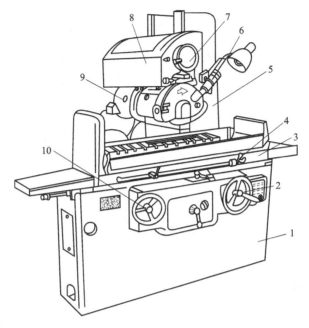

图 10 - 10　M7120A 平面磨床

1—床身；2—垂直进给手轮；3—工作台；4—行程挡块；5—立柱；
6—砂轮修整器；7—横向进给手轮；8—拖板；9—磨头；10—手轮

　　M7120A 平面磨床由床身、工作台、立柱、磨头及砂轮修整器等部件组成。

　　长方形工作台装在床身的导轨上，由液压驱动作往复运动，也可用手轮 10 操纵，以进行必要的调整，工作台上装有电磁吸盘或其他夹具，用来装夹工件。

　　磨头沿拖板的水平导轨可做横向进给运动，这可由液压驱动或由横向进给手轮 7 操纵。拖板可沿立柱的导轨垂直移动，以调整磨头的高低位置及完成垂直进给运动，这一运动也可通过垂直进给手轮 2 来实现。砂轮由装在磨头壳体内的电动机直接驱动旋转。

10.2.4　无心外圆磨床

　　无心外圆磨床主要用于成批生产中磨削细长轴和小轴、套类零件，图 10 - 11 为其工作原理图。磨削时工件不需装夹，而是安置在砂轮和导轨之间，并用拖板拖住，工件由低速旋转的导轮带着旋转，由高速旋转的砂轮进行切削。由于导轮的中心线和工件的中心线不平行，而是倾斜一个小角度，因而导轮带动工件旋转的同时，还使工件作轴向移动。

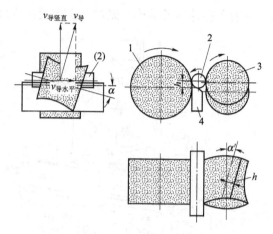

图 10 - 11　无心外圆磨床工作原理图

1—砂轮；2—工件；3—导轮；4—拖板

10.3　磨削工艺

10.3.1　外圆磨削

1. 工件的装夹

轴类工件的装夹方法有顶尖装夹、卡盘装夹、主轴装夹等。

（1）顶尖装夹

轴类工件常用顶尖装夹。安装时，工件支持在两顶尖之间（图 10 - 12），其装夹方法与车削中所用方法基本相同。

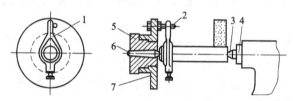

图 10 - 12　顶尖装夹

1—夹头；2—拨杆；3—后顶尖；4—尾架套筒；

5—头架主轴；6—前顶尖；7—拨盘

　　由于磨削是精密加工，因此，在磨削之前工件的中心孔要进行修研，修研的一般方法是用四棱硬质合金顶尖（图 10 - 13）在车床或钻床上顶研，以提高其几何形状精度和降低表面粗糙度。

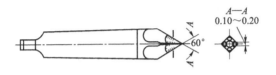

图 10 - 13　四棱硬质合金顶尖

（2）卡盘装夹

卡盘有三爪卡盘、四爪卡盘和花盘 3 种，与车床基本相同。无中心孔的短圆柱形工件大多采用三爪卡盘，不对称工件采用四爪卡盘，形状不规则的采用花盘装夹。

（3）心轴装夹

盘套类空心工件常以内孔定位磨削外圆，往往采用心轴装夹工件。常用的心轴种类和车床相似。只是心轴的加工精度更高些。心轴必须和卡箍、拨盘等传动装置一起配合使用，其装夹方法与顶尖装夹相同。

2. 磨削运动

在外圆磨床上磨削外圆，需要下列几种运动 ［图 10 - 2 （a）］：

主运动——为砂轮的高速旋转；

圆周进给运动——工件以本身的轴线定位进行旋转；

纵向进给运动——工件沿着本身的轴线作往复运动；

横向进给运动——砂轮向着工件作径向切入运动。它在磨削过程中一般是不进给的，而是在行程终了时周期地进给。

3. 磨削方法

磨削外圆常用的方法有纵磨法和横磨法两种。

（1）纵磨法（图 10 - 14）

此法用于磨削长度与直径之比比较大的工件。磨削时，砂轮高速旋转，工件低速旋转并随工作台作纵向往复进给运动，在工件改变移动方向时，砂轮作间歇性径向进给。每次磨削深度很小。当工件加工到接近最终尺寸时（留下 0.005 ~ 0.01 mm），无横向进给地走几次至火花消失即可。

纵磨法具有很强的万能性，可用同一砂轮磨削长度不同的各种工件，且加工质量好，但磨削效率较低。

（2）横磨法（如图 10 - 15）

在大批量生产一些短外圆表面及两侧有台阶的轴颈工件时，多采用这种方法。磨削时工件无纵向进给运动，而砂轮以很慢的速度连续或断续地向工件作横向进给运动，直至将磨削余量全部磨掉为止。所以横磨法又称径向磨削法或切入磨削法。这种方法虽生产率高，但精度较低，表面粗糙度值较大。

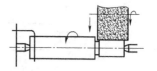

图 10 – 14　纵磨法磨外圆　　　　　　　图 10 – 15　横磨法磨外圆

10.3.2　内圆磨削

内圆磨削时由于砂轮直径受到工件孔径的限制，一般较小，而悬臂长度又较大，且刚性差，磨削用量不能大，所以生产率较低。为了提高内圆磨削加工质量，一般砂轮圆周速度 v 为 15～25 m/s。因此，内圆磨头转速一般都很高，为 2 000 r/min 左右。工件圆周速度一般为 15～25 m/min。

1. 工件装夹

磨削内圆时，工件大多数是以外圆或端面作为定位基准的，通常采用三爪卡盘、四爪卡盘、花盘及弯板等夹具安装工件。图 10 – 16 是用四爪卡盘通过找正装夹工件的方法。

2. 磨削运动

磨削内圆的运动与磨削外圆基本相同，但砂轮的旋转方向与磨削外圆相反（图 10 – 16）。

3. 磨削方法

磨削时，砂轮与工件的接触方式有两种，一种是后面接触图［10 – 17（a）］，另一种是前面接触［图 10 – 17（b）］。在内圆磨床上采用后面接触，在万能外圆磨床上采用前面接触。

内圆磨削的方法也有纵磨法和横磨法两种，其操作方法与外圆磨削相似。纵磨法应用较为广泛。

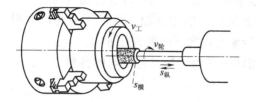

图 10 – 16　用四爪卡盘装夹工件

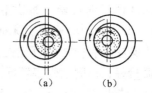

（a）　　（b）

图 10 – 17　砂轮与工件的接触形式

10.3.3　圆锥面的磨削

圆锥面的磨削方法通常采用转动工作台法和转动头架法。

转动工作台法大多用于锥度较小，锥面较长的工件，如图 10 – 18 和图

10 - 19 所示。

转动头架法常用于锥度较大的工件的磨削（图 10 - 20）。

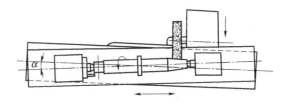

图 10 - 18 转动工作台磨削外圆锥面

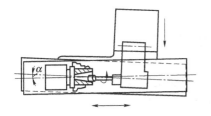

图 10 - 19 转动工作台磨内圆锥面

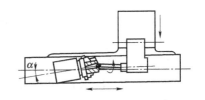

图 10 - 20 转动头架磨内圆锥面

10.3.4 平面磨削

磨平面一般使用平面磨床。平面磨床工作台通常采用电磁吸盘来安装工件，对于钢、铸铁等导磁性工件可直接装夹在工作台上。通电后使工件牢固地吸合在电磁吸盘上。对于铜、铝等非导磁性工件，要通过精密平口钳等装夹。

根据磨削时砂轮工作表面的不同，平面磨削的方式有两种，即周磨法和端磨法，如图 10 - 21 所示。

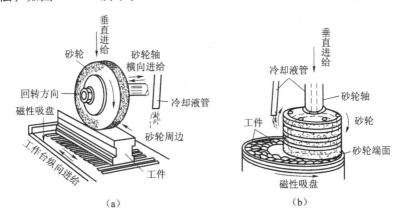

图 10 - 21 平面磨削方法

(a) 周磨法；(b) 端磨法

（1）周磨法

用砂轮圆周面磨削平面。周磨时，砂轮与工件接触面积小，排屑及冷却条件好，工件发热量少，因此对于磨削时易翘曲变形的薄片工件，能获得较好的加工质量，如图 10-21（a）所示。

（2）端磨法

用砂轮端面磨削平面，端磨时轴伸出较短，而且主要是受轴向力，因而刚性较好，能采用较大的磨削用量。此外，砂轮能与工件接触面积大，因而磨削效率高。但此法发热量大，也不易排屑和冷却，故加工质量较周磨法低。适用于粗磨。如图 10-21（b）所示。

复习思考题

1. 磨削加工的精度一般可达几级？表面粗糙度值 Ra 可达多少？
2. 外圆磨床和内圆磨床的主运动和进给运动是什么？有何差别。
3. 磨削适用于加工哪类零件？
4. 试述外圆磨床与平面磨床的构造有何异同。
5. 磨床为何要选用液压传动？磨床工作台的往复运动是如何实现的？
6. 砂轮在安装前的静平衡的作用是什么？
7. 如何修整砂轮？为什么要修整砂轮？
8. 为什么要对中心孔进行修研？怎样修研？
9. 磨削加工能获得较高精度的原因是什么？
10. 磨削外圆的方法有哪两种？各有什么特点？
11. 外圆锥面的磨削都有什么方法？
12. 磨细长轴类零件时，应注意什么？
13. 怎样在平面磨床上装夹工件？
14. 磨平面形零件时，应注意什么？
15. 比较平面磨削时周磨法和端磨法的优缺点。
16. 无心外圆磨削的特点是什么？

第 11 章

钳　工

【钳工实习安全技术】

1. 用虎钳装夹工件时，工件应夹在钳口中部，以保证虎钳受力均匀。

2. 夹紧工件时，不允许在手柄上加套管或用锤子敲击手柄，以防损坏虎钳丝杠或螺母上的螺纹。

3. 钳工工具或量具应放在工作台上的适当位置，以防掉下损伤量具或伤人。

4. 禁止使用无柄锉刀、刮刀，手锤的锤柄必须安装牢固。

5. 锉屑必须用毛刷清理，不允许用嘴吹或手抹。

6. 工作台上应安装防护网，以防錾削时切屑飞出伤人。

7. 钻孔时不准戴手套操作或用手接触钻头和钻床主轴，谨防衣袖、头发被卷到钻头上。

8. 使用砂轮机时，操作者应站在砂轮侧面，不得正对着砂轮，以防发生事故。

9. 拆装部件或搬运笨重零件时，要量力而行，摆放要平稳，防止落下伤人或损伤零件。

钳工是利用各种手用工具、虎钳、机械工具来完成某些零件的加工，部件及机器的装配的操作方法，其基本操作方法有划线、錾削、锯切、锉削、钻孔、铰孔、攻丝、套扣、刮削、研磨和维修、装配等。

由于钳工所使用的工具简单，加工灵活多样，因此可以完成机械加工不方便或难以完成的工作。因此钳工在机械制造和装配修理工作中，仍是不可缺少的重要工种。

钳工的应用范围如下：

① 加工前的准备工作，如清理毛坯，在工件上划线等。

② 在单件或小批生产中，制造一般的零件。

③ 对于一些精密、大型、复杂的机器及零部件的加工。

④ 装配、调整和修理机器等。

⑤ 在科研和试制工作中，制作零件及模型等。

⑥ 制作模具及样板等。

11.1 钳工工作台及虎钳

钳工的工作场地主要是由工作台及虎钳组成，它们的安装恰当与否，对钳工工作效率有决定性的影响。

11.1.1 钳工工作台

钳工工作台（图 11-1）一般是用低碳钢钢板包封硬质木材制成，要求坚实和平稳，台面高度为 800~900 mm，为保障工作安全常装有防护网。

11.1.2 虎钳

虎钳（图 11-2）是夹持工件的工具，它固定在工作台上，其规格用钳口宽度表示，常用的有 100~150 mm。

图 11-1 钳台及安装
1—钳台；2—虎钳；3—防护网

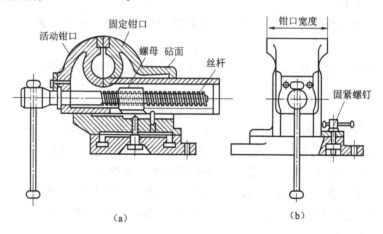

图 11-2 虎钳
(a) 剖视图；(b) 实体图

使用虎钳时应注意下列事项：

① 工件应尽量夹在虎钳钳口中部，以使钳口受力均匀。

② 当转动手柄夹紧工件时，只能用手扳紧手柄。决不能套上管子接长手柄或用手锤敲击手柄，以免虎钳丝杠或螺母上的螺纹损坏。

③ 锤击工件只可在砧面上进行。

④ 若夹持精密工件时，钳口要垫上软铁或铜皮，以免工件表面损伤。

11.1.3 虎钳高度与劳动生产率的关系

① 劳动生产率与虎钳安装的高度有着密切的关系，一般要求在钳桌旁边，将右手的肘关节弯曲，放在钳口上，手指弯曲为拳头接触下巴为宜（图 11 - 1 所示）。

② 虎钳的高度与生产效率的关系如图 11 - 3 所示。

③ 虎钳安装过低，在操作时必须弯腰，为力求保持身体平衡，必须竭力压紧左手，结果使加工零件向左边倾斜。

④ 虎钳安装过高时，向下运力较为困难，这就会使右手运力较大，造成零件向右边倾斜。

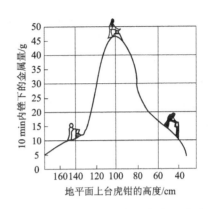

图 11 - 3 生产效率与虎钳高度的关系

11.2 划线

划线是根据图纸要求，在毛坯或半成品上划出要加工的界线的一种操作。

划线的目的是：

① 使工件有明确的尺寸界线，以利于加工。

② 能及时发现不合格的毛坯，避免送去加工而造成更大的浪费。

③ 在毛坯误差不大时，通过划线使加工余量合理分配（又称借料），使加工后的工件仍符合要求。

划线分为：平面划线——只需在工件或毛坯的一个平面上划线（图 11 - 4）；立体划线——即在工件的几个表面上（通常是相互垂直的）都需划线（图 11 - 5）。

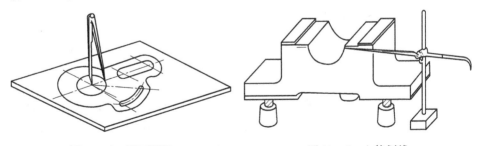

图 11 - 4 平面划线　　　　图 11 - 5 立体划线

11.2.1 划线工具

1. 划线平台

平台是划线的主要基准工具，用铸铁制成，有很高的平面度及精度，使其保持稳固的水平状态，以便稳定地支承工件。工件和工具在平台上都要轻放，不准碰撞和用锤敲击（图 11 -6）。

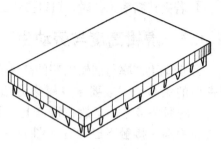

图 11 -6　划线平台

2. 划针

划针用来在工件表面上划线，图 11 - 7（b）是划针的用法。

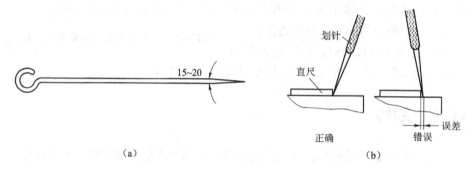

（a）　　　　　　　　　　（b）

图 11 -7　划针及用法

3. 划针盘

划针盘是作立体划线和校正工件位置用的工具（图 11 -8）。

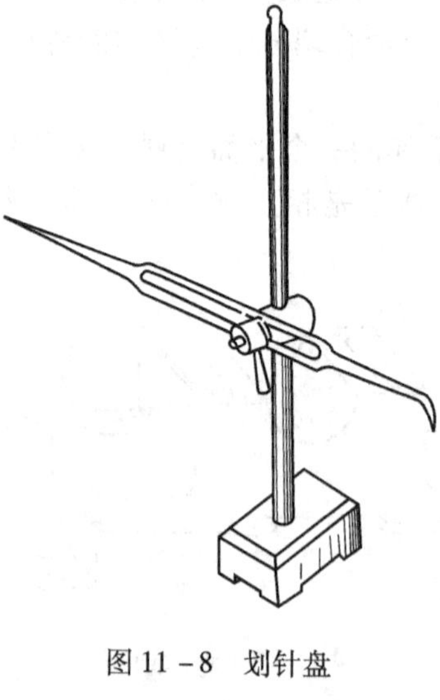

4. 划规

划规（图 11 -9）是划圆周或圆弧线及平行线的主要工具，它的用法与制图中的圆规的用法相类似。

5. 划卡

划卡主要用来确定轴和孔的中心位置（图 11 -10）。

6. 高度游标卡尺

高度游标卡尺（图 11 -11）是精密量具，既可用来测量高度，又可用划针脚作精密划线工具。

图 11 -8　划针盘

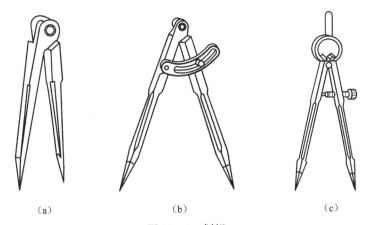

图 11 - 9 划规

（a）普通圆规；（b）扇形圆规；（c）弹簧圆规

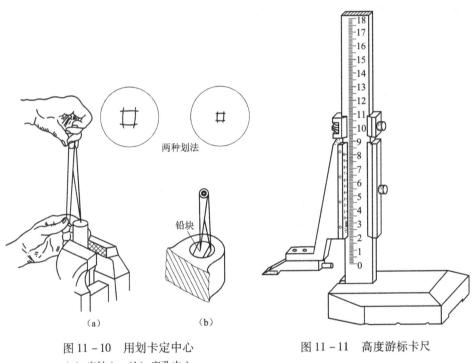

两种划法

铅块

图 11 - 10 用划卡定中心

（a）定轴心；（b）定孔中心

图 11 - 11 高度游标卡尺

7. V 形铁

V 形铁（图 11 - 12）主要用来支承有圆柱表面的工件。

8. 方箱

方箱属空心立方体，用铸体制成。方箱（图 11 - 13）上相邻各面互相垂直。六面都经过精加工。

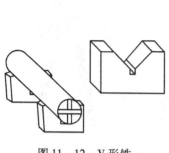

图 11 -12　V 形铁

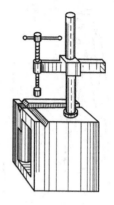

图 11 -13　方箱

　　方箱用来支承划线的工件，还可依靠夹紧装置把工件固定在方箱上，划线时只要把方箱翻转 90°，就可把工件上互相垂直的线在一次安装中全部划好。

　　9. 千斤顶

　　千斤顶（图 11 -14）用来支承毛坯或形状不规则的划线工件，并可调整高度，使工件各处的高低位置调整到符合划线的要求。一般使用 3 个千斤顶来支承工件。

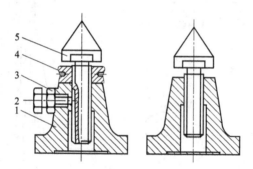

图 11 -14　千斤顶

1—底座；2—螺钉；3—锁紧螺母；4—调整螺母；5—螺杆

　　10. 样冲

　　样冲（图 11 -15）是在已划好的线上冲眼用的，以便保持牢固的划线标记。

　　用样冲冲眼时，要注意以下几点。

　　① 要使冲尖对准线条的正中，使冲眼不偏离所划的线条。

　　② 冲眼间距可视线段长短决定。一般直线段上间距可大些，曲线段上间距要小些；而在线条的交叉转折处则必须要冲眼（图 11 -16）。

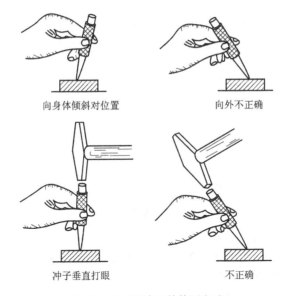

向身体倾斜对位置   向外不正确

冲子垂直打眼   不正确

图 11 – 15 样冲及其使用方法

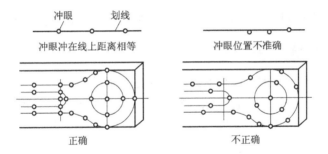

冲眼   划线

冲眼冲在线上距离相等   冲眼位置不准确

正确   不正确

图 11 – 16 在直线和曲线上冲眼

③ 冲眼的深浅要掌握适当,薄壁件或较光滑的表面冲眼要浅;而粗糙的表面要冲得深些。

划线常用的工具还有钢尺,直角尺及样板等。

11.2.2 划线基准的选择

划线基准通常与设计基准相一致,它是确定零件其他点、线、面的依据。划线时,必须首先选择和确定基准线或基准面,基准线和基准面起着规定其他点、线和面的作用,然后根据它来划出其余的尺寸,如图 11 – 17 所示。

在图 11 – 17 (a) 中是选取重要孔的中心线作为划线基准。图 11 – 17 (b) 是选已加工的平面作为划线基准。

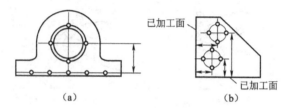

图 11 – 17　划线基准

(a) 以孔的轴线为基线；(b) 以已加工表面为基准

11.2.3　划线的步骤

① 看清楚图纸，详细了解工件上需要划线的部位。

② 确定划线基准，初步检查毛坯的误差情况。

③ 清理毛坯上的疤痕和毛刺等，在划线部分涂上相应的涂料，用铅块或木块堵孔，以便确定孔的中心位置。

④ 正确安放工件和选用工具。

⑤ 划线时先划出基准，再划其他线。

⑥ 详细检查划线的准确性以及是否有线条漏划。最后打样冲眼。

11.2.4　划线练习举例

划线工作不仅要求要认真细致（尤其是立体划线，往往比较复杂），同时还要求具备一定的加工工艺和结构知识，所以要通过实践锻炼和学习，逐步提高。图 11 –18、图 11 –19、图 11 – 20、图 11 – 21 为几个平面划线的练习图样。

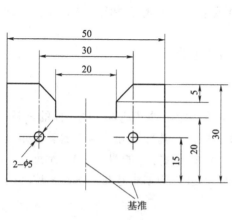

图 11 –18　以两条直线作为基准

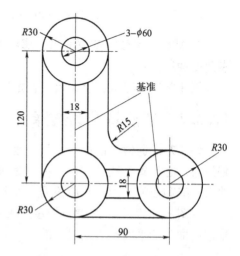

图 11 –19　以两条中心线作为基准

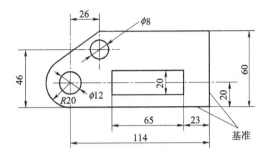

图 11 - 20 以一条直线和一条中心线为基准

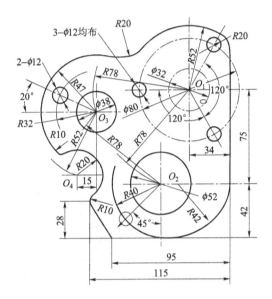

图 11 - 21 划线样板铁板厚 2 mm

11.3 錾削

錾削（或称凿削）是用手锤敲击錾子（或称凿子）对工件进行切削加工的一种方法，錾削应用于清除毛刺飞边等、切断金属、作为锉削的粗加工、錾削平面和沟槽等。每次錾削金属层的厚度为 0.5 ~ 2 mm。

11.3.1 錾削工具及使用

1. 錾子

钳工常用的錾子有 3 种类型，如图 11 - 22 所示。扁錾图［11 - 22（a）］用来去除凸缘、毛边和分割材料等，刃宽一般为 10 ~ 15 mm；窄錾亦称尖錾

［图 11 – 22（b）］，主要用来錾槽和分割曲线形板料，其刃宽约为 5 mm；油槽錾［图 11 – 22（c）］用来錾削润滑油槽，其刃短且呈圆弧形状。錾子一般用八棱碳素工具钢锻成，刃部经淬火和回火处理，具有较高的硬度及韧性。

錾子的楔角应根据所加工的材料不同而不同，錾削铸铁时为 70°，钢为 60°，铜、铝为≤50°（图 11 – 23）。

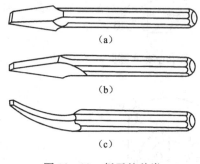

（a）

（b）

（c）

图 11 – 22　錾子的种类

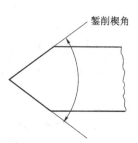

图 11 – 23　錾子的楔角

2. 手锤

手锤是錾削工作和装拆零件时的重要工具，其规格用锤头的重量表示，常用的为 0.5 kg，手锤的全长约为 300 mm。

3. 錾子和手锤的握法

錾子应松动自如地握着，主要是用中指夹紧。錾头伸出 20～25 mm（图 11 – 24）。

握手锤主要是靠拇指和食指，不可握得太紧，以免易疲劳，其余各指仅在锤击下时才握紧（图 11 – 25）。

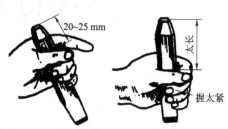

图 11 – 24　錾子握法

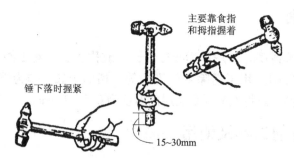

图 11 – 25　手锤的握法

11.3.2 錾削方法

1. 錾削平面

錾削平面用扁錾进行，起錾应从工件的边缘尖角处着手（图 11 - 26），由于切削刃与工件的接触面小，阻力不大，只需轻敲，錾子便容易切入材料，而不会产生滑脱、弹脱等现象。

在錾削较窄的平面时，錾子的切削刃最好与錾削前进方向倾斜一个角度（图 11 - 27）。錾较宽平面时，一般先用窄錾间隔开槽，再用扁錾錾去剩余部分（图 11 - 28）。当錾削快到尽头时，要防止工件边缘的崩裂 [图 11 - 29 (b)]，尤其是铸铁、青铜等脆性材料时更应注意。一般情况下，当錾到离尽头 10 mm 左右时，必须调头再錾去余下的部分，如图 11 - 29 (a) 所示。

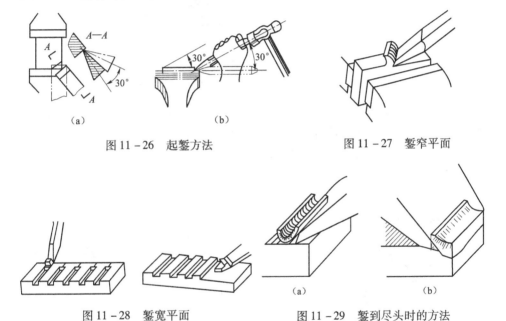

|（a）| |（b）| |
图 11 - 26 起錾方法　　　　　　图 11 - 27 錾窄平面

图 11 - 28 錾宽平面　　　　　　图 11 - 29 錾到尽头时的方法

2. 錾油槽

图 11 - 30 为錾油槽的情形，錾油槽要掌握好尺寸和表面粗糙度，因为油

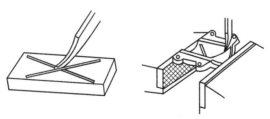

图 11 - 30 錾油槽

槽錾好后不再进行精加工，必要时仅作一些修整而已。

3. 錾切板料

切断板料的常用方法有以下几种。

① 图 11-31（a）所示为板料夹在台虎钳上进行切断。用扁錾沿着钳口并斜对着板面（约45°）自右向左錾切，板料的切断线与钳口平齐。图 11-31（b）为不正确的板料切断法。

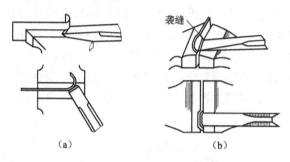

图 11-31　板料的切断
（a）正确的板料切断法；（b）不正确的板料切断法

② 图 11-32 所示为较大的板料在铁砧（或平板）上进行切断的方法。此时板料下面要垫上废旧的软铁材料，以免损伤錾子的切削刃。

图 11-33 为切割较复杂的板料的方法，一般是先按轮廓钻出密集的排孔，再进行錾切。

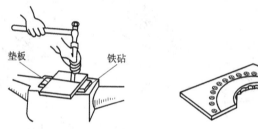

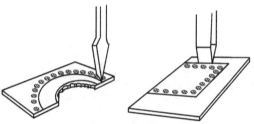

图 11-32　大尺寸板料的切断　　　　图 11-33　板料弯曲部分的切断

11.4　锯切

锯切是用手锯在工件上锯出沟槽或进行切割的操作。

11.4.1　手锯

手锯由锯弓和锯条两部分组成。

锯弓是用来张紧锯条的，图 11-34 为较常用的一种，它可安装几种不同长度的锯条。

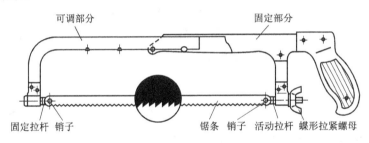

图 11 - 34　锯弓

锯条一般由碳素工具钢制成，钳工常用的锯条长约 300 mm，锯的切削部分是由许多锯齿组成，相当于一排同样形状的錾子，因而工作效率较高（图 11 - 35）。

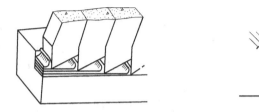

图 11 - 35　锯齿的形状

锯条的齿部做成波浪形，以减小锯条与锯缝的摩擦阻力。锯齿有粗、细之分，粗齿锯条适于锯铜、铝等软金属及厚的工件，细齿锯条适于锯硬钢、板料及薄壁管子等。锯条的规格及用途如表 11 - 1 所示。

表 11 - 1　锯条规格及用途

规格	齿数/in	齿距/mm	适 用 场 合
粗齿	14 ~ 16	1.6 ~ 1.8	铜、铝及其合金、层压板、硬度较低的材料
中齿	18 ~ 22	1.2 ~ 1.4	铸铁、中碳钢、型钢、厚壁管子、中等硬度的材料
细齿	24 ~ 32	0.8 ~ 1	小而薄的型钢、薄壁管、板料、硬度较高的材料

11.4.2　锯切应注意事项

① 根据工件材料软、硬及厚度大小选择合适的锯条。

② 手锯是向前推进时才切削工件，所以安装锯条应使锯齿尖端向前，如图 11 - 34 所示。锯条松紧要适当，过紧易崩断；过松易折断，一般用拇指和食指的力旋紧即可。

③ 工件要夹紧牢固，且伸出端要短，避免在锯切时工件颤动。

④ 起锯时用左手拇指靠稳锯条侧面作为引导，如图 11-36（a）所示。起锯角 α 应在 10°~15° 为宜。角度过大锯条易崩齿 [图 11-36（d）]，角度过小难以切入工件。起锯有远起锯 [图 11-36（b）] 和近起锯 [图 11-36（c）] 之分，一般较多采用远起锯。

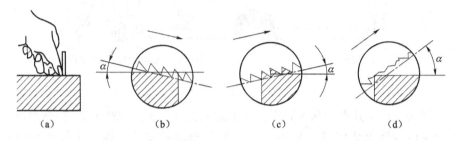

图 11-36　起锯方法
（a）用拇指挡住锯条；（b）远起锯；（c）近起锯；（d）起锯角太大

⑤ 起锯时右手推锯要稳，手锯往复行程要短，用力要轻，待锯条切入工件后再用锯条全长进行工作。锯削时向前推锯并施加一定的压力进行切削，用力要均匀，使手锯保持水平。返回时不进行切削，不必施加压力，锯条从工件上轻轻滑过。

⑥ 推锯速度要适当，不宜过快或过慢。过快易使锯条发热，易崩齿；过慢效率低。通常以每分钟 30~40 次为宜。

⑦ 将近锯断时，锯削速度应慢，压力应小，以防碰伤手臂，锯条也不易折断。

⑧ 发现锯缝偏离所划的线时，不要强行扭正，应将工件调头重新安装，重新开锯口。

⑨ 由于锯齿排列呈折线，若锯条折断换上新锯条后，应尽量不在原锯缝进行锯削，而从锯口的另一面起锯，否则锯条易折断，如果必须沿原锯缝锯削，应小心慢慢锯入。

11.5　锉削

用锉刀对工件表面进行的切削加工称为锉削。锉削加工后的公差等级可达 IT8~IT7 级，表面粗糙度最小可达 $Ra0.4\ \mu m$ 左右。锉削的工作范围较广，可以锉削工件的外表面、内孔、沟槽和各种形状复杂的表面。

11.5.1　锉刀

1. 锉刀的结构

锉刀是用高碳工具钢 T12 或 T13 制成，硬度可达 62~67HRC，较脆。

锉刀各部分的名称如图 11 –37 所示。锉刀的齿纹是交叉排列，形成许多小齿，如图 11 –38 所示，便于断屑和排屑，也能使锉削时省力。

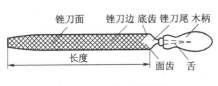

图 11 –37 锉刀的结构

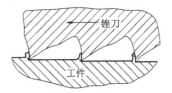

图 11 –38 锉刀齿形

锉刀的规格是以工作部分的长度表示，有 100、150、200、250、300、350、400 mm 七种。

2. 锉刀的种类

锉刀有粗细之分，按每 10 mm 的锉面上齿数多少分为粗齿锉（6 ~ 14 齿）、中齿锉（9 ~ 19 齿）、细齿锉（14 ~ 23 齿）和油光锉（21 ~ 45 齿）。

按用途不同分为普通锉刀和整形锉刀两类，普通锉刀根据锉刀截面形状不同，锉刀可分平锉（或称板锉）、方锉、三角锉、半圆锉及圆锉等（图 11 –39）。整形锉尺寸较小，形状更多，一般 8、10、12 把为一组（图 11 –40）。

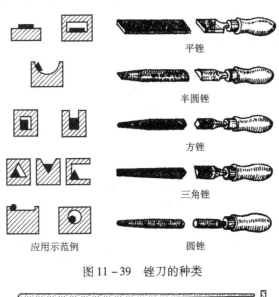

平锉

半圆锉

方锉

三角锉

应用示范例

圆锉

图 11 –39 锉刀的种类

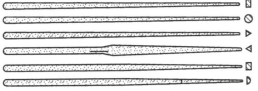

图 11 –40 整形锉

3. 锉刀的选择

每种锉刀都有它适用的范围。粗锉刀适用于加工余量大、加工精度低和表面粗糙度大的工件；细锉刀则适用于锉削加工余量小、加工精度高和表面粗糙度小的工件。表 11 - 2 列出了粗、中、细 3 种锉刀锉削时适宜的加工余量和所能达到的加工精度。

锉削软材料时（如铜、铝、软钢等），只能选用粗锉刀，细锉刀适用于加工较硬材料，中齿锉刀用于粗锉之后的加工，而油光锉用于精加工。

表 11 - 2　按加工精度选择锉刀

锉刀粗细	适 用 场 合		
	加工余量/mm	加工精度/mm	表面粗糙度 Ra/μm
粗　　锉	0.5 ~ 1	0.2 ~ 0.5	50 ~ 12.5
中　　锉	0.2 ~ 0.5	0.05 ~ 0.2	6.3 ~ 3.2
细　　锉	0.05 ~ 0.2	0.01 ~ 0.05	6.3 ~ 1.6

锉刀断面形状的选择决定于工件加工表面的形状，如图 11 - 39 所示。

11.5.2　锉削方法

锉刀的种类及大小不同，锉刀的握法也不同。图 11 - 41 为各种锉刀的不同握法。

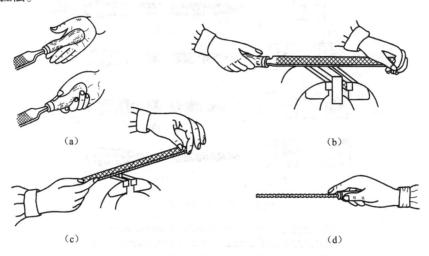

图 11 - 41　锉刀的握法
（a）右手握法；（b）大锉刀两手握法；（c）中锉刀两手握法；（d）小锉刀握法

锉削时的姿势主要表现在脚的站位和身体运锉时前倾的角度。身体前倾不同角度时，手臂推锉的程度如图 11 - 42 所示。

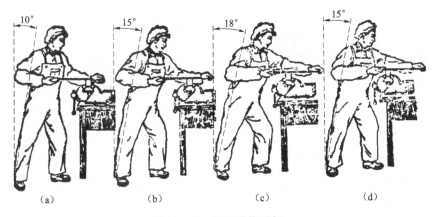

图 11 -42 锉削动作要领

锉削时推力的大小由右手控制，而压力的大小是由两手控制的。为保持水平运锉，两手的力是在不断变化的，如图 11 -43 所示。返回时不加力，以减少锉齿磨损及损伤加工表面。锉削速度应在每分钟 30 ~ 40 次为宜。

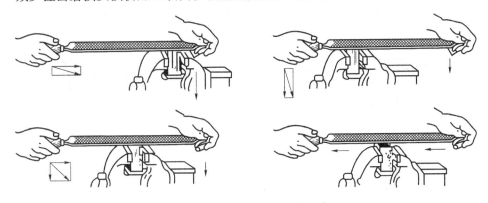

图 11 -43 锉削过程中的力矩平衡

锉削有顺锉、交叉锉及推锉 3 种方法。顺锉是最普通的锉削方法，锉刀始终沿其长度方向锉削（图 11 - 44）。交叉锉是先沿一个方向锉一层，然后交叉 90°锉平，如图 11 - 45 所示。这种锉法易掌握，效率高，适用于锉削余量较大的工件。推锉（图 11 - 46）时锉刀的运动方向与锉刀长度方向垂直，这种锉法是工件表面已经锉平，余量很小时，修光表面用的，由于它不能充分发挥手的力量，锉齿切削效率也不高，故一般只用来锉削狭长平面。

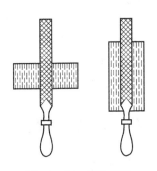

图 11 - 44 顺向锉法

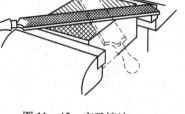

图 11 - 45　交叉锉法

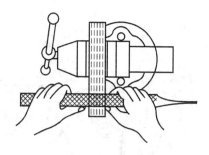

图 11 - 46　推锉法

工件锉平后，可用各种量具检查尺寸和形状精度，如图 11 - 47 为用几种不同工具检查平直度的情况。

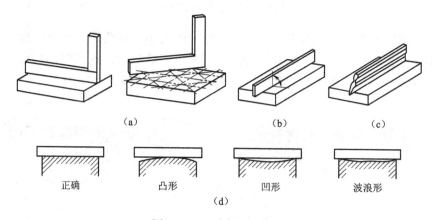

（a）　　　　　　　　（b）　　　　　　　（c）

正确　　　　凸形　　　　凹形　　　　波浪形

（d）

图 11 - 47　锉削平面检查

（a）用角尺检查；（b）用直尺检查；（c）用刀口检查；（d）检查结果

11.5.3　锉削时应注意事项

① 不要用锉刀锉硬金属、白口铸铁及已淬火的钢。

② 铸件上的硬皮或黏砂，应先用砂轮磨去或錾去，然后再锉削。

③ 锉削时不要用手摸工件表面，以免再锉时打滑。

④ 夹持已加工表面时，钳口应衬上铜片或其他较软材料，以防表面夹坏。

⑤ 不可用锉刀对其他物体进行敲击或弯折。

⑥ 锉面堵塞后，用钢丝刷顺着锉纹方向刷去切屑。

11.6　钻孔与铰孔

用钻头在实体材料上加工出孔的操作称为钻孔。钳工的钻孔，多用于装配和修理，也是攻丝前的准备工作。

钻孔时，钻头装夹在钻床上，一般工件不动，钻头作旋转的主运动，同时沿其轴向作进给运动。

钻孔可以达到的精度较低，一般为 IT10 ~ IT11，表面粗糙度为 Ra50 ~ 12.5 μm。故只能加工要求不高的孔或作孔的粗加工，若提高孔的加工质量，可采用铰孔或镗孔方法。

11.6.1 钻头

麻花钻是钻头的主要形式，其组成部分如图 11 - 48 所示。由柄部、颈部和工作部分组成。

柄部是钻头的夹持部分，有直柄和锥柄两种形式，直柄传递的扭矩较小，一般用于直径小于 13 mm 的钻头，这种钻头，通常装夹在台式钻床上。锥柄可传递较大的扭矩，主要用于直径大于 13 mm 的钻头。

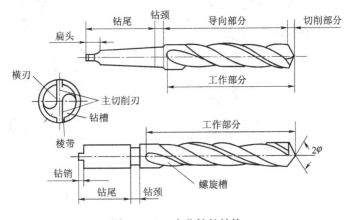

图 11 - 48   麻花钻的结构

颈部为钻柄与工作部分的连接处，多在此处刻印出钻头规格和商标。

工作部分由切削部分和导向部分组成，切削部分（图 11 - 49）由两条主切削刃和横刃组成，起主要的切削作用。由图 11 - 49 可以看出，麻花钻的结构可以看作是由两把车刀组成。两主切削刃形成顶角 2γ，通常 $2\gamma = 118° ± 2°$，称为锋角。钻头顶部有横刃，即两主后面的交线，它的存在使钻削时的轴向力增加。

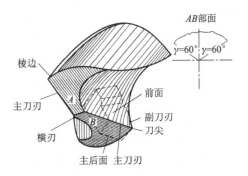

图 11 - 49   麻花钻的切削部分

导向部分有两条对称的螺旋槽，起着排屑和输送冷却液的作用。为了既减小摩擦又保持钻孔方向，还做出两条窄的韧带，钻孔时，起着导向和修光孔壁的作用。

11.6.2　台钻和钻夹头

台钻（图 11-50）是一种小型钻床，用来钻 13 mm 以下的孔。台钻结构简单，使用方便。

钻夹头（图 11-51）是用来装夹直柄钻头。装夹迅速可靠。

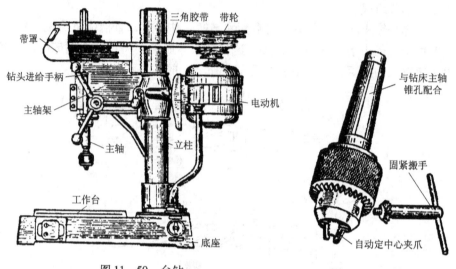

图 11-50　台钻

图 11-51　钻夹头

11.6.3　钻孔操作

首先，工件一般要进行划线，孔的中心还要用冲头冲一凹坑，以便钻头对准中心。然后再根据钻孔直径的大小选择合适的钻头装夹在钻床上。钻孔开始时，应先试钻，先钻一浅坑，以检查孔的中心是否准确，如不准确应校正后再钻。孔快要钻透时，应减低进给速度，以免折断钻头。钻钢料时，应加切削液。

11.6.4　钻孔时应注意的事项

① 在钻夹头上装夹钻头时，先较轻夹紧钻头，开车检查其是否摆动；调整到不摆动为止，最后用力夹紧。

② 用直径较大的钻头钻孔时，主轴转速应较低；用小钻头钻孔时，转速可较高，但进给速度应慢，以免钻头折断。

③ 钻削时，不可施加很大的进给压力（轴向力），因麻花钻头刚度较差，

钻孔时易歪斜。

④ 孔径小于 30 mm 时，可一次钻出，若大于 30 mm 时，应分两次钻出，先钻 0.4 ~ 0.6 倍孔径的小孔，第二次再钻至所需尺寸。

⑤ 精度要求高的孔，要留出加工余量，以便精加工。

⑥ 工件材料较硬或钻孔较深时，应加冷却液并不断将钻头抽出孔外，排出钻屑，防止钻头过热折断。

⑦ 钻孔时身体不要距主轴太近，以免头发或衣服被钻头卷入。

⑧ 钻孔时严禁戴手套操作。

⑨ 切屑要用毛刷清理，不要用手擦或用嘴吹。

⑩ 钻头刃磨后，两主切削刃应等长，否则钻削时会产生颤动或将孔扩大（图 11 - 52）。

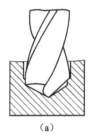 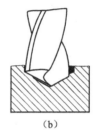

(a)　　　　　　　　　　(b)

图 11 - 52 刃磨不正确的钻头钻孔情况

(a) 两切削刃角度不等，右刃切得多，左刃切得少，孔钻大；
(b) 角度相等，但长度不等孔钻大，甚至钻头折断

11.6.5 扩孔

扩孔是用扩孔钻将孔径（铸出、锻出或钻出的孔）扩大的操作，如图 11 - 53 所示。

扩孔钻有 3 ~ 4 个切削刃，如图 11 - 54 所示。其钻体的刚度较好，工作时不易变形或颤动。所以扩孔的精度和光洁度较钻孔高，扩孔尺寸精度可达 IT9 ~ IT10。粗糙度为 $Ra25 ~ 6.3$ μm。

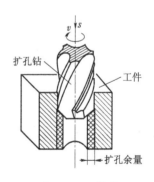

图 11 - 53 扩孔

图 11 - 54 扩孔钻

11.6.6 铰孔

铰孔是用铰刀对孔进行精加工的一种操作，可使孔的精度达到 IT7 ~ IT9 级，表面粗糙度达到 $Ra3.2 ~ 0.8 ~ \mu m$。

钳工铰孔用的铰刀分为机铰刀和手铰刀两种。机铰刀的柄部多为锥柄，主要装在钻床上或车床上铰孔。机床有较高的导向性，所以机铰刀的工作部分较短。手用铰刀为直柄，工作部分较长，目的是提高铰孔时的导向能力。铰刀的工作部分由切削部分和修光部分组成，切削部分成锥形，担负着切削工作，修光部分起着导向和修光作用。铰刀有 6 ~ 12 个切削刃，每个切削刃的负荷较轻，因而铰刀在切削时只切下很薄的一层金属，故提高了孔的加工质量。

手工铰刀是用铰杠（图 11 – 55）带动手铰刀（图 11 – 56）对孔进行加工的。常用的铰杠是可调式的，转动右边手柄，即可调节方孔的大小，这样便可夹持不同尺寸的铰刀。

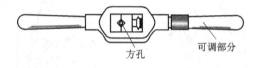

方孔　　　　可调部分

图 11 – 55　铰杠

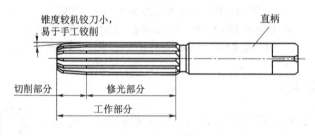

锥度较机铰刀小，　　　　　　　　直柄
易于手工铰削

切削部分　　修光部分

工作部分

图 11 – 56　手铰刀

铰削余量要在一定范围内选取，铰削余量留得太大，孔铰不光，铰刀易磨损，铰削余量留得太小，不能纠正上一道加工留下的加工误差，不能达到铰孔的目的。

11.6.7 铰孔时应注意事项

① 铰孔前要用千分尺检查铰刀的直径是否合适。若直径小于 25 mm 的孔，钻后可直接用铰刀铰孔；直径大于 25 mm 时，需扩孔后再铰孔。

② 手铰过程中，两手用力要平衡，铰刀不得摇摆，旋转铰杠的速度要均匀。

③ 注意变换铰刀每次停歇的位置，以消除铰刀常在一处停歇而造成的振痕。

④ 铰削进给时，要随着铰刀的旋转轻轻对铰杠加压。

⑤ 铰刀不能反转，即使退出时也要顺转。否则铰刀和孔壁之间易于挤住切屑，造成孔壁划伤或刀刃崩裂。

⑥ 铰钢制工件时，切屑易黏在刀齿上，要经常注意清除，并用油石修光刀刃，以免孔壁被拉毛。

⑦ 机铰时要在铰刀退出后再停车，否则孔壁留有刀痕，退出时孔也要被拉毛。铰通孔时铰刀修光部分不可全部漏出孔外，否则出口处要划坏。

⑧ 铰刀是精加工刀具，使用完毕要揩擦干净。

11.6.8 其他孔加工机床简介

直径大于 13 mm 的孔，可在立式钻床或摇臂钻床上加工；至于像变速箱、发动机气缸体等各种复杂和大型工件上的孔往往要求相互平行或垂直，同时轴线间距的精度要求较高，在镗床上加工，可较容易地达到这些要求。

1. 立式钻床

这类钻床的最大钻孔直径有 25 mm，35 mm，40 mm，50 mm 等几种规格。图 11 - 57 为常用的立式钻床，它只适用于加工中小型工件。

2. 摇臂钻床

摇臂钻床如图 11 - 58 所示，主轴箱可沿摇臂上导轨移动，摇臂既可绕垂直立柱回转，又可沿立柱上升或下降。因此，对于大型多孔工件，只要装夹一次，就可在摇臂钻床上完成众多孔的加工。

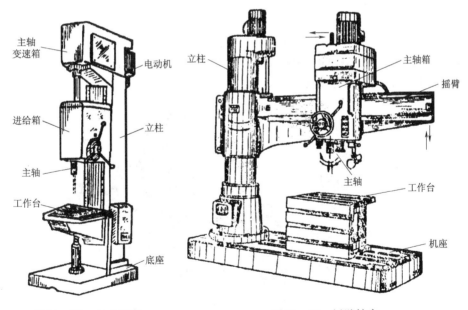

图 11 - 57 立式钻床   图 11 - 58 摇臂钻床

3. 钻头装夹

锥柄钻头可直接装夹在立式钻床或摇臂钻床主轴的锥孔内，锥柄尺寸较小时，可用过渡套筒安装［图 11 −59（a）］，也可用两个以上套筒做过渡连接。卸钻头时只要用小锤打入楔铁即可，如图 11 −59（b）所示。

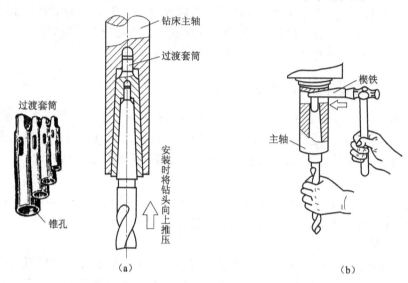

图 11 −59　钻头的装夹

（a）用过渡套筒安装钻头；（b）利用楔铁卸下钻头

4. 镗床

图 11 −60 为卧式镗床。镗床加工工艺范围较广，镗孔精度较高，一般精度可达 IT7 级，表面粗糙度可达 $Ra3.2 \sim 1.6$ μm。此外，它还可用来铣端面、钻孔、攻丝、车内圆等多种工作。

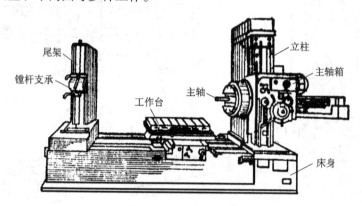

图 11 −60　卧式镗床

图 11 −61 所示为镗削圆轴孔的加工方法。

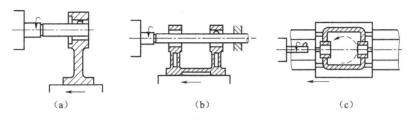

图 11-61 镗削圆轴孔的方法

(a) 用短镗杆镗短孔；(b) 用长镗杆镗长同轴孔；(c) 用回转工作台法加工同轴孔

11.7 攻丝与套扣

攻丝（攻螺纹）是用丝锥加工内螺纹的操作。套扣是用板牙在圆柱杆上加工外螺纹的操作。

11.7.1 攻丝

1. 丝锥

丝锥是专门用来加工内螺纹的刀具（图 11-62），丝锥由工作部分和柄部所组成。

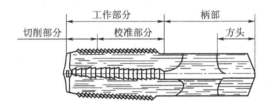

图 11-62 丝锥

工作部分包括切削部分和校准部分，切削部分的作用是切除孔内螺纹牙之间的金属。校准部分的作用是引导丝锥并修光螺纹。柄部的方头则是用铰杠（图 11-55）的方孔带动且传递扭矩之作用。

根据被攻丝的孔径不同，丝锥一般为两个一组，称头锥和二锥。只有在 M6 以下及 M12 以上一组丝锥有 3 个。这是因为小丝锥强度不高，容易折断，故用 3 个一组。而大丝锥切削金属量大，需分几次切削，所以也做成 3 个一组。头锥、二锥、三锥的校准部分没有区别，只是切削部分磨出锥角，使切削负荷分布在几个刀齿上（头锥 5~7 牙，二锥 3~4 牙，三锥 1~2 牙），这不仅可使工作省力，同时不易产生崩刃或折断（图 11-63）。

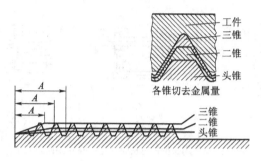

图 11 - 63　丝锥工作部分形状

2. 攻丝的操作方法

(1) 钻孔

攻丝前需钻孔。孔的直径可查表或用下面经验公式计算:

钢料及韧性金属　　　　　　$d = d_0 - P$

铸铁及脆性金属　　　　　　$d = d_0 - 1.1\,P$

式中　d——钻孔直径 (mm);

　　　d_0——螺纹外径 (mm);

　　　P——螺距 (mm)。

攻盲孔 (不通孔) 的螺纹时, 因丝锥不能攻到孔底, 所以钻孔深度要稍大于有效螺纹长度, 增加的长度约为 0.7 倍的螺纹外径。

(2) 攻丝

首先必须将丝锥垂直地放在工件孔内, 然后用锥杠轻压旋入。当丝锥端部切入工件, 就只需转动, 不再加压。每转 1/2 ~ 1 周应反转 1/4 周以上 (图 11 - 64), 以便断屑。然后, 依次进行二攻和三攻。

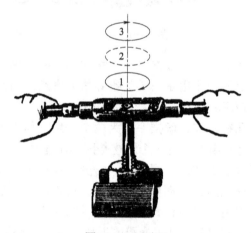

图 11 - 64　攻丝

11.7.2 套扣

1. 板牙与板牙架

板牙是在圆柱上加工外螺纹的刀具，如图 11 – 65 所示。分固定式和开缝式两种。套扣用的板牙架如图 11 – 66 所示。

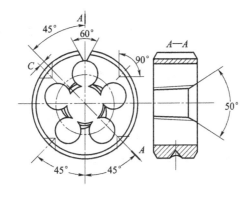

图 11 – 65 板牙

图 11 – 66 板牙架

2. 套扣的操作方法

① 套扣前要检查圆杆直径。理想的计算圆杆直径的经验公式为：

$$d = d_0 - 0.13P$$

式中 d——圆杆直径（mm）；

d_0——螺纹外径（mm）；

P——螺距（mm）。

② 要套扣的圆杆必须有倒角，使板牙容易切入，而且使板牙对准工件中心。

11.7.3 润滑

① 在钢件上攻螺纹时，要加浓乳化液或机油。在铸铁上攻丝时，一般不加切削液，但如果螺纹表面粗糙度要求较高时，可加些煤油。

② 在钢制工件上套扣时，要加切削液或机油润滑，以提高工件质量和板

牙寿命。

11. 8　刮削

11. 8. 1　刮削的作用

刮削是利用刮刀在工件已加工表面上刮去一层很薄的金属层的操作。刮削是一种精加工方法。常用于刮削零件上相互配合的重要滑动表面，如机床导轨和滑动轴承的配合面，使它们接触面增加，不仅配合良好，而且能改善润滑条件。

刮削的生产率很低，且劳动强度大，但对于某些不便于磨削的零件表面，只能应用刮削加工。由于刮削后的表面，其表面粗糙度可达 $Ra1.6 \sim 0.8$ μm，并有良好的平直度，因此在钳工工作中仍广泛应用。

11. 8. 2　刮刀

刮刀可分为平面刮刀和曲面刮刀两大类。平面刮刀（图 11 - 67）主要用来刮削平面，如平板、工作台等，也用来刮削外曲面。

曲面刮刀（图 11 - 68）主要用来刮削内曲面，如滑动轴承内孔等。

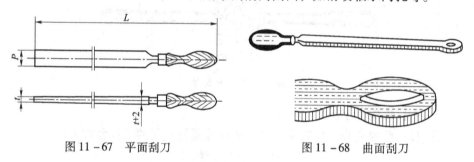

图 11 - 67　平面刮刀　　　　　　图 11 - 68　曲面刮刀

11. 8. 3　刮削质量的检验

将被检验工件的平面与检验平板或平尺相配研的方法称研点。检验平板是精度较高的检测工具，由铸铁制成，其工作平面必须非常平直和光洁，并具有很好的刚度，不变形。

研点时，首先将工件表面擦净，再均匀地涂上一层很薄的显示剂（红丹油或蓝油），然后将工件与擦净的检验平板贴合（图 11 - 69），轻压推磨之后，工件表面高峰处被磨亮。此亮点即为研点。

用边长为 25 mm 的正方形方框，罩在被检平面上，根据在方框内的研点数目的多少来确定刮削平面的精度。研点数愈多，精度愈高（图 11 - 70）。

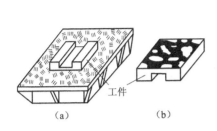

图 11 - 69   研点子

图 11 - 70   用方框检查研点

11. 8. 4   刮刀的用法

刮平面时，刮刀作前后直线运动，推出去是切削，收回是空行程，如图 11 - 71 所示。

刮曲面主要对某些重要的配合面，如轴瓦，为了得到良好的配合，要用三角刮刀作曲面刮削，如图 11 - 72 所示。

图 11 - 71   用平面刮刀刮平面

图 11 - 72   用三角刮刀刮曲面

刮削轴瓦刮削过程可分为粗刮、细刮、精刮和刮花等。

① 粗刮是用粗刮刀在刮削面上均匀地铲去一层较厚的金属，因此刮削时，可采用连续推铲方法，刮削的刀迹连成长片。在整个刮削面上要均匀刮削，不能出现中间低、边缘高的现象。当粗刮到 25 mm × 25 mm 方框内有 2 ~ 3 个研点，粗刮即告结束。

② 细刮和精刮是用短刮刀进行短行程和小压力的刮削。它是将粗刮后的研点逐个刮去，并反复多次刮削，使研点数目逐渐增多。细刮研点数为 12 ~ 15 点，精刮为 20 点以上。

③ 刮花的目的一个是单纯为了刮削面美观。另一个是为了能使滑动件之

间有良好的润滑条件。

11.8.5 刮削时注意事项

① 若工件表面比较粗糙，应先全部粗刮一次，使表面较平滑，以免研点时划伤检验平台。

② 刮削时，刮刀要拿稳，以免刮刀刃口两端的棱角将工件划伤。

③ 粗刮的方向应与机械加工留下的刀痕成 45°角左右，每次刮削方向应交叉。

复习思考题

1. 什么是划线？零件在加工前为什么要划线？哪种情况下可以不划线？

2. 基准起什么作用？怎样选定划线基准？

3. 常用的划线工具有哪些？

4. 简述立体划线过程。

5. 打样冲眼的目的是什么？怎样才能将样冲眼打在正确位置？

6. 錾子楔角怎样选择？楔角大小对加工有何影响？

7. 粗錾和精錾时，錾子与工件夹角、锤击力各有何不同？

8. 怎样錾平面？

9. 锯条有哪些规格？在什么条件下使用？

10. 安装手锯条时应注意什么？

11. 在锯削过程中如何防止锯条折断？

12. 起锯和快要锯断时应注意哪些问题？

13. 用新锯条锯旧锯口时应注意什么？

14. 怎样选择锉刀？

15. 锉削时产生凸面的原因是什么？

16. 顺锉、交叉锉、推锉各运用于什么场合？

17. 怎样检查工件的平直度和直角？

18. 常用的钻孔设备有哪些？各有何特点？

19. 钻孔、扩孔和铰孔各有何区别？

20. 两个一组的丝锥，一锥和二锥的切削部分和校准部分有何区别？怎样区分？

21. 对脆性材料和韧性材料，攻丝前钻孔直径是否相同？为什么？

22. 攻盲孔螺纹与透孔螺纹丝锥有什么不同？怎样确定孔的深度？

23. 攻 M16 螺母和套 M16 螺栓时，底孔直径和螺杆直径是否相同？为什么?

24. 攻螺纹时为什么要经常反转?

25. 刮削的特点和用途是什么?

26. 刮削时表面精度如何检验?

第 12 章

典型零件加工工艺

12.1 轴类零件

12.1.1 轴类零件的功用和结构特点

轴类零件是机械加工中经常遇到的典型零件之一。在机器中，它主要用来支承传动零件和传递扭矩。

轴类零件属旋转体零件，其长度大于直径，加工表面通常有内外圆柱面，圆锥面、螺纹、花键、键槽、横向孔、沟槽等。根据结构形状的不同，轴可分为 9 种，如图 12 -1 所示。

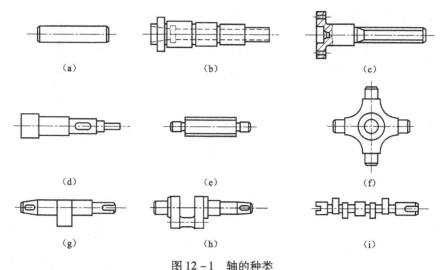

图 12 -1 轴的种类

(a) 光轴；(b) 空心轴；(c) 半轴；(d) 阶梯轴；(e) 花键轴；

(f) 十字轴；(g) 偏心轴；(h) 曲轴；(i) 凸轮轴

12.1.2 普通轴的加工工艺

车削是轴类零件外圆表面加工的主要方法。一般可分为粗车、半精车、精车，分别可达到不同的表面粗糙度与尺寸精度。

外圆表面的车削，应根据其精度要求确定相应的加工方案。有的表面精度要求较低，可以通过一次粗车即可达到要求；有的表面精度要求较高，就需要通过粗车—半精车—精车等多次车削才能达到要求。

由于零件都是由多个表面组成的，在生产中，往往需经过若干个加工步骤才能从毛坯加工出成品。零件形状愈复杂，精度和粗糙度要求越高，需要的加工步骤也就愈多。一般适合于车床加工的轴类零件，有时还需要经过铣、刨、磨、钳、热处理等工种方能完成，而有的可以通过车削即可完成全部加工内容。

如图 12 - 2 为普通传动轴的零件图，其精度不高，没有淬火要求。其加工顺序如表 12 - 1 所示。

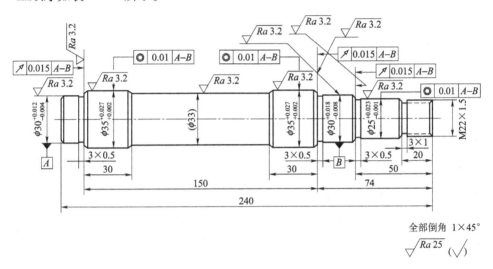

图 12 - 2　轴的零件图

表 12 - 1　轴的车削工艺过程

加工工序	加 工 简 图	加工内容	装卡方法	备注
1		下料 $\phi40 \times 243$，5件		
2		车端面见平；钻 $\phi2.5$ 中心孔	三爪	

续表

加工工序	加 工 简 图	加工内容	装卡方法	备注
3		调头，车端面保证总长240；粗车外圆 $\phi 32 \times 15$；钻 $\phi 2.5$ 中心孔	三爪	
4		粗车各台阶，车 $\phi 36$ 外圆全长；车外圆 $\phi 31 \times 74$；车外圆 $\phi 26 \times 50$；车外圆 $\phi 23 \times 20$；切槽3个；车空刀 $\phi 34$ 至尺寸	顶尖卡箍	
5		调头精车，切槽1个；光小端面保证尺寸150；车 $\phi 30^{+0.012}_{-0.004}$ 至尺寸；车两外圆 $\phi 35^{+0.027}_{+0.002}$ 至尺寸；倒角 $1 \times 45°$ 两个	顶尖卡箍	
6		调头精车，车外圆 $\phi 30^{+0.018}_{-0.008}$ 至尺寸；车外圆 $\phi 25^{+0.023}_{-0.001}$ 至尺寸，车螺纹外圆 $\phi 22^{-0.1}_{-0.2}$ 至尺寸；修光台肩小端面；倒角 $1 \times 45°$ 4个；挑螺纹 $M22 \times 1.5$	顶尖卡箍（垫铁皮）	
7		检验		

一般传动用的轴，各表面的尺寸精度、粗糙度和位置精度（主要是各外圆面对轴线的同轴度和台肩面对轴线的端面圆跳动）要求较高，长度和直径

的比值也较大，不可能通过一次加工完成全部表面，往往要多次调头安装，多次加工才能完成。为了保证零件的安装精度，并且安装要方便可靠，轴类零件一般都采用顶尖安装工件。

12.1.3　高精度轴的加工工艺

如图 12-3 所示为一传动轴，年产量 500 件。从装配图上了解到左、右 $\phi20\pm0.0065$ 两处是装滚动轴承的，$\phi24_{-0.013}^{0}$ 处是装齿轮或其他传动件，为了提高零件的硬度，材料需淬火热处理，其硬度为 42~48HRC。

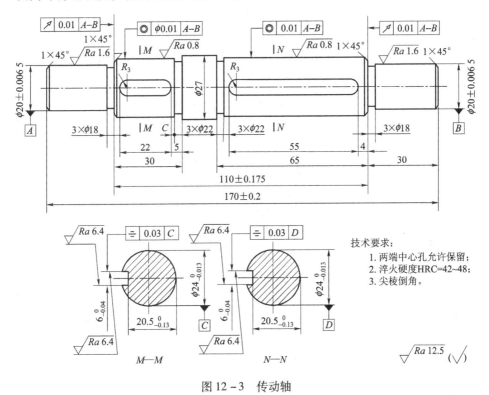

图 12-3　传动轴

根据零件的形状和材料等要求，毛坯应选用棒料。

从零件的尺寸精度和技术要求来分析，外圆 $\phi20$、$\phi24$ 处的加工精度较高，表面粗糙度较小，它们的尺寸精度均为 IT6 级，表面粗糙度分别为 $Ra<1.6\ \mu m$ 和 $Ra<0.8\ \mu m$。此外 $\phi24$ 外圆及端面相对于 $\phi20$ 外圆还有位置精度要求，$\phi24$ 外圆与 $\phi20$ 外圆的同轴度误差小于 0.01 mm，$\phi24$ 端面相对于 $\phi20$ 外圆，端面全跳动量小于 0.01 mm。键槽的中心面相对于 C（或 D）外圆轴线的对称度误差小于 0.03 mm。根据零件的精度、表面粗糙度和传动轴的结构特点，精基准应该选用两端中心孔，这样在车外圆、铣键槽和磨外圆的工

序中都可使用统一的定位基准，借以保证相互位置精度。由于铣削加工易产生毛刺，所以在铣键槽后，淬火前安排钳工去毛刺。$\phi20$ 和 $\phi24$ 外圆面应该在淬火热处理后安排磨削加工，以消除热处理变形对加工精度的影响。为了便于铣削键槽，一般均在淬火前进行，键槽的深度是由磨外圆和车外圆的尺寸间接加以保证的，所以需进行尺寸链计算，确定出车外圆、铣键槽及预留磨量等有关尺寸。

从零件的结构工艺性来分析，轴上退刀槽是为磨削而留出的让刀空程，且宽度均为 3 mm，便于用同一把切槽车刀加工出来。两处键槽尺寸相同，且位于一个方向，便于铣削加工。轴上共有 4 处倒角，以便于装配，所以该零件结构工艺性是较好的。

另外，从零件的年产量分析，属于成批生产。根据以上情况，就可拟订出该零件的工艺路线，如表 12 - 2 所示。

表 12 - 2　传动轴的工艺路线

工序号	工种	工序内容	设备	备　　注
5		下料		
10	车	车端面打中心孔	普通车床	
15	车	车外圆、槽及倒角	普通车床	
20	车	调头车外圆、槽及倒角	普通车床	
25	铣	铣键槽	立式铣床	
30	钳	去毛刺		
35		检验		检验上述工序加工要求
40	热处理	淬火和回火		硬度 HRC = 42 ~ 48
45		检验		检验硬度
50		研磨中心孔	普通车床	
55	磨	磨 $\phi20$ 及 $\phi24$ 外圆	外圆磨床	
60	磨	调头磨 $\phi20$ 及 $\phi24$ 外圆	外圆磨床	
65		检验		成品检验

12.2　盘类零件

盘类零件也属于回转体零件，但其长度小于直径，主要由孔、外圆与端面所组成，如图 12 - 4 所示。除尺寸精度，表面粗糙度外，一般外圆对孔有径向圆跳动的要求，端面对孔有端面圆跳动的要求。保证径向圆跳动和端面圆跳动是制定盘类零件的工艺要重点考虑的问题。

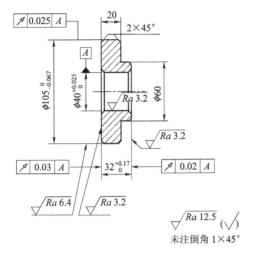

图 12 - 4　盘的零件图

在工艺上，一般分粗车、精车。精车时，尽可能把有位置精度要求的外圆、孔、端面在一次安装中全部加工完（在生产上，习惯称之为"一刀活"）。若有位置精度要求的表面不可能在一次安装中完成时，通常先把孔加工出，然后以孔定位上心轴加工外圆或端面（有条件也可在平面磨床上磨削端面）。传动轴的工艺路线如表 12 - 3 所示。

表 12 - 3　传动轴的工艺路线

加工工序	加 工 简 图	加 工 内 容	装卡方法	备注
1		下料 $\phi110 \times 36$，5 件		
2		卡 $\phi110$ 外圆长 20，车端面见平，车外圆 $\phi63 \times 10$	三爪	
3		卡 $\phi63$ 外圆，粗车端面见平，外圆至 $\phi107$，钻孔 $\phi36$，粗精镗孔 $\phi40^{+0.025}_{0}$ 至尺寸，精车端面，保证总长 33，精车外圆 $\phi105^{0}_{-0.067}$ 至尺寸，倒内角 $1 \times 45°$；外角 $2 \times 45°$	三爪	

加工工序	加 工 简 图	加 工 内 容	装卡方法	备注
4		卡 $\phi105$ 外圆、垫铁皮、找正，精车台肩面保证长度 20，车小端面，总长 $32.3^{+0.2}_{0}$，精车外圆 $\phi60$ 至尺寸倒内角 $1.0 \times 45°$，外角 $2 \times 45°$	三爪	
5		精车小端面，保证总长 $32.3^{+0.17}_{0}$	顶尖卡箍锥度心轴	有条件可平磨小端面
6		检验		

12.3　箱体类零件

12.3.1　箱体零件的功用和结构特点

箱体零件是机器中箱体部件的基础零件，用它将一些轴、套和齿轮等零件组装在一起，并保证它们正确的相互位置关系，彼此按照一定的传动关系协调运动。

图 12-5 中列举了 4 种常见的箱体结构形式。由图 12-5 可以看出，尽管箱体零件结构形状有较大差别（如有的做成整个形式，有的则做成分离形式等），但各种箱体在结构上仍有一些共同的特点。例如结构形状一般都比较复杂；箱壁较薄且不均匀，内部成空腔，在箱体壁上有各种形状的平面及较多的轴承支承孔和紧固孔，而这些平面和支承孔的精度与表面粗糙度均有较高的要求。因此，一般来说，箱体零件不仅需要加工部位较多，且加工的难度也较大。

箱体零件的机械加工主要是加工平面和孔。加工平面一般采用刨、铣、磨削等，加工重要的孔常用镗削，小孔多用钻—扩—铰。

由于箱体零件的结构复杂、刚性差和加工后容易变形，因此保证各表面的相互位置精度是箱体零件加工中的一个重要问题。

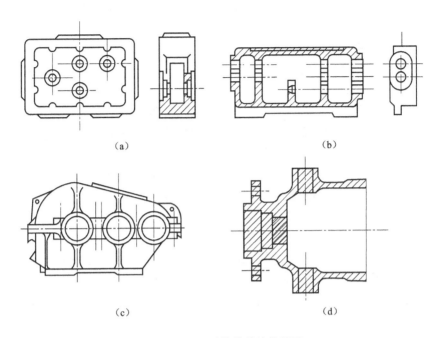

(a)　　　　　　　　　　　　　(b)

(c)　　　　　　　　　　　　　(d)

图 12 - 5　几种箱体的结构简图

12.3.2　普通车床床头箱工艺过程分析

1. 床头箱的主要技术要求

如图 12 - 6 所示为普通车床床头箱箱体的剖面图，其主要技术要求如下。

① 作为装配基准的底面和导向面的平面度公差为 0.02 ~ 0.03 mm，粗糙度为 $Ra1.6$ μm。顶面和侧面的平面度公差为 0.04 ~ 0.06 mm，粗糙度为 $Ra3.2$ μm。顶面对底面的平行度公差为 0.1 mm，侧面对底面的垂直度公差为 0.04 ~ 0.06 mm。

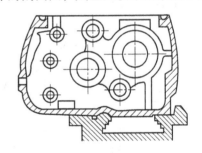

图 12 - 6　床头箱的箱体

② 主轴轴承孔孔径精度为 IT6，粗糙度为 $Ra1.6$ μm；其余轴承孔的精度为 IT7 ~ IT6，粗糙度为 $Ra3.2$ μm；非配合孔的精度较低，粗糙度为 $Ra12.5$ μm。孔的圆度和圆柱度公差不超过孔径公差的 1/2。

③ 轴承孔轴线间距离尺寸公差为 0.05 ~ 0.1 mm，主轴轴承孔轴线与基准面距离尺寸公差为 0.05 ~ 0.1 mm。

④ 不同箱壁上同轴孔的同轴度公差为最小孔径公差的 1/2，各相关孔轴线

间平行度公差为 0.06 ~ 0.1 mm。端面对孔轴线的垂直度公差为 0.06 ~ 0.1 mm。

⑤ 工件材料：HT200。

2. 工艺分析

工件毛坯为铸件，加工余量为：底面 8 mm，顶面 9 mm，侧面和端面 7 mm，铸孔 7 mm。

在铸造后机械加工之前，一般应经过清理和退火处理，以消除铸造过程中产生的内应力。粗加工后，会引起工件内应力的重新分布，为使内应力分布均匀，也应经适当的时效处理。

在单件小批生产条件下，该床头箱箱体的主要工艺过程可作如下考虑。

① 底面、顶面、侧面和端面可采用粗刨—精刨工艺。因为底面和导面的精度要求较高，又是装配基准和定位基准，所以在精刨后，还应进行精细加工—刮研。

② 直径小于 40 ~ 50 mm 的孔，一般不铸出，可采有钻—扩（或半精镗）—铰（或精镗）的工艺。对于已铸出的孔，可采用粗镗—半精镗—精镗（用浮动镗刀片）的工艺。由于主轴轴承孔精度和表面粗糙度的要求均较高，故在精镗后，还要用浮动镗刀片进行精细镗。

③ 其余要求不高的螺纹孔、紧固孔及油孔等，可放在最后加工。这样可以防止由于主要表面或孔在加工过程中出现问题（如发现气孔、夹杂物或加工超差等）时，浪费这一部分的工时。

④ 为了保证箱体主要表面的精度和表面粗糙度的要求，避免粗加工时由于切削量较大引起工件变形或可能划伤已加工表面，整个工艺过程分为粗加工和精加工两个阶段。

为了保证各主要表面位置精度的要求，粗加工和精加工时，都应采用统一的定位基准。并且各纵向主要孔的加工，应在一次安装中完成，并可采用镗模夹具，这样可以保证位置精度的要求。

⑤ 整个工艺过程中，无论是粗加工阶段，还是精加工阶段，都应遵循"先面后孔"的原则，就是先加工平面，然后以平面定位，再加工孔。这是因为：第一，平面常常是箱体的装配基准；第二，平面的面积较孔的面积大，以平面定位，零件装夹稳定、可靠。因此，以平面定位加工孔，有利于提高定位精度和加工精度。

3. 工艺过程

根据以上分析，在单件和小批生产中，该床头箱箱体的工艺过程可按表 12 - 4 进行安排。

表 12－4 单件小批生产箱体的工艺过程

工序号	工种	工序内容	加工简图	设备
1	铸	清理、退火		
2	钳	划各平面加工线	以主轴轴承孔和与之相距最远的一个孔为基准，并照顾底面和顶面的余量	
3	刨	粗刨顶面留精刨余量 2 mm	$\sqrt{Ra\,25}$ (按划线找正)	龙门刨床
4	刨	粗刨底面和导向面，留精刨和刮研余量 2～2.5 mm	$\sqrt{Ra\,25}$	龙门刨床
5	刨	粗刨侧面和两端面，留精刨余量 2 mm	$\sqrt{Ra\,25}$	龙门刨床
6	镗	粗加工纵向各孔，主轴轴承孔，留半精镗、精镗和精细镗余量 2～2.5 mm，其余各孔留半精、精加工余量 1.5～2 mm（小直径孔钻出，大直径孔用镗刀加工）		卧式镗床（镗模）
7	时效			
8	刨	精刨顶面至尺寸	$\sqrt{Ra\,3.2}$	龙门刨床

续表

工序号	工种	工序内容	加工简图	设备
9	刨	精刨底面和导向面，留刮研余量0.1 mm		龙门刨床
10	钳	刮研底面和导向面至尺寸	25 mm×25 mm 内 8~10 个点	
11	刨	精刨侧面和两端面至尺寸	同工序5（3.2）	龙门刨床
12	镗	① 半精加工各纵向孔，主轴轴承孔留精镗和精细镗余量0.8~1.2 mm，其余各孔留精加工余量 0.05~0.15 mm（小孔用扩孔钻，大孔用镗刀加工） ② 精加工各纵向孔，主轴轴承孔留精细镗余量0.1~0.25 mm，其余各孔至尺寸（小孔用铰刀，大孔用浮动镗刀片加工） ③ 精细镗主轴轴承孔至尺寸（用浮动镗刀片加工）	同工序6（3.2、1.6）	
13	钳	① 加工螺纹底孔、紧固孔及油孔等至尺寸 ② 攻丝、去毛刺	（底面定位）（25~12.5）	
14	检验	按图纸要求检验		

12.3.3 CA6140 床头箱大批量生产过程

图 12-7 所示为 CA6140 车床床头箱，其工艺路线如表 12-5 所示。

表 12-5 CA6140 床头箱大批量生产的工艺过程序

序号	工 序 内 容	定位基准
1	铸造	
2	时效	
3	涂底漆	

续表

序号	工 序 内 容	定位基准
4	铣顶面	VI轴及 I 轴铸孔
5	钻、扩、铰顶面 A 上的两工艺孔 $\phi18H7$，保证其对 A 面的垂直误差小于 0.1 mm$/600$ mm，并加工 A 面上 8 个 M8 螺孔	顶面 A、IV轴孔、内壁一端
6	铣IV、N、B、P、$Q5$ 个平面	顶面 A 及两工艺孔
7	磨顶面 A，保证平面度误差小于 0.04 mm	W 面及 Q 面
8	粗镗各纵向孔	顶面 A 及两工艺孔
9	精镗各纵向孔	顶面 A 及两工艺孔
10	精镗主轴孔	顶面 A 及III轴－V轴孔
11	加工横向孔及各面上的次要孔	顶面 A 及两工艺孔
12	磨 W、N、B、P、Q 各平面	顶面 A 及两工艺孔
13	钳工去毛刺、清洗	
14	检验	

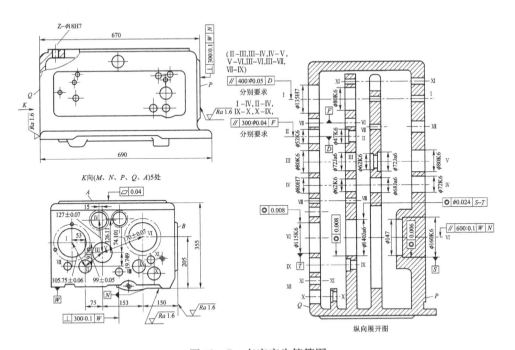

图 12－7　车床床头箱简图

复习思考题

1. 单件小批量生产和大批大量生产加工工艺的区别。
2. 试述轴类零件结构特征和工艺特点。
3. 试述箱体类零件的结构特点和工艺特征。
4. 平面的一般加工方法有哪些？
5. 孔的加工方法有几种？
6. 外圆表面的常用加工方法有哪些？

第 13 章

机 械 拆 装

【机械拆装实习安全技术】

1. 实习时要穿工作服，戴好工作帽，女同学必须将长发放入帽内。

2. 实习应在指定设备上进行，不得乱动其他设备、工具或电器开关等。

3. 正确地使用各种专用工具，严禁违规操作。

4. 拆装过程中必须使用指定的工、机具，不得使用其他工具进行拆装或敲打零部件。

5. 拆装过程中应严格按照指导教师要求进行拆装，不得私自乱拆、乱卸设备零部件。

6. 拆装完毕，应将工具放在指定位置，严禁随意乱放。

7. 拆装完毕，应擦洗车床，在导轨、丝杠、光杠等传动件上加润滑油。

8. 实习结束，应对现场及周围环境进行清扫，做到工完、料净、场地清的要求。

13.1 机械拆装基本知识

13.1.1 机械拆卸的概念

1. 机械拆卸

机械拆卸是对各种机械设备进行维修或维护时采用的一种方法。

2. 机械拆卸的方法

（1）击卸

（2）拉卸

（3）压卸

（4）破坏性拆卸

3. 机械拆卸的顺序

机械拆卸的顺序与装配相反，一般为先外后内，先上后下的原则。

13.1.2　装配的概念

1. 装配

装配是将合格零件按装配工艺过程组装起来，并经调整、试验使之成为合格产品的工艺过程。

2. 装配的作用

装配是产品制造过程的最后环节，也是机器制造的重要阶段。装配质量好坏直接影响产品性能和使用寿命。如果装配工艺不正确，即使零件加工质量很好，也不能获得高质量的产品。在新产品试制中，装配过程也是对产品设计质量全面考核的过程。

3. 装配的组合形成

一部复杂的机器，很少由许多零件直接装配而成。为了使装配工作有序进行，一般分为组件装配，部件装配和总装配。

① 组件装配。将若干个零件装配在基准零件上的装配过程。

② 部件装配。将几个组件与零件装配在另一基准零件上的装配过程。

③ 总装配。将若干零件、组件、部件装配在产品的基准零件上构成产品的装配过程。

4. 装配的常用方法

（1）互配法

（2）选配法

（3）修配法

（4）调整法

13.1.3　装配步骤

① 装配前准备。研究和熟悉产品及部件装配图，从中明确装配技术要求，产品结构，工作原理，零件作用和配合关系。确定装配方法、程序和所需工具。备齐零件，进行清洗、去油污、毛刺等。

② 装配。进行组件装配，部件装配及总装配。

③ 对机器进行调整、检验和试车，使产品符合质量要求。

④ 油漆、涂油、装箱。

13.1.4　装配方法

各种机器用途不同，零件种类繁多，结构各异，但有许多类似的基本装配结构，下面就常见的形式予以介绍。

1. 轴、键、传动轮的装配

传动轮（齿轮、皮带轮、蜗轮等）与轴一般采用键连接来传递扭矩，其中以普通平键连接尤为常见，如图 13-1 所示，键与轴槽、轴与轮孔多采用过渡配合，键与轮槽则采用间隙配合。装配时，在键与轴槽配合面处加机油，然后将键压入轴槽，并使轴槽底面接触良好，将传动轮装入后键与轮槽底面应留有间隙。

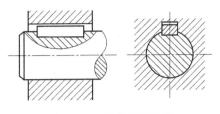

图 13-1 普通平键连接

2. 螺钉、螺母的装配

螺纹连接具有装配简单、调整更换方便、连接可靠等优点，在机械中应用广泛。

装配时应注意以下几点。

① 松紧适宜。螺纹配合时先用手自由旋入，不能过紧或过松，然后用扳手拧紧。

② 零件与螺母贴合应平整光洁，否则螺纹连接容易松动。为了提高贴合质量，在其间可加垫圈。应按图纸要求采用规定的防松措施，并正确安装，以免在机器使用过程中螺母松动，如图 13-2 所示。

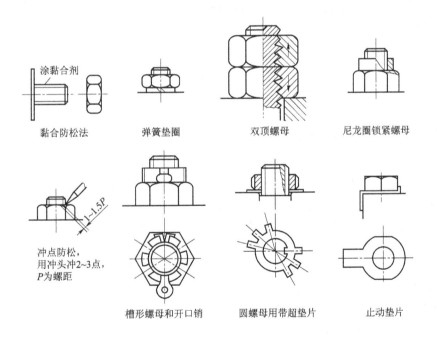

涂黏合剂

黏合防松法　　弹簧垫圈　　双顶螺母　　尼龙圈锁紧螺母

冲点防松，用冲头冲2~3点，P 为螺距　　槽形螺母和开口销　　圆螺母用带超垫片　　止动垫片

图 13-2 螺纹连接防松措施

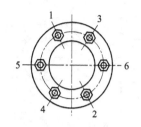

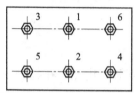

图13-3 拧紧成组螺母顺序

③ 按一定顺序拧紧螺钉、螺母，如图13-3所示。装配一组螺钉、螺母时，为了保证零件贴合面受力均匀，应按一定顺序拧紧，且要按顺序分两次或三次拧紧。

3. 销钉的装配

销钉在机器中多用于定位连接。常用的有圆柱销和圆锥销 [图13-4（a）]。圆柱销与孔一般采用过盈配合。被连接件的两孔 [图13-4（c）] 应配钻、铰。装配时，销钉表面可涂机油，用铜棒轻轻敲入。圆锥销装配时，两连接件的销孔也应一起钻、铰 [图13-4（b）]。铰孔时用试样法控制孔径，以圆锥销能自由插入80%~85%为宜，最后用手锤敲入。销钉大头可稍微露出或与被连接件表面平齐。

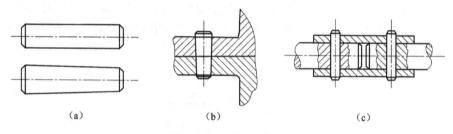

图13-4 销钉及作用

（a）圆柱销和圆锥销；（b）定位作用；（c）连接作用

13.1.5 常用的拆装工具

1. 扳手

扳手用于扳紧（或旋松）螺栓及螺母。扳手分为活动扳手、专用扳手和特殊扳手。专用扳手有固定开口扳、套筒扳手，力矩扳手、内六角扳手和侧面孔扳手；特殊扳手是根据机器的特殊需要专门制造的，如图13-5所示。

2. 螺丝刀（改锥）

螺丝刀用于旋紧（或旋松）头部有沟槽的螺钉。螺丝刀分为一字头和十字头两种，分别对应螺钉头部的沟槽使用。选用时应注意刀口宽度与厚度应与螺钉头部沟槽的长度宽度相适应。

3. 其他常用工具

常用的装配工具还有弹性手锤（铜锤或木锤）、拉卸工具、弹性挡圈拆装用钳子等。

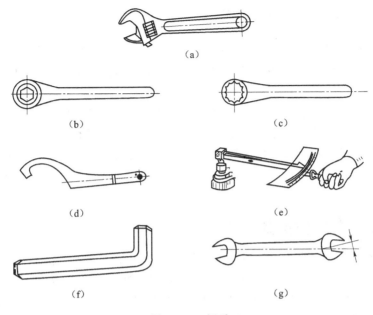

图 13 - 5 扳手

(a) 活动扳手；(b) 六角套筒扳手；(c) 多角套筒扳手；(d) 侧面孔扳手；
(e) 测力扳手；(g) 内六角扳手；(h) 固定开口扳手

13.2 普通车床的拆装

13.2.1 车床的组成

C620 - 1 型车床由床头箱、挂轮箱、进给箱、溜板箱、光/丝杠、刀架、尾架、床身、床腿组成，如图 13 - 6 所示。

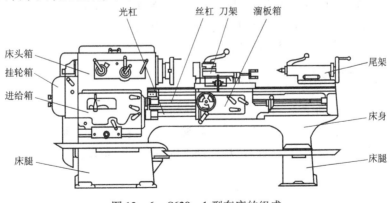

图 13 - 6 C620 - 1 型车床的组成

13.2.2　车床的传动原理

电动机输出动力经皮带轮传给主轴箱，变换箱外手柄的位置可使主轴得到各种不同的转速。主轴通过卡盘带动工件做旋转运动。此外主轴的旋转通过挂轮箱、进给箱、丝杠或光杠、溜板箱的传动，使拖板带动装在刀架上的刀具沿床身导轨做进给运动。C620－1型车床传动原理总图如图13－7所示。

C620－1型车床以齿轮与轴的连接进行传动其形式有：滑套齿轮通过摩擦离合器、齿型离合器、牙嵌离合器与轴连接的传动方式；滑动齿轮通过花键轴连接的传动方式；固定齿轮通过固定键、销、顶丝与轴固定连接的传动方式。

13.2.3　车床内部的连接

车床内各部件按照连接方法可分为：固定连接、活动连接。又可分为固定可拆卸连接、固定不可拆卸连接、活动可拆卸连接和活动不可拆卸连接。其中螺栓、销、键属于固定可拆连接，焊接、胶粘接属于固定不可拆连接，轴承等属于活动可拆式连接，铆接等属于活动不可拆卸连接。

13.2.4　机械拆装的注意事项

① 熟悉装配图及相关资料，了解机械结构及各部件关系。

② 确定拆装方法、程序和使用的工夹具等。

③ 拆装时遇到重要油路要做标记。

④ 拆卸下的零部件要按顺序排列，细小件要放入原位。

⑤ 注意各部件的安装方向、位置。

⑥ 卸下的轴类配合件要按原顺序装回轴上，光杠、丝杠等细长轴要悬挂放置。

⑦ 齿轮处的套筒、轴套、垫片等小零、部件不要遗漏。

⑧ 拧缸盖上螺栓时，要对角线安装，否则缸盖不平。

⑨ 安装缸体时要注意活塞安装。

13.2.5　车床的拆装方法

1. 床头箱的拆装

床头箱由手柄、主轴、离合器、润滑系统、传动系统等组成。如图13－8所示，拆卸时应按照由外至内，从上到下的顺序进行拆卸。

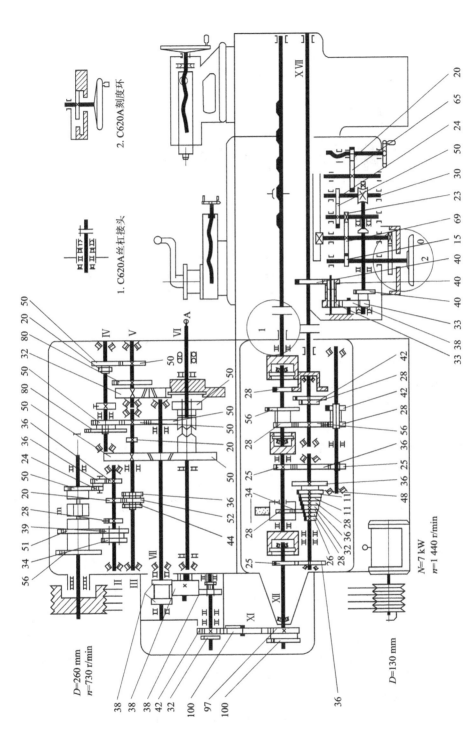

图 13 - 7　C620-1 型车床传动原理总图

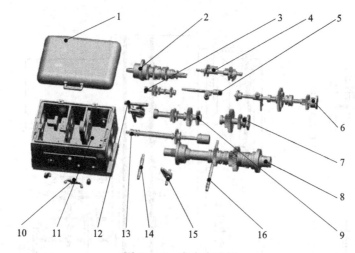

图 13 – 8 车床床头箱

1—箱盖；2—Ⅰ轴；3—Ⅱ轴；4—Ⅺ轴；5—Ⅹ轴；6—Ⅳ轴；7—Ⅴ轴；8—Ⅵ轴；
9—Ⅲ轴；10—手柄；11—床头箱箱体；12，13—支架；14—Ⅶ轴；15，16—轴

具体拆卸流程为：

润滑系统→Ⅺ轴→Ⅳ轴→离合器→Ⅲ轴→Ⅴ轴→主轴

（1）润滑系统的拆卸

润滑系统拆卸时只需将连接处螺栓松开即可。

（2）Ⅺ轴的拆装

Ⅺ轴的拆装首先应用拔销器将轴右端锥销从箱体中取处，第二步将拨叉上定位套的螺栓旋开（注意：定位套内有钢珠和弹簧，卸下后应统一放置）。第三步利用手锤配合铜棒向右敲击Ⅺ轴，直至轴从箱体中取出。Ⅺ轴的结构如图 13 –9 所示。

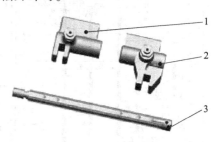

图 13 – 9　Ⅺ轴

1—左叉；2—右叉；3—Ⅺ轴

（3）Ⅳ轴的拆装

Ⅳ轴与Ⅴ轴相互配合，进行变速及传递动力。同时Ⅳ轴上还连有钢带式制动器，如图 13 –10 所示。

Ⅳ轴的拆卸应先将钢带式制动器拆下，第二步用内六角扳手将右端法兰盘卸下，第三步用卡簧钳将卡簧松开，然后用手锤配合铜棒从右端向左端敲击Ⅳ轴，敲击过程中应注意随时调整卡簧的位置。

（4）离合器的拆装

C620 –1 型车床采用双向多片式摩擦离合器，如图 13 –11 所示，其作用是改变主轴的旋转方向使主轴得到正、反转。

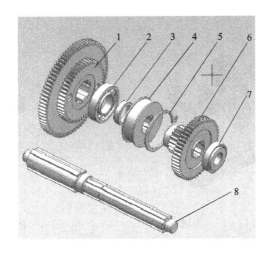

图 13 - 10　Ⅳ轴

1—齿轮；2—轴承；3—垫圈；4—扎轮；5—卡簧；6—齿轮；7—轴承；8—Ⅳ轴

图 13 - 11　离合器

　　离合器的拆卸首先从床头箱的左端开始的。离合器的左端有带轮，第一步把锁紧螺母拆下，然后用内六角扳手把带轮上的端盖螺丝卸下，用手锤配合铜棒把端盖卸下，拆下带轮上的另一个锁紧螺母，使用撬杠把带轮卸下，然后用手锤配合铜棒把轴承套从主轴箱的右端向左端敲击，直到卸下为止，这样离合器的整体便可以从床头箱中移出。

　　（5）Ⅲ轴的拆装

　　如图 13 - 12 所示，Ⅲ轴与Ⅴ轴相连拆卸时应先将支架卸下，支架如图 13 - 13 所示，第二步利用内六角扳手将左端法兰盘卸下，第三步利用拔轴器将Ⅲ轴拔出即可。

　　（6）Ⅴ轴的拆装

　　Ⅴ轴拆卸时应先将右端法兰盘卸下，然后利用拔轴器将Ⅴ轴拔出。Ⅴ轴的组成如图 13 - 14 所示。

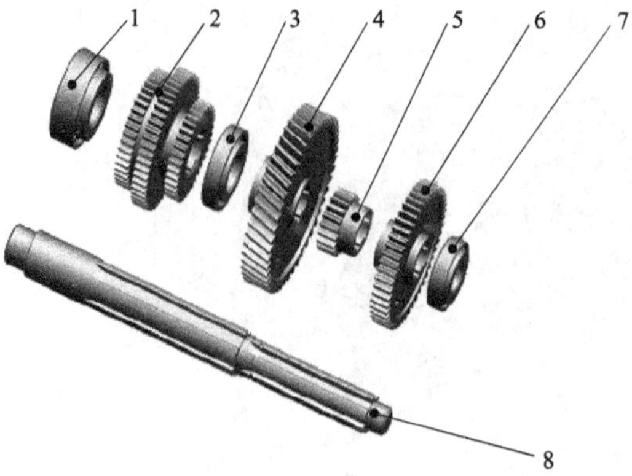

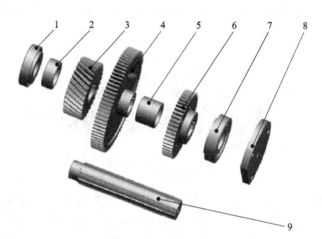

图 13 - 12　Ⅲ轴

1—轴承；2—直齿轮；3—轴承；4—斜齿轮；

5—直齿轮；6—直齿轮；7—轴承；8—Ⅲ轴

图 13 - 13　支架

图 13 - 14　Ⅴ轴

1—轴承；2—轴承挡圈；3—斜齿轮；4—直齿轮；5—轴套；

6—直齿轮；7—轴承；8—压盖；9—Ⅴ轴

（7）主轴的拆装

主轴的拆装应从两端的端盖开始，然后从箱体左侧向右侧拆卸，左侧箱体外有端盖和锁紧调整螺母，卸下后，把主轴上的卡簧松下退后，此时用大手锤配合垫铁把主轴从左端向右端敲击，敲击的过程中，应注意随时调整卡簧的位置，主轴的组成如图 13 - 15 所示。

床头箱拆卸过程中为防止各零部件混乱，应将拆下的零件按所属轴分类放置。零件较多的轴应用铁棒或铁丝将拆卸下的零件串起避免安装时出现错误。

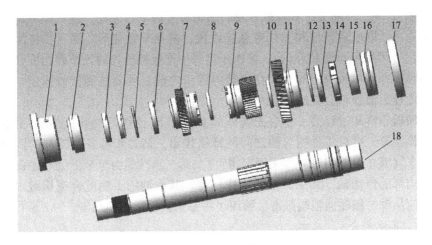

图13-15　主轴

1—法兰盘；2—轴承；3—轴承；4—垫圈；5—卡簧；6—轴承；7—带楔斜齿轮；
8—垫圈；9—带楔齿轮；10—垫圈；11—斜齿轮；12—垫圈；13—轴承；
14—背母；15—垫圈；16—轴承；17—法兰盘；18—主轴

床头箱安装时应按照从下到上，由内至外的顺序进行。

2. 溜板箱的拆装

溜板箱由箱体、手柄、开合螺母和传动轴等组成，如图13-16所示。溜板箱外部与导轨、光杠和丝杠相连。因此，拆卸过程中应先将光杠和丝杠卸下，第一步将光杠和丝杠与进给箱相连处的锥销拔出（注意区分锥销的粗端

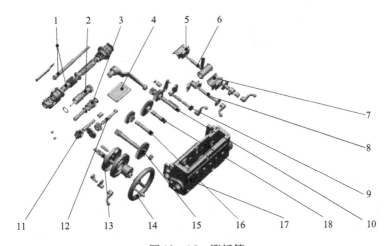

图13-16　溜板箱

1—ⅪⅤ轴；2—ⅪⅤ轴；3—ⅩⅢ轴；4—底盖；5—上开合螺母；6—Ⅶ轴；7—下开合螺母；
8—Ⅵ轴；9—Ⅷ轴；10—Ⅳ轴；11—Ⅶ轴；12—Ⅻ轴；13—Ⅰ轴；14—手轮；
15—Ⅱ轴；16—Ⅲ轴；17—溜板箱箱体；18—Ⅴ轴

和细端），第二步将光杠和丝杠右端的固定装置卸下，光杠、丝杠即可从溜板箱内抽出。取出后光杠和丝杠应悬挂放置，避免发生变形。第三步将溜板箱固定住（可用钢丝绳和天车），第四步将与中拖板相连处的 5 个螺栓旋开溜板箱的整体即可从床身上卸下。在进行第四步之前必须要将溜板箱固定，否则旋开螺栓后溜板箱会突然脱落。

溜板箱拆卸过程第一步应先将外部手柄卸下，拆卸手柄时应先将手柄上的螺栓旋开，然后将手柄与轴之间的锥销拔出。第二步将各轴外部的固定螺钉旋下（其中 V、Ⅵ轴外部无固定螺钉）。第三步按照由上至下的顺序拆卸溜板箱内部的传动轴，其中Ⅺ轴利用拔轴器，其他轴用手锤配合铜棒敲击，敲击时应从轴的细端向粗端敲击。第四步将Ⅺ轴直接从右端取出。

3. 其他部分

（1）进给箱

进给箱在床头箱下方，与床身相连。拆卸时首先将进给箱固定，然后旋开进给箱与床身相连的 8 个螺栓，进给箱即可从床身上卸下。进给箱的组成如图 13 – 17 所示。

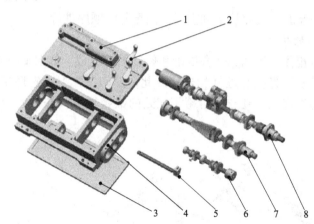

图 13 – 17　进给箱

1—进给箱前盖；2—手柄；3—进给箱后盖；；4—进给箱箱体；
5—Ⅳ轴；6—Ⅲ轴；7—Ⅱ轴；8—Ⅰ轴

（2）尾架

尾架位于床身右侧导轨上，卸下时先将尾架的固定螺钉松开，然后向右推尾架，尾架即可从导轨上卸下。拆卸尾架时可用天车配合以防止尾架突然脱落。

13.3　摩托车发动机的拆装

13.3.1　发动机的概念

发动机是使燃料在气缸内燃烧，并将热能转变为机械能的装置。

13.3.2　发动机的组成

发动机由曲轴箱、配气机构、冷却系统、润滑系统、气缸及传动箱等组成，如图 13-18 所示。

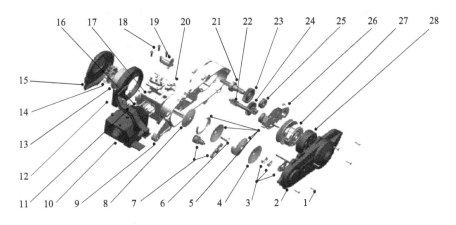

图 13-18　摩托车发动机

1—十字螺钉；2—传动箱盖；3—爪状离合器；4—冷却风扇；5—主动轮盘；6—定位套筒；
7—启动装置；8—驱动牙盘；9—传动箱体；10—气缸罩；11—空气滤清器；12—风扇壳；
13—磁电机转子；14—风扇；15—风扇罩；16—缸体；17—曲轴箱；18—螺钉；
19—化油器；20—机油泵；21—后轴；22—主动齿轮；23—齿轮；24—从动齿轮；
25—滚动轴承；26—齿轮箱盖；27—离合器摩擦片；28—离合器壳体

13.3.3　发动机的工作原理

（1）压缩、进气冲程

当活塞由下止点向上止点运动时，预先进入曲轴箱的可燃混合气体，通过换气口充满气缸。活塞继续上升，关闭换气口和排气口后，活塞上升开始压缩被密封在气缸内的可燃混合气。同时，由于活塞上升，密闭的曲轴箱容积逐渐增大，曲轴箱内压力下降，进气孔被打开，经化油器雾化的可燃混合气在压差的作用下进入曲轴箱。

（2）作功、排气冲程

当第一冲程活塞上行靠近上止点时，火花塞跳火使燃烧室内可燃混合气体点燃，气体迅速膨胀，燃烧室内的压力和温度急剧升高，产生动力，推动活塞下行。并通过曲柄连杆机构带动曲轴旋转。活塞继续下行关闭进气口，开始压缩曲轴箱内的可燃混合气体。活塞继续下行，先打开排气口，使高温、高压的废气排出，活塞再下行，将换气口打开，曲轴箱内被压缩的可燃混合气体进入气缸。在新鲜混合气的作用下，废气进一步排出。

当两冲程发动机启动后，上述两个冲程构成的工作循环不停地重复进行，使发动机的运转持续下去。图 13-19 为两冲程发动机的工作原理。

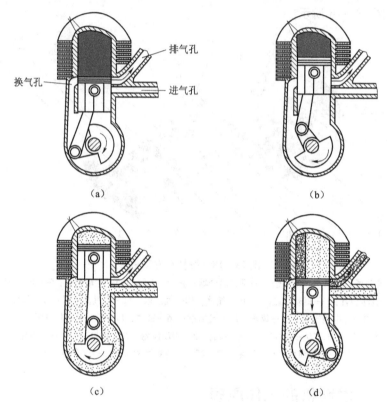

（a）

（b）

（c）

（d）

图 13-19　二冲程摩托车发动机工作原理图

（a）压缩；（b）进气；（c）作功；（d）排气

13.3.4　摩托车发动机各部分的功用

1. 各个主要部件的作用

化油器：① 按正确比例把空气和汽油混合在一起供给发动机。

　　　　② 冷启动时调剂空燃比。

缸盖：封闭气缸，在活塞之上形成一个闭合的空间。安装火花塞、铝合金。

缸体：对活塞的移动起导向作用。

活塞：　① 为混合气体提供密闭空间。

　　　　② 把气体的燃烧压力传递到曲轴。

活塞环：① 密封作用。

　　　　② 刮掉缸壁上多余的润滑油。

　　　　③ 将活塞头部的热量传导给气缸壁散出。

活塞销：用来连接活塞与连杆，承受燃气压力及活塞组的往复惯性力。其材质为中碳钢或低碳钢。

连杆：用来连接活塞和曲轴，将活塞的往复直线运动转换为曲轴的旋转运动，承受拉伸、压缩及弯曲动载荷，对其强度、刚度及冲击韧性要求很高，由中碳钢或合金钢锻造而成。

曲轴：将活塞的往复运动变为曲轴的旋转运动，向飞轮及传动装置输出功率；利用惯性力使连杆推动活塞完成进气、压缩、排气等冲程。

离合器：换挡时切断动力，减轻换挡时的阻力和冲击。

2. 各主要机构的作用

配气机构：是根据发动机工作循环的需要，及时、适量地向气缸供给可燃混合气体，排出废气。

润滑系统：是将润滑油送到发动机零件的摩擦表面，产生液体摩擦，减少零件的磨损；对摩擦发热的零件进行冷却、吸收振动冲击，降低噪音；冲洗掉摩擦表面的磨料及杂物。

冷却系统：将发动机产生的热量带走，最大程度地降低因发动机工作产生的热量对发动机工作性能的影响。

13.3.5　摩托车发动机型号

实习设备：CL1E41QMB 型号二冲程摩托车发动机

CL：长铃

1：1 个气缸

E：两冲程

41：气缸内径为 41 mm

Q：强制风冷

M：摩托车

B：在性能和结构上经过两次技术改进

13.3.6 摩托车发动机的拆装步骤

1. 拆卸摩托车发动机步骤

(1) 化油器
(2) 高压包
(3) 火花塞
(4) 滤清器管
(5) 风扇罩
(6) 传动箱盖
(7) 爪状离合器
(8) 风扇
(9) 壳体
(10) 冷却风扇

(11) 皮带
(12) 离合器
(13) 主动轮盘
(14) 驱动牙盘
(15) 启动装置
(16) 磁电机转子
(17) 磁电机线圈
(18) 气缸罩
(19) 缸盖
(20) 缸体

2. 摩托车发动机的组装

摩托车发动机的组装顺序与拆卸顺序相反。

复习思考题

1. 机械装配常用的方法有哪些?
2. 什么是装配,装配的作用是什么?
3. C620 – 1 的含义是什么?
4. 拆装前有哪些准备工作?
5. 光杠、丝杠在卸下后应如何放置,为什么?
6. 拆卸轴及锥销时应注意什么?
7. 什么是发动机? 由哪几部分组成?
8. 简述摩托车发动机的工作原理。
9. CL1E41QMB 的含义是什么?
10. 拆装的常用工具有哪些?

参 考 文 献

[1] 吴承建，陈国良．金属材料学［M］．北京：冶金工业出版社．2008.

[2] 赵品，谢辅洲．材料科学基础教程［M］．哈尔滨：哈尔滨工业大学出版社．2003.

[3] 崔占全，孙振国．工程材料［M］．北京：机械工业出版社．2006.

[4] 何江媛．材料成形技术基础［M］．南京：东南大学出版社．2007.

[5] 张兴华．制造技术实习［M］．北京：北京航空航天大学出版社，2005.

[6] 寿兵，李增平．金工实习［M］．哈尔滨：哈尔滨工程大学出版社，2009.

[7] 李海越，刘凤臣等．机械工程训练（机械类）［M］．哈尔滨：哈尔滨工程大学出版社，2010.

[8] 朱世范．机械工程训练［M］．哈尔滨：哈尔滨工程大学出版社，2003.

[9] 严绍华，张学政．金属工艺学实习（非机类）［M］．北京：清华大学出版社，2006.

[10] 盛晓敏，邓朝辉．先进制造技术［M］．北京：机械工业出版社，2000.

[11] 严岱年．工程教育的创新奇葩：香港理工大学工业中心［M］．南京，东南大学出版社，2009.

[12] 郗安民．金工实习［M］．北京：清华大学出版社．2008.

[13] 孙以安，鞠鲁粤．金工实习［M］．上海：上海交通大学出版社．2005.

[14] 冯俊，周郴如．工程训练基础教程［M］．北京：北京理工大学出版社．2005.

[15] 马宝吉．机械制造工程基础［M］．西安：西北工业大学出版社．2003.

[16] 张学政，李家枢．金属工艺学实习教材［M］．北京：高等教育出版社．2002.

[17] 傅水根，李双寿．机械制造实习［M］．北京：清华大学出版社．2009.

[18] 王润孝．先进制造技术导论［M］．北京：科学出版社．2004.

[19] 戴红军．我国机械制造业的发展研究［D］．河北工业大学，2010.

[20] 蓝民华，莫海军．机械制造业和绿色设计的可持续发展［J］．装备制造技术：2010（10）．